Geografía
La ciencia de los cambios sociales y ambientales

Geografía

La ciencia de los cambios sociales y ambientales

José M. García Ruiz • José Arnáez Vadillo

Geografía
La ciencia de los cambios sociales y ambientales

Primera edición: 2025

ISBN: 9791387985011
ISBN eBook: 9791387985516
Depósito legal: SE 3469-2025

© de los textos:
   José M. García Ruiz y José Arnáez Vadillo

© de esta edición:
   Editorial Aula Magna, 2025. McGraw-Hill Interamericana de España S.L.
   editorialaulamagna.com
   info@editorialaulamagna.com

Impreso en España – Printed in Spain

Este libro está dedicado a Mahsa Amini y a todas las mujeres que luchan en Irán por la vida y la libertad.

Mujer. Vida. Libertad.

Índice

1

Introducción

Este es un libro reivindicativo. Reivindicamos la necesidad de la geografía. La necesitamos para entender cómo está organizado el mundo actual, qué cambios experimenta, cómo se establecen las relaciones entre diferentes países y territorios. Necesitamos más geografía en el colegio, instituto, universidad, en la vida diaria, en nuestros viajes, en las lecturas de cada día, en nuestras conversaciones. Necesitamos más geografía para hacernos una idea más clara de la historia, para saber cómo hemos llegado hasta aquí, cómo fue nuestra relación con las cambiantes condiciones ambientales de la Tierra. La necesitamos para interpretar los paisajes naturales y los paisajes humanizados, también los cada vez más determinantes paisajes urbanos, incluso los paisajes invisibles que se dibujan en nuestra mente cuando tratamos de entender las redes que se establecen a diferentes escalas espaciales. Queremos explicar que la geografía es la ciencia total. Sin duda, la ciencia más antigua del mundo, la que utilizaron los primeros humanos cazadores y recolectores para comprender las limitaciones o posibilidades que ofrecían las laderas y los valles que atravesaban, al plantearse estrategias de caza o cuando elegían un lugar para asentarse temporal o definitivamente. De todas las ciencias, es quizás una de las pocas que no es un artefacto. Forma parte de nuestra naturaleza. Hemos sido siempre geógrafos sin ser conscientes de ello. Y seguimos siéndolo, porque se es geógrafo cuando paseamos por la ciudad o por el campo; cuando nos movemos por la montaña; cuando observamos un río y la disposición de las gravas que arrastra; incluso cuando llueve y vemos cómo fluye el agua hacia las alcantarillas o por un barranco; cuando contemplamos, casi extasiados, un paisaje e intentamos explicarlo o relacionarlo con lo visto en otros lugares. Siempre geógrafos.

Queremos hablar de la importancia de leer los mapas y de descubrir lo que hay en ellos. Más aún, deseamos contar qué se esconde detrás de los paisajes, qué nos dicen de nosotros mismos y de los que han pasado a lo largo de la historia. Queremos incidir en cómo funcionan esos paisajes y cómo podemos aumentar su eficiencia y sostenibilidad a corto y largo plazo. Estamos deseando transmitir una visión optimista de una ciencia que tiene muchas cosas que ofrecer a la sociedad: una determinada interpretación del mundo, una forma de comprender nuestras relaciones con el medio ambiente, una explicación de las desigualdades, el escenario en el que se plantea el futuro de la humanidad y de los recursos naturales.

Quizás nos estamos pidiendo mucho a nosotros mismos.

Es posible que estemos equivocados con nuestra mirada positiva acerca de la geografía y sus posibilidades, pero nos hemos divertido tanto como geógrafos que no podemos permanecer callados ante la escasa reacción de muchos colegas frente a la evidente decadencia de la geografía en España. Este libro está dedicado a todos los geógrafos que han creído y creen en una disciplina a la que no ven solo como una profesión, sino como una manera de vivir y de mirar: los viejos geógrafos españoles que en las décadas de 1950 y 1960 abrieron caminos que pronto parecieron anticuados a pesar de su gran carga cultural; los que en las últimas décadas han recorrido un sendero lleno de obstáculos en su afán por renovar el contenido y los métodos de la geografía; los jóvenes, especialmente los que no se dejaron arrastrar por el pesimismo ni por la idea de que la geografía es una ciencia frágil e incomprendida; y los estudiantes que creyeron encontrar en la geografía una salida a sus inquietudes ambientales y sociales, atraídos por la expansión de técnicas innovadoras y por la posibilidad de integrar aspectos muy diferentes, pero necesarios, para entender la extrema complejidad del mundo actual.

Somos disidentes de una geografía conformista, que creyó que podría sobrevivir frente al entramado cambiante y extremadamente competitivo de las especialidades universitarias. Somos disidentes porque comprendimos que la geografía tenía mucho que aprender de otras disciplinas y, a la vez, mucho que ofrecerles. Disidentes porque nos negamos a ser autocomplacientes y a la vez autodestructivos, porque vimos la necesidad de publicar en revistas internacionales para revalidar nuestros resultados y nuestra posición en la ciencia. Disidentes, por último, porque quisimos transmitir a los jóvenes nuestro optimismo, la necesidad de hacernos preguntas que iban más allá de las rutinas más habituales, de quitarnos los complejos frente a otras ciencias próximas a las que superamos en muchos aspectos y de las que tanto podíamos aprender.

Hemos dicho en varias ocasiones que los profesores de Geografía son imprescindibles en edades tempranas. Ellos pueden ayudarnos mucho para integrarnos en la sociedad y en la naturaleza. Ellos son quienes deberían ayudarnos a mirar al mismo tiempo que nos enseñan a escribir, porque, siguiendo las palabras de Jorge Bustos, «mirar es la primera condición del conocimiento» (Bustos, 2021, p. 5). Cuánto hubiéramos aprendido en cortos paseos por el campo, en la visita a un pueblo o a diferentes barrios de una ciudad, y a partir de ahí aumentar la complejidad de las explicaciones a medida que nos hacemos mayores. Una gran labor para un buen maestro: explicarnos el mundo más próximo, los pequeños detalles, la diversidad del mundo rural, la variedad de plantas y campos de cultivo, el regadío y el secano, la huella de la expansión urbana y sus consecuencias en los alrededores de la ciudad, la interpretación de las interconexiones entre el medio físico y el humano. Pero no nos hagamos demasiadas ilusiones: los maestros no son, en una elevada proporción, como los de antes, y los planes de estudio, controlados por un complejo sistema burocrático y normativo, escasamente comprometido con la realidad que nos rodea, no favorecen ese tipo de prácticas. Es una desventaja importante: «No somos geógrafos porque tengamos un título conseguido en la Universidad; lo somos porque miramos el mundo de manera diferente» (García-Ruiz *et al.*, 2024).

¿Y en qué consiste esa mirada diferente? Confiamos en que seremos capaces de explicarlo a lo largo del libro, pero sirva lo siguiente como adelanto: En primer lugar, en nuestra visión espacial. En segundo lugar, en la necesidad de disponer de una perspectiva histórica para interpretar la mayor parte de los problemas que analizamos. En tercer lugar, por nuestra capacidad para integrar aspectos ambientales y humanos, con ventaja (lo tenemos bien claro) sobre cualquier otra ciencia. Y, en cuarto lugar, porque la geografía es una ciencia fronteriza, ejercida por proscritos que se apropian de métodos ajenos para construir paradigmas propios en el contacto con otras ciencias. Es una ciencia para quienes se adentran en terrenos comprometidos, casi prohibidos por la ortodoxia. Una manera desenfadada de abordar los problemas científicos que se nos presentan como si nos estuvieran buscando, y que nos permiten avanzar más lejos de los que hubiéramos imaginado. Por esta razón —aunque esta información pueda sorprender a la mayoría de nuestros colegas— hay al menos seis geógrafos españoles en los primeros puestos del ranking de científicos del mundo (percentil 1) y también por ello hay tantos geógrafos españoles que reciben cientos e incluso miles de citas internacionales cada año. Insistiremos en esto más adelante, porque no es una cuestión menor.

Un pequeño inciso para unas notas personales. Los dos autores de este libro se identifican como geógrafos. Nada de geógrafos físicos o geógrafos humanos: geógrafos. Creemos que uno de los grandes y más graves problemas de la geografía es la división académica, la pérdida de la identidad básica de la geografía, es decir, nuestra capacidad para analizar cuestiones ambientales y humanas con una perspectiva integradora. No concebimos la existencia de geógrafos físicos que no sean capaces de percibir la huella histórica y actual de las sociedades humanas o la influencia de las actividades agrícolas o de la expansión urbana sobre los procesos geomorfológicos, hidrológicos y biogeográficos; ni entendemos que existan geógrafos humanos que se desentienden de los problemas ambientales que en ocasiones condicionan las actividades humanas y en otros casos son una consecuencia de la forma en que la sociedad organiza un territorio. No existen los geógrafos físicos o los geógrafos humanos. Esa división sí que es un artefacto que ha dañado, quizás de forma irreversible, la base de la geografía, la que nos hubiera hecho grandes entre las ciencias. En esto estamos totalmente de acuerdo con la idea de Gómez Mendoza (2020, p. 894) sobre la necesidad «de que la geografía física y la humana se entiendan y compartan proyectos y programas». Es más, querríamos que esa separación desapareciera definitivamente. ¿Para qué ha servido esa artificial división? Fundamentalmente para excavar trincheras y repartir la carga docente en la universidad, a veces con independencia de las necesidades de los estudiantes y de la propia geografía; ha servido también para que una ciencia tan flexible como la geografía establezca barreras rígidas en la separación entre ciencias ambientales y sociales. Un detallado repaso a las páginas 633 a 647 de la *Geografía, una síntesis moderna* de Peter Haggett (1988) sirve para convencernos de la unidad y diversidad de la geografía. Sí, hemos citado un libro de 1988. Un clásico completamente actual frente a la supuesta modernidad de algunos posicionamientos pretendidamente innovadores. Tendremos ocasión de comprobarlo porque no somos nada adanistas y sabemos de la importancia de muchos trabajos de geógrafos que nos precedieron, algunos casi olvidados. Es el caso también de la idea de García Fernández (1991) sobre una sola geografía, integradora de numerosos factores que hacen de la superficie terrestre algo dinámico, cuya complejidad no puede explicarse desde una perspectiva exclusivamente física o humana. Véase a este respecto el estudio de Gómez Mendoza (2007) dedicado a la obra del profesor Jesús García Fernández, o las reflexiones de Olcina Cantos (1996) sobre el pensamiento geográfico, la región y la docencia de la Geografía.

El lector no encontrará en este libro un tratado o manual de geografía; ni mucho menos un texto epistemológico con el que insistamos en ideas acerca de la geografía, sus métodos y aspectos teóricos desde mediados del siglo xix. Ya se han encargado de ello otros autores, con más garantías que las que podríamos aportar nosotros. Contamos muchas de nuestras experiencias en el campo de la investigación y la docencia, y dejamos al margen otros aspectos importantes de la geografía. Confiamos en que el lector sabrá encontrar suficientemente atractivos los temas que hemos desarrollado a lo largo del libro. En varios de ellos nos hemos encontrado muy cómodos porque han formado parte de nuestro trabajo científico, mientras que otros capítulos forman parte de lo que consideramos corpus básico del conocimiento en geografía. Uno de nosotros fue profesor de universidad hasta 1987 y después se incorporó primero como Científico Titular y luego como Profesor de Investigación a un centro de investigación científica dependiente del CSIC. El otro autor ha desarrollado toda su carrera en la universidad, primero en el Colegio Universitario de La Rioja, luego en la Universidad de Las Palmas de Gran Canaria y, finalmente, como Catedrático de Geografía, en la Universidad de La Rioja. Contaremos cómo percibimos la geografía, cómo podemos ilusionar a los profesores e investigadores jóvenes y cómo podemos atraer a estudiantes universitarios. Sin ser pretenciosos, también intentaremos enviar un mensaje de optimismo a muchos profesores que van entrando en la madurez y han ido perdiendo la ilusión frente a los vientos torcidos que a veces han desviado la singladura de los geógrafos, esos seres extraños que buscan el milagro de aprehender la superficie terrestre como un todo indivisible. También queremos enviar vientos favorables a tantos profesores de los centros de enseñanza media, víctimas de directrices pedagógicas y políticas de todo signo, porque estamos empeñados en que los estudiantes españoles aprendan a entender el mundo que nos rodea, y qué mejor manera que hacerlo geográficamente. No queremos ser particularmente críticos con la geografía española, aunque necesariamente tendremos que dar nuestro punto de vista acerca de lo que algunos geógrafos han llamado de forma insistente «la crisis de la geografía». Lo haremos explicando el presente, mirando al futuro y mostrando los aspectos más positivos de una ciencia en la que creemos sin ninguna duda.

Este libro tiene como objetivo prioritario el presentar a la geografía como una ciencia necesaria para entender las relaciones espaciales que tienen lugar en la superficie terrestre, la funcionalidad y características de los paisajes visibles e invisibles, así como los cambios ambientales y sociales y sus interacciones mutuas. Queremos transmitir que la geografía está presente en nuestras vidas a diferentes escalas espaciales y temporales y que es, muy probablemente, la herramienta más útil para explicar el mundo que nos rodea. También pretendemos revelar qué podemos aprender de la geografía para que, de manera individual o colectiva, podamos interpretar tales cambios y, en la medida de lo posible, adaptarnos a ellos. Con este fin, el libro se ha estructurado en 12 capítulos que analizan la historia reciente de la geografía, sus definiciones más resolutivas y las ciencias con las que compite; el origen de la supuesta crisis de la geografía; la organización espacial de los procesos ambientales y sociales, la importancia del tiempo y las interrelaciones que existen entre todos ellos; los cambios que afectan al planeta Tierra: el crecimiento demográfico, las transformaciones globales y algunos ejemplos de colapsos ambientales; la variabilidad climática y el calentamiento global, así como sus consecuencias; la gran revolución de la geomorfología, incluyendo el descubrimiento del Holoceno, su contribución a los estudios sobre la erosión del suelo y la incorporación del relieve como componente del patrimonio ambiental; los nuevos problemas sociales: cambios locales y cambios planetarios, las grandes ciudades y la segregación social, la globalización y el cambio social; el impacto ambiental y paisajístico de la agricultura y la ganadería; los geógrafos y la geografía política frente a las estrategias de dominación; la geografía española en las universidades y en el CSIC. Este último capítulo se completa con un apartado dedicado a discutir la evaluación de la actividad investigadora en la geografía española y la necesidad de que esa evaluación sirva para situar a nuestra ciencia a la altura que merece. Las conclusiones insisten en la actualidad de toda mirada geográfica y por qué la geografía es una ciencia imprescindible, aunque quizás, como todo lo importante, un poco inútil.

2

La geografía, ciencia antigua e innovadora

La geografía es una ciencia muy antigua. Ya hemos dejado escrito en la Introducción que, en la práctica, la geografía nos ha acompañado en nuestras estrategias de control del territorio. Desde el principio formamos comunidades que tenían que vencer las dificultades del medio, es decir, necesitábamos conocer los mejores pasos y lugares para la caza y los movimientos de otras comunidades próximas, diseñar rutinas mentales para recolectar frutos, seleccionar los mejores lugares en los que asentarse temporal o definitivamente, identificar los lugares peligrosos por las caídas de piedras, buscar las pendientes suaves, evitar las emboscadas, dominar algunos aspectos del entorno mediante el fuego. Puede parecer exagerado por nuestra parte, pero la geografía es una forma de cultura del territorio, con todo lo que eso significa: entender el medio en que nos movemos y sus limitaciones y comprender que no estamos solos, que hay que defender un espacio que creemos nos pertenece. Es necesario comerciar con otros grupos humanos y conviene saber con qué podemos comerciar y de dónde podemos extraer recursos imprescindibles, como el sílex o la obsidiana; crear mapas mentales de nuestra posición relativa respecto a los peligros y los recursos, y organizar los desplazamientos en función de tales mapas. También tendrían una idea de los cambios temporales que experimenta el paisaje y la sucesión de las estaciones, el calor y el frío, las nubes que anuncian la lluvia o las tormentas intensas, los cambios de caudal en los ríos, la sorprendente cubierta de nieve que pronto se convertiría en agua. La subsistencia dependía de nuestro conocimiento del territorio y de todo aquello que ocurría en él. La escala ha importado en la interpretación del espacio: desde los pocos kilómetros cuadrados que gestionaban los pequeños grupos humanos a las grandes extensiones de los imperios.

¿Qué otra cosa es la geografía? ¿Qué explicamos a los estudiantes universitarios en nuestras salidas al campo e incluso a los profesores a los que acompañamos en la típica excursión durante un congreso de geografía? Les damos una visión general del territorio que atravesamos, explicamos los rasgos ambientales y humanos que permiten conocer las limitaciones que han tenido que vencer las sociedades humanas, les hacemos ver las consecuencias de las actividades agrícolas y ganaderas sobre el funcionamiento hidrológico y geomorfológico de laderas y cauces y sobre la distribución de la vegetación, les transmitimos lo que creemos que han sido aciertos y errores, les dejamos disfrutar de un paisaje que tanto los habitantes locales como los gestores tienen que conocer. Luego les enseñamos algunos casos concretos de formas y procesos, de adaptaciones humanas y de deterioros en los suelos y, por supuesto, de los cambios que se han producido como consecuencia de las fluctuaciones climáticas y de los movimientos tectónicos. Es decir, información más sofisticada y compleja que la que tenían a su alcance los habitantes que nos precedieron varios milenios antes que nosotros, pero en el fondo el mismo interés por problemas similares. La gran diferencia es que nosotros hemos acumulado mucha más información, quizás hemos sido capaces de relacionar mejor los diferentes factores que intervienen en la «construcción» del territorio y, por supuesto, disponemos de otras técnicas para medir procesos, establecer ritmos temporales en la evolución de, por ejemplo, las formas de relieve, la vegetación o los asentamientos humanos y, además tratamos de encontrar una explicación. Podríamos decir que ellos eran alumnos, aventajados, eso sí, de cursos iniciales de Geografía, y nosotros creemos saberlo casi todo, aunque estemos aún lejos de la explicación total. Es posible incluso que pudieran descubrirnos cosas que nosotros ni siquiera intuimos.

Un par de ejemplos sobre esa «geografía primitiva o incipiente». En la cueva de Abauntz, Pirineo navarro, se encontraron varios bloques de arenisca con representaciones que se interpretaron como dibujos de formas de relieve y meandros fluviales, en los que aparecen integrados rebaños de ciervos y cabras. Se trataría de «mapas» de posición que ayudarían a establecer estrategias de caza durante el Magdaleniense Final, coincidiendo con el periodo frío del Dryas Reciente (Utrilla *et al.*, 2009). El actual mapa topográfico del Instituto Geográfico Nacional muestra trazados muy parecidos en los meandros del río que pasa junto a la cueva, y la observación del relieve actual no difiere mucho de algunos de los trazos encontrados en los bloques.

Otro ejemplo que puede considerarse descubrimiento «geográfico»: la interpretación de los paisajes de montaña durante el Neolítico y la Edad del Bronce. Los habitantes de los fondos de valle debieron ser pronto conscientes de la organización altitudinal de la montaña, con una serie de ambientes (hoy los llamamos «cinturones» o «pisos») que se escalonan y se activan en diferentes momentos siguiendo el ritmo de las temperaturas y las precipitaciones. Eso explica los movimientos estacionales del ganado hacia las partes altas de la montaña, sin duda una consecuencia del seguimiento de la caza en verano. Es en ese momento cuando se inicia la transformación del paisaje, primero de manera incipiente, con quema y desbroce de pequeños rodales de bosque, y, más tarde, conforme los mercados de la lana y de la carne se hacen más complejos, de manera más general. Así surgen los primeros claros en el bosque para facilitar el pastoreo, creando un mosaico de pastos, matorrales y bosque que inconscientemente fue una imitación de la apertura de los bosques que iniciaron los herbívoros salvajes (Montserrat-Martí y Gómez-García, 2019; González-Sampériz *et al.*, 2019; García-Ruiz *et al.*, 2020a). El dominio de las áreas de montaña debió representar un avance notable en la capacidad para interpretar la complejidad horizontal y vertical del territorio.

2.1. ¿Cómo y por qué surgió la geografía?

El inicio de la geografía «oficial» se ha atribuido frecuentemente a Heródoto, el incansable viajero griego nacido en la región dórica de Anatolia. No nos atrevemos a decir tanto, aunque algunos párrafos de su *Historia*, es cierto que pocos, son maravillosamente geográficos. Heródoto nos cuenta las costumbres de los pueblos, algunas de ellas con poca convicción, cómo están organizados, sus principales problemas e incluso sus sistemas de regadío, desde Etiopía a los Urales o desde las regiones mediterráneas hasta Persia. Lo más sorprendente de sus escritos desde una perspectiva geográfica es, sin duda, la información que aporta sobre el río Nilo, su influencia crucial en la creación de una civilización, sus aportes de sedimentos que se repetían con las crecidas año tras año para enriquecer los suelos sobre los que se basaba (y se basa) la producción agrícola. Llaman poderosamente la atención sus disquisiciones acerca de la desembocadura que, en su opinión, debió de ser inicialmente un golfo que se fue rellenando con los aportes de sedimento desde la cabecera. Estaba sorprendido por el hecho de que las crecidas del Nilo ocurrían en verano, al contrario que en los ríos mediterráneos, y trató de explicar este fenómeno atribuyéndolo al desplazamiento del sol de norte a sur, llevándose consigo la estación de las lluvias. Sus especulaciones acerca de la presencia de conchas marinas en áreas de montaña y la posible influencia de terremotos que pudieran haber impulsado su emergencia hasta su posición actual confirma la importancia de la observación y la reflexión. ¿Fue el primer geógrafo? Las alusiones puramente geográficas de su *Historia* son poco frecuentes, pero es cierto que inicia una tradición lógica entre viajes y descripción de la superficie terrestre, que se mantendría al menos hasta el siglo XVIII. Los descubrimientos, las cartas de navegación, la colonización de territorios hasta entonces desconocidos por el mundo occidental, la multiplicación de los viajes dentro del continente europeo aumentó la curiosidad, el interés por conocer los recursos y las características de territorios que podrían ser utilizados como fuente de riquezas y como áreas estratégicas para controlar la navegación. Pero toda esta información solo puede considerarse una geografía muy primitiva, en ningún caso una geografía científica.

Muchos autores centran el nacimiento de la geografía científica en la segunda mitad del siglo XVIII. Es un momento efervescente desde un punto de vista cultural (la Ilustración) y también económico y social, un periodo relativamente breve en el que ocurren infinidad de cambios en las formas de producción, pasando de la artesanía a la industrialización, que favoreció la acumulación de capital y nuevas formas de gestión de la riqueza y del dominio político-social. Es el inicio de las grandes migraciones desde el campo a las ciudades en Gran Bretaña y Centroeuropa, dando lugar al comienzo de un espectacular crecimiento urbano, a veces organizado y otras veces explosivo. Al mismo tiempo, se extiende la educación y se consolida la labor de las universidades como centros de formación de élites. El acceso a las publicaciones científicas y la transmisión de nuevos conocimientos se hace de manera más sencilla y rápida. Hasta la segunda mitad del siglo XIX se ignoran muchas cosas básicas sobre la naturaleza y los pueblos de la Tierra. Para entonces todavía sobrevivían muchos mitos y supersticiones (Corbin, 2024). Se sabía poco acerca de la media y alta montaña, llena de obstáculos, lugares inhóspitos frecuentados ocasionalmente solo por habitantes de los fondos de valle y por pastores que practicaban la trashumancia. Se desconocía casi todo sobre la circulación atmosférica y la formación de las nubes, y tanto los volcanes como los terremotos formaban parte de los misterios de la naturaleza, como los fondos marinos. Ni siquiera las erupciones de Tambora (1815) y Krakatoa (1883) representaron un empuje significativo sobre el estudio del origen de los volcanes, como sí lo hicieron los trabajos en el Vesubio. A lo largo del siglo XIX se avanza más rápidamente en el conocimiento de los glaciares, se deduce la existencia de varias fases glaciares y de grandes cambios climáticos y se explican los bloques erráticos, y la glaciología se hizo un lugar entre las ciencias de la Tierra gracias a la labor de geógrafos como Emmanuel de Martonne y Jean Brunhes. Por su parte, Élisée Reclus estudió la formación de las crecidas e inundaciones, que eran consecuencia no solo de la lluvia, sino también de las características de las cuencas (pendientes, litología, suelos, vegetación). Como anécdota, de esos avances se benefició Julio Verne en su literatura de aventuras.

A todo eso añádase la expansión del comercio internacional, la aparición de nuevas potencias fuera de Europa y el reforzamiento de la producción industrial en Centroeuropa, Francia y Gran Bretaña. La explotación minera a una escala creciente, el uso generalizado del carbón como fuente de energía y el surgimiento de nuevos retos para la imaginación de los políticos y de los espíritus aventureros, centrados en ese momento en las regiones tropicales, impulsaron nuevos horizontes del conocimiento. La diversidad racial, la colonización de territorios que hasta entonces habían permanecido al margen del comercio europeo, el gran peso que alcanzaron las compañías marítimas, en continua expansión comercial, todo este conjunto de factores hizo posible que las personas inquietas y dotadas de formación universitaria se hicieran numerosas preguntas que todavía no habían sido respondidas. Esa inquietud es el inicio de una revolución científica que se apoya en la presencia de figuras de impacto universal: Immanuel Kant (1724-1804) y Johann Wolfgang von Goethe (1749-1832), especialmente el primero, con su geografía física y los estudios climáticos y explicaciones sobre los monzones y los llamados vientos del comercio (*trade winds*) (Olcina, 2014); también Carlos Linneo (1713-1778) y, más tarde, Charles R. Darwin (1809-1882) y Ernst Haeckel (1834-1919), al que se considera padre de la ecología. Todos ellos y tantos otros impulsaros una auténtica revolución en la forma en que se plantearon los estudios científicos, alejados de supersticiones o ideas marcadas por las religiones.

Ese mundo en el que brillaron las artes y las ciencias, con la aparición de figuras universales como las citadas, es el ambiente en que surge la verdadera geografía científica, precisamente de la mano de quien ni siquiera se consideraba a sí mismo un auténtico geógrafo sino un naturalista o un filósofo de la naturaleza (Capel, 2012). Alejandro de Humboldt (1769-1859) se formó como geólogo, pero pronto se interesó por todas las ciencias naturales, en especial, la botánica y el clima. La diversidad de sus estudios, la búsqueda de la globalidad, las relaciones que establecía entre una gran variedad de asuntos que podemos incluir entre las ciencias naturales, las preguntas que se hacía y la manera rigurosa en que, en general, las respondía hacen que se le considere el primer gran geógrafo. Además, viajó mucho, lo que contribuyó a aumentar la información de que disponía, y lo hizo por ambientes muy variados, que le ayudaron en la elaboración de estudios comparativos y a tener una perspectiva muy amplia de la diversidad de climas, relieves y vegetación de la Tierra. A ello contribuyó el gran viaje por el sector occidental de Sudamérica y Nueva España hasta Estados Unidos, con el apoyo decisivo de la Corona española (Melón, 1960; Gómez Mendoza, 2021).

Figura 2.1. Escalonamiento altitudinal de la vegetación y los usos del suelo en el valle de Linás de Broto, Pirineo aragonés. El fondo del valle está ocupado por cultivos, principalmente prados. Por encima, se encuentra el piso montano con bosques densos en los que pueden localizarse algunos campos de cultivo en pequeños rellanos. En la parte superior, las laderas han sido deforestadas para favorecer la expansión de los pastos subalpinos, con el fin de alimentar a la ganadería trashumante y trasterminante en verano. Foto: J.M.G.R.

Esta formación «viajera» le ayudó a establecer algunas leyes generales que todavía están vigentes entre los geógrafos y ambientalistas: él fue el primero en poner de manifiesto la organización altitudinal de la vegetación y los usos del suelo en varios pisos desde la base a la cumbre de las montañas (Figura 2.1), a partir del estudio del Teide y de algunas montañas tropicales, en especial los volcanes Chimborazo y Cotopaxi (Gómez Mendoza y Sanz Herráiz, 2010). Una de sus más brillantes contribuciones a la climatología consistió en la creación de las líneas isotermas que unen puntos de igual temperatura (media, máxima o mínima), como base para analizar las variaciones espaciales de la temperatura en función de la topografía, la exposición o la proximidad a las montañas (Wulf, 2015). Su capacidad de síntesis le permitió identificar la influencia de la altitud y de las masas oceánicas, así como el hecho de que, conforme se asciende una montaña, se realiza un recorrido que nos acerca imaginariamente a los polos dadas las extremas condiciones ambientales que se registran en las cumbres más elevadas. Fue también el primero en descubrir la línea de las nieves permanentes, que estableció en 4800 m s.n.m. en la zona ecuatorial y en 2700 m s.n.m. en la zona templada. Aunque el concepto de «nieves permanentes o perpetuas» ya no se emplea en glaciología y geomorfología, sustituido por el de «línea de equilibro glacial», la idea representó una nueva forma de abordar la organización de las áreas de acumulación y ablación glaciar (Martínez de Pisón, 2000). Es interesante señalar que Humboldt fue consciente de que la acumulación de nieve en el Himalaya llega más abajo en la vertiente meridional (3956 m s.n.m.) que en la septentrional (4086 m s.n.m.), aunque no pudo relacionar este hecho con la influencia de los vientos monzónicos (Olcina Cantos, 2020a).

El prestigio de Humboldt fue muy grande, así como su influencia en otros científicos de su época o inmediatamente posteriores (Wulf, 2015). Todavía se le considera el gran renovador de la geografía científica y aún más de la biogeografía (Gómez Mendoza y Sanz Herráiz, 2020), aunque en algunos casos eso ha significado una cierta marginación de otros naturalistas del siglo XIX, como Celestino Mutis, José de Acosta, José de Caldas (Gómez Mendoza, 2021) y Félix de Azara (Capel, 2005).

Hoy Humboldt sigue teniendo un gran reconocimiento entre los geógrafos de todo el mundo (Murphy, 2020), más incluso que algunos contemporáneos o inmediatamente posteriores que, por su trayectoria profesional, pueden considerarse auténticos geógrafos, como fueron Carl Ritter (1779-1859) y Friedrich Ratzel (1844-1904). Ambos, más volcados hacia la vertiente más humanística de la geografía, contribuyeron a desmontar a la hasta entonces dominante geografía descriptiva (Gómez Mendoza *et al.*, 1982), que todavía estuvo vigente en las universidades europeas hasta la segunda mitad del siglo XIX y en los colegios españoles hasta bien entrada la segunda mitad del siglo XX. Era un saber enciclopédico que describía países y regiones, sin contenido teórico (Capel, 2012). No obstante, este autor (p. 74) ha valorado muy positivamente las ideas de Ritter, de las que destaca su sorprendente modernidad por su preocupación por el espacio y la búsqueda de leyes generales.

El caso de Ratzel es peculiar porque es un autor marcado por el determinismo geográfico, es decir, el empeño por demostrar la subordinación de las sociedades humanas a las condiciones ambientales. Este ha sido un asunto recurrente y sometido a controversia en la geografía, como si hubiera necesidad entre los geógrafos, especialmente entre los europeos, de demostrar con énfasis que se estaba en contra del determinismo, siguiendo la estela del geógrafo francés Paul Vidal de la Blache (1845-1918). Para este último el medio físico impone algunas condiciones, pero las posibilidades de elección están en manos de las sociedades humanas, lo que dio lugar a las teorías posibilistas.

Creemos que es una discusión estéril, que se podría haber resuelto explicando que la mayor o menor dependencia del medio natural está condicionada por las circunstancias históricas y de los recursos culturales, tecnológicos y financieros de que disponen las sociedades humanas en un momento dado. Como indican Messerli *et al.* (2000), las sociedades humanas han sido siempre altamente vulnerables, pero esa vulnerabilidad cambia con el tiempo y se acentúa en la medida en que se cometen errores en la gestión del territorio en un mundo superpoblado que obliga a ocupar territorios en ambientes con elevadas amenazas. Por eso, esos autores hablan de cambios ambientales ligados a la naturaleza durante el periodo de cazadores-recolectores y de cambios dominados por las sociedades humanas desde la Edad Media o incluso antes (por ejemplo, el inicio de la formación del delta del Po ya en época romana: Simeoni y Corbau, 2009).

Es sorprendente que haya sido un no-geógrafo quien ha respondido a muchas de las ideas sobre el determinismo: «No hace falta ser determinista geográfico para saber que la geografía tiene una importancia vital ... cuanto más extendemos nuestra mirada a lo largo del paso de los siglos, mayor es el papel que desempeña la geografía» (Kaplan, 2015, p. 22-23). Sabemos que muchas civilizaciones de la Antigüedad se han venido abajo por problemas ambientales (básicamente sequías). Y entre las sociedades más pobres de la Tierra, los movimientos migratorios ligados a las fluctuaciones climáticas (léase el Sahel) están a la orden del día. Sin embargo, los fracasos de las campañas de Napoleón o de Hitler, que se atribuyen al durísimo clima invernal de Rusia, están más relacionados con la incompetencia, la ambición y los problemas de intendencia, que hubieran desaconsejado cualquier aventura de ese tipo (Frankopan, 2024). Asimismo, se ha aludido frecuentemente a la influencia del clima en la pobreza o sobre la desorganización social por el hecho de que los países más pobres de la Tierra tienden, en general, a concentrarse en la zona intertropical, es decir, en las regiones más cálidas. No se tiene en cuenta que eso, en gran medida, es una consecuencia de los procesos de colonización, centrados desde el siglo XVI en las áreas donde podían producirse algunas de las materias primas más importantes para los países europeos (azúcar, cacao, café o te). Tampoco se considera hasta qué punto el comercio de esclavos entre los siglos XVII y XIX afectó a la demografía y estabilidad de las regiones africanas más afectadas. La evolución de todos los países de la Tierra pudo haber dado lugar a situaciones bien diferentes de las actuales si se hubieran adoptado otras decisiones y otras formas de organización. Una parte muy importante de los desequilibrios actuales están relacionados con el hecho de que los países europeos, beneficiados por la Revolución Industrial, concentraron las actividades más rentables, mientras las áreas lejanas actuaban como periferias encargadas de proporcionar productos no procesados y de bajo valor. La historia es muy importante para explicar numerosos hechos geográficos. Dejemos, pues, de hablar de determinismo geográfico como si fuera, a estas alturas, un asunto de verdadera relevancia científica para la geografía actual. Hablemos, si acaso, de cierto determinismo humano al referirnos a las sociedades humanas que tienen capacidad para transformar la estructura y función del medio físico, incluyendo los regímenes hidrológicos, la vegetación, la erosión del suelo, la infiltración del agua de lluvia y la compartimentación de la precipitación en el ciclo hidrológico.

Algo que nos resulta llamativo en la historia de la geografía desde el siglo XIX es el prestigio que alcanza esta disciplina. Sin duda por influencia de Humboldt y Ritter, pero también por el impacto del modelo de Johann Heinrich Von Thunen (1783-1850) acerca de la organización espacial de la producción agrícola en una llanura formando anillos concéntricos en torno a una ciudad. También influyó el auge del colonialismo, que animó a la organización de grandes expediciones para tomar posesión de nuevas tierras, y a la explotación de recursos naturales en pleno auge de la primera gran industrialización. Lo cierto es que la geografía se convierte en una ciencia avanzada, a la cabeza de las renovaciones científicas que se dan desde finales del siglo XIX. Es así como se crean numerosas sociedades de geografía en Europa y Estados Unidos, se organizan ciclos de conferencias y se publican libros y revistas, incluyendo el primer Congreso Internacional de Geografía en 1871. Este auge continúa durante buena parte del siglo XX, cuando varios geógrafos publican trabajos de gran valor para explicar cambios y procesos sociales a gran escala: la teoría de los lugares centrales y la jerarquía urbana de Walter Christaller (1893-1969), los estudios sobre geografía aplicada de Edward L. Ullman (1912-1976), o los trabajos sobre geografía cultural y migraciones de

Torsten Hagerstrand (1916-2004), así como sus modelos de difusión espacial. Son autores auténticamente revolucionarios desde un punto de vista científico, como lo fue Carl Troll (1899-1975), que desarrolló los estudios sintéticos sobre el paisaje de las regiones de montaña como una nueva especialidad geográfica a la que denominó geoecología, o Carl O. Sauer (1889-1975), precursor de la geografía cultural. Grandes científicos para una ciencia que fue creciendo y que iluminó a otras ciencias próximas, en particular la economía, la sociología y la ecología.

Contamos todo esto porque queremos poner de relieve que la geografía ha sido durante décadas una ciencia de primer nivel, capaz de innovar y de construir paradigmas avanzados que han sido (y todavía son) muy útiles no solo para la propia geografía, sino también para otras ciencias sociales y de la Tierra. Todavía, muchas de las preguntas que se hacían los geógrafos en el tránsito entre los siglos XIX y XX son válidas en la actualidad.

¿Dónde? y ¿por qué allí? son preguntas básicas que incorporan la espacialidad a casi cualquier cosa que ocurra en la superficie de la Tierra y que da personalidad propia a los estudios de geografía. Así nos lo enseñaron con mayor o menor fortuna y así lo hemos deducido de múltiples libros de geografía. De esas preguntas elementales (pero cuya respuesta no están al alcance de todos los que trabajan en ciencias sociales o de la Tierra) derivan otras que tienen que ver con los movimientos de la población en relación con múltiples factores ambientales y sociales: por ejemplo, ¿cuáles son los efectos de las fluctuaciones climáticas, en especial, de la ocurrencia de sequías prolongadas, en los movimientos de población?; ¿cuáles son las consecuencias ambientales del espectacular crecimiento urbano?; ¿cómo afectan los grandes cambios paisajísticos al funcionamiento hidrológico?; ¿cómo han variado las interacciones existentes entre las sociedades humanas y la naturaleza, especialmente desde la Revolución Industrial hasta la actualidad?; ¿qué explica la distribución de las especies de árboles, cuál es la influencia de la actividad humana y cuál la de los climas del pasado?; ¿qué tiene que ver el lugar para que algunas ciudades hayan prosperado más que otras y cómo se ha reorganizado en el tiempo la jerarquía urbana a escala continental y regional? o ¿cómo se distribuye la producción de las materias primas y de la energía y cuáles son sus efectos demográficos y sobre la industrialización? Murphy (2020, p. 26) lo explica muy bien y de manera sencilla: nos interesa «la influencia del lugar donde ocurre una cosa», lo que sugiere que «los objetos de investigación geográfica lo abarquen todo, de la dinámica de los glaciares a los patrones de migración». De ahí se deduce «que la mejor manera de concebir la Geografía es pensarla como una disciplina cuya unidad reside en un conjunto de perspectivas compartidas y no como un tema de estudio particular» (Murphy, 2020, p. 27). Quizás por eso se alude en muchas ocasiones a la dispersión temática de la geografía más que a su unidad, puesto que lo que importa no es el tema sino el punto de vista.

Estas cuestiones han estado entre los primeros problemas estudiados por los geógrafos y hoy se refuerzan en un mundo cambiante y cada vez más estresado desde un punto de vista social y ambiental. Son cuestiones, por otra parte, a las que los geógrafos pueden responder de manera brillante como punto de partida para encontrar soluciones prácticas, y también para construir teorías acerca de la complejidad de nuestro planeta. Sin embargo, quizás lo más importante es que la geografía nos sitúa en el mundo: nos pone límites, nos indica cuáles son los efectos de las intensas actividades humanas y de las enormes desigualdades a diferentes escalas espaciales; refleja cómo hemos transformado nuestro planeta; y nos permite entender las cambiantes estrategias de dominación de las grandes potencias económicas y militares.

La geografía nos protege cuando nos ayuda a interpretar que la Tierra es un sistema global en el que todo está estrechamente relacionado. Ninguna otra ciencia nos lo permite de manera tan clara. Es cierto que casi todos los temas que son objeto de estudio de los geógrafos los compartimos con otros especialistas, como es el caso de los estudios de climatología, los trabajos sobre desarrollo urbano, la evolución del relieve, la distribución de la pobreza en ciudades, regiones y países, el desarrollo rural y los recursos hídricos, pero la mayor parte de los geógrafos tendemos a pensar en nuestra capacidad de integración y de relación, en nuestro conocimiento sobre parcelas muy diferentes, tanto sociales como ambientales, y en nuestro punto de vista espacial.

2.2. ¿Cómo definir la geografía?

Como ocurre en otras disciplinas, no resulta sencillo encontrar una definición de la geografía que sea plenamente satisfactoria. Algunos autores lo han intentado, pero siempre queda la impresión de que es insuficiente (o que sobra algo). De hecho, creemos que en ninguno de los libros teóricos sobre geografía publicados por autores españoles existe el compromiso de aportar una definición esclarecedora (ver, por ejemplo, Gómez Mendoza *et al.*, 1982; Higueras Arnal, 2003; Capel, 2012). Quizás se nos ha pasado por alto, pero en todo caso atreverse a una definición es correr el riesgo de dejar insatisfechos a los lectores. Hasta el final de la década de 1970 hubo muchas aportaciones, quizás discutibles pero enriquecedoras, y con planteamientos comunes que muestran la existencia de una notable unidad en la interpretación del objeto de la geografía. No obstante, creemos que todavía se deben hacer esfuerzos definitorios, que nos ayuden a posicionarnos en relación con otras ciencias, es decir, que marquen nuestro territorio.

La definición más sencilla es la más antigua, es decir, la que se basa en la etimología de la palabra «geografía»: la descripción razonada de la superficie terrestre. Esta definición ha estado vigente hasta finales del siglo xix e incluso hasta bien entrado el siglo xx en ciertos ambientes. Es una forma de salir del paso claramente insuficiente y lejos de la realidad actual de la geografía. Vidal de la Blache, a quien se atribuye el nacimiento de la geografía regional, tampoco se perdió en grandes disquisiciones: «La geografía es la ciencia de los lugares» (tomado de Higueras Arnal, 2003). Podría haberse esmerado un poco más: es una definición ligeramente encaminada (pero de igual forma podría decirse que está algo equivocada). Tanto el origen etimológico de la palabra «geografía» como la alusión a «la ciencia de los lugares» han hecho mucho daño a la percepción posterior de la geografía. En algún momento se asumió por muchas personas que la geografía es la memorización de lugares (capitales de estado, ciudades importantes, cordilleras y sierras, ríos), así como algunos rasgos básicos de la producción agrícola e industrial. Una asignatura que los estudiantes no perciben como atractiva, aunque esté justificado el aprendizaje de la distribución de lugares a distintas escalas espaciales.

Otras definiciones más recientes nos reconcilian con nuestra especialidad. Para Hartshorne (1959, p. 21): «La geografía tiene como finalidad proporcionar una descripción viable, ordenada y racional del carácter variable de la superficie terrestre». Para Ackerman (1963, tomado de Haggett, 1988, p. 633), otro geógrafo bien reconocido: «La geografía tiene por objeto la comprensión del sistema inmenso de interacción, que comprende a toda la humanidad y a su medio ambiente natural sobre la superficie de la Tierra». Esta definición pone especial énfasis en las relaciones entre medio ambiente y sociedad, aunque nos deja bastante fríos; podría haber sido más sencilla o más compleja, pero, tal como está expuesta, parece que le falta algo.

Haggett (1988) en su *Geografía, una síntesis moderna*, hace un esfuerzo notable por transmitir lo que entiende por geografía. Extraemos varias definiciones que fluyen en la misma dirección: La geografía estudia «las relaciones entre los seres humanos y su medio ambiente, sus consecuencias espaciales, y las estructuras regionales resultantes que han ido surgiendo sobre la superficie terrestre» (p. XV). Más adelante: «Los geógrafos están preocupados por la estructura e interacción de dos sistemas principales: el sistema ecológico, que vincula a los seres humanos con el medio ambiente, y el sistema espacial, que vincula una región con otra en un complejo intercambio de flujos. Estos dos sistemas no son independientes, sino que se solapan» (p. XVII). La frase siguiente ayuda a completar las dos definiciones anteriores: «La comprensión de la interacción entre intervención humana y ajustes ambientales nos proporciona una visión global de la naturaleza y la magnitud de los cambios en el uso del suelo» (p. 245). Estamos bastante de acuerdo con Haggett, aunque quizás falta más contundencia para que acabemos convencidos del todo. Más nos gusta esta otra definición: «La geografía moderna se ocupa de estudiar la disposición y la naturaleza de la superficie de la Tierra: la organización espacial de los fenómenos que en ella tienen lugar y la interrelación del sistema físico y humano que conforma sus características» (Murphy, 2020, p. 24). El propio Murphy confiesa un poco más adelante que «no hay una definición sencilla y universalmente aceptada de la geografía» (p. 25). La preocupación por el espacio se repite en muchos geógrafos. Así, para Ortega Valcárcel (2000): «el objetivo de la geografía en el mundo actual son los problemas que afectan al espacio. La geografía se perfila como una disciplina social orientada al análisis y solución de problemas de carácter espacial». No sabemos si aclara mucho acerca del objetivo de la geografía, pero seguro que muchos geógrafos quedarán bastante insatisfechos.

Higueras Arnal (2003, p. 69) insiste en la importancia de los aspectos espaciales: «Debido a la importancia que la geografía da a la localización de los hechos geográficos, hay una antigua tradición, muy arraigada, que entiende la geografía como ciencia de la distribución de los hechos en la superficie terrestre. El lenguaje común acepta incluso los términos «geografía» y «geográfico» para designar la distribución de cualquier hecho o fenómeno», y precisa a continuación que «la desvinculación de los hechos geográficos del lugar donde se producen . . . pone en peligro la existencia de la geografía como ciencia. Si la geografía prescinde del espacio, se confunde con cualquiera de las muchas disciplinas de la Tierra» (p. 106). No podía estar más acertado.

El asunto se complica si atendemos a Santos (1984, p. 79, tomado de Higueras Arnal, 2003, pp. 20-21) cuando afirma que:

los geógrafos han sostenido, ante todo, que [la geografía] era una ciencia de síntesis, es decir, capaz de interpretar los fenómenos que se observan en la superficie terrestre con la ayuda de un gran número de conocimientos científicos provenientes tanto del dominio de las ciencias naturales y exactas, como de las ciencias sociales y humanas.

Una ciencia de síntesis, como tantas veces se nos decía en las clases que recibíamos hace ya décadas, y muy cerca de la idea de Mackinder de que «la geografía es la respuesta generalista a la especialización académica» (Kaplan, 2015, p. 98). Casas Torres (1971, p. 9) también se apuntó a la síntesis: «El objeto [de la geografía] es un conocimiento sintético de cuanto ocurre en el espacio terrestre. Esta síntesis final, en la que todos los análisis previos de sus ciencias auxiliares se ensamblan y cobran vida, es su grandeza, su singularidad . . . y su mayor dificultad». Con razón dice este autor que «la geografía es una ciencia singular», aunque no nos queda claro por qué. Tampoco queda claro por qué las restantes ciencias de las que tomamos la información son ciencias auxiliares de la geografía. De ahí cabe deducir que esas ciencias auxiliares están al servicio de la geografía, que pasaría a ser una ciencia superior. ¡Una vez más es una ciencia singular! Este mismo autor (p. 9) afirma que [en geografía física] «profundizar en una técnica implica siempre el riesgo de perder la visión de conjunto. De terminar contando piedras». Afortunadamente, esta visión parasitaria de la geografía no la han compartido muchos geógrafos, algunos de los cuales, al estudiar procesos de detalle y al analizar la funcionalidad de sistemas naturales y humanos, han hecho grandes aportaciones a la ciencia. Para Higueras Arnal (2003, p. 17), la diversidad de definiciones y la imprecisión de muchas de ellas tienen efectos muy negativos sobre el método geográfico y en relación con otras ciencias con las que compartimos objetivos parecidos. No nos queda claro a qué otras ciencias se refiere este autor.

Un aspecto importante entre los objetivos de estudio y las definiciones de la geografía es su estrecha vinculación con los paisajes (Capel, 2012), algo que viene al menos desde Humboldt. Sin embargo, fue Troll (1950) quien de manera más consistente reconoció que los paisajes son el objetivo de estudio más específico de la geografía, de manera que no hay ninguna otra ciencia que le pueda disputar ese privilegio. De hecho, atribuye al paisaje la verdadera síntesis geográfica, es decir, la capacidad para explicar la complejidad de las formas en que los hechos físicos y humanos se reflejan en la superficie terrestre como resultado de un largo proceso de evolución. El paisaje no debería ser simplemente la suma de factores individuales; sería más bien el resultado de interacciones, de flujos de todo tipo y de la acumulación de hechos históricos que conforman un palimpsesto. En este sentido, Troll distingue muy acertadamente entre paisajes naturales y paisajes culturales, siendo estos últimos los que suscitan mayor interés entre muchos geógrafos actuales, debido a que, incluso en ellos, puede observarse la influencia de los sistemas naturales y la capacidad de las sociedades humanas para superarlos. La geoecología (traducción de *landschafsökologie* o ecología del paisaje) de Troll sería una convergencia entre geografía física y ecología, sin olvidar el gran peso de las actividades humanas en la configuración de los paisajes (González Trueba, 2012). En sus estudios sobre el paisaje, Troll introduce planteamientos integradores y multidisciplinares y rechaza el ya por entonces acusado dualismo entre geografía física y cultural o humana (Troll, 1966). Carl Troll, que fue presidente de la Unión Geográfica Internacional (UGI), promovió la creación de una Comisión sobre la Geoecología de las Áreas de Montaña que funcionó durante muchos años dentro de la UGI, con la participación de reconocidos geógrafos como Bruno Messerli y Jack D. Ives. Uno y otro han demostrado que, como ya hemos apuntado más arriba, los geógrafos están por encima de las divisiones y especializaciones en geografía física y geografía humana. Ambos se especializaron muy pronto en aspectos físicos de las regiones de montaña (geomorfología periglaciar y glaciar y paleoambientes mediante el estudio de sedimentos lacustres) para terminar convertidos en geógrafos totales (lo que habían sido siempre) con la publicación de libros inolvidables (por ej., Ives y Messerli, 1989). Añádase otro geógrafo total: Goudie (2018), perteneciente a una generación algo posterior.

Entre los geógrafos queda claro que las definiciones de la geografía son muy variadas. No debería de sorprendernos este hecho. Por tratarse de una ciencia muy antigua, la geografía surge como descripción de territorios por parte de viajeros, aventureros y navegantes de todo tipo. Se perfecciona con la información aportada durante los siglos de los grandes descubrimientos y durante el periodo de colonización. Más tarde, desde finales del siglo XVIII, se convierte en una geografía más científica que evoluciona muy rápidamente. Durante el siglo XX los cambios son muy notables y se identifica una elevada diversidad de puntos de vista y en algunos casos hasta de objetivos. Incluso surge una geografía cuantitativa a partir de la década de 1960, que revoluciona la toma de datos, su elaboración y su representación gráfica hasta desarrollar modelos en paralelo con otras ciencias.

Sin embargo, a pesar de tanta diversidad de criterios hay varios rasgos comunes en las definiciones y en los objetivos de la geografía. A modo de palabras-clave podemos incluir la espacialidad de los fenómenos o hechos que se estudian o, en otras palabras, la **organización espacial**; las **interacciones entre naturaleza y sociedades humanas**; las **estructuras regionales** que surgen de esas interacciones; el **paisaje** como foco principal y exclusivo de los geógrafos; y la búsqueda de la **síntesis**. Quizás esta última, la síntesis, se ha ido devaluando con el paso del tiempo y creemos que son pocos los geógrafos expertos en la elaboración de síntesis a partir de la información proporcionada por otras ciencias. En todo caso, a cualquier científico que no trabaje en geografía, todavía le parecerá que hay demasiadas «palabras-clave». En realidad, no son tantas porque algunas de ellas pueden englobarse en otras.

Añadimos a continuación nuestra pequeña aportación a la definición de la geografía:

> **La ciencia que estudia la compleja interacción de factores ambientales y/o humanos a diferentes escalas espaciales para ex-**

plicar la organización y funcionamiento de paisajes visibles e invisibles.

La definición es sencilla y cuenta con tres elementos que caracterizan a la Geografía: «interacción de factores ambientales y/o humanos», «organización espacial» y «paisaje». Es muy probable que a algunos geógrafos no les guste el empleo de la palabra «paisaje», pero nos parece decisiva por su intrínseca complejidad. A fin de cuentas, si dejamos a un lado las ideas populares acerca de los paisajes, con un marcado contenido de valoración estética, el análisis del paisaje geográfico puede considerarse como la expresión de un ejercicio cultural y a la vez científico muy complejo, al alcance especialmente de los geógrafos que han contado con maestros que les han enseñado a *mirar*. A mirar y a profundizar no solo en las estructuras que conforman los paisajes, sino también en su funcionamiento, es decir, en los procesos que permiten identificar cambios y tendencias, el impacto de actividades humanas históricas y actuales, la posible fragilidad frente a determinadas decisiones políticas o sociales, la existencia de límites en la gestión del territorio y cómo se organizan los flujos económicos, hidrológicos y energéticos a diferentes escalas espaciales y temporales.

Prácticamente todo puede deducirse cuando nos acercamos con detalle al análisis de las relaciones entre los diferentes componentes de ese paisaje: la influencia de las laderas sobre la dinámica de los cauces; la variabilidad en el transporte de sedimento y sus consecuencias en el aterramiento de embalses; las relaciones entre cubierta vegetal/usos del suelo y la generación de escorrentía con diferentes volúmenes de precipitación; las relaciones entre la fusión de la nieve, la distribución de la vegetación y la diversidad topográfica; las consecuencias hidromorfológicas de la deforestación; la importancia de bosques y matorrales en la creación de ecotonos y en la protección frente a la erosión; los patrones de la recolonización vegetal tras el abandono de tierras de cultivo; los modelos de expansión del bosque en el piso subalpino tras la crisis de los movimientos trashumantes;

los efectos paisajísticos de la ganadería; las consecuencias de la contaminación difusa (de origen agroganadero) o de la contaminación polarizada (procedente de centros urbanos e industriales); las diferentes formas de organización urbana; el impacto del crecimiento industrial (o de la desindustrialización) sobre el crecimiento urbano y sobre la segregación social; la degradación urbanística; la distribución de los espacios verdes y su influencia sobre los desplazamientos de los ciudadanos; las redes de transporte y sus efectos sobre las actividades agroindustriales y sobre el crecimiento de las ciudades, y tantas cosas más. Insistimos: todo está presente en los paisajes.

Una cuestión debemos aclarar, aunque pueda parecer trivial. Hemos hablado de paisajes visibles e invisibles. No es necesario aclarar a qué nos referimos cuando hablamos de paisajes visibles. Pero quizás sea conveniente hacer un breve comentario acerca de lo que llamamos paisajes invisibles. Este ha sido un tema de estudio en expansión desde al menos la década de 1970. Los paisajes invisibles se corresponden con los esquemas mentales que los geógrafos construimos con las relaciones que se establecen entre determinados territorios. Tales relaciones no se muestran de forma visible, pero tienen consecuencias territoriales de la mayor trascendencia, y además tienen una marcadísima expresión espacial (ver, por ej., Gould, 1975). Nos referimos, por ejemplo, a los flujos telefónicos existentes entre las regiones de un país o entre países, también a los flujos monetarios o a cualquier tipo de transferencias económicas o incluso a los movimientos migratorios que solo pueden observarse de forma insuficiente en un paisaje visible a partir del crecimiento de las ciudades. Otros ejemplos serían la expansión y cambios de destino del turismo o las redes que forma el transporte de mercancías y de viajeros desde aeropuertos; las áreas de influencia de los centros urbanos para diferentes tipos de servicios; o las relaciones entre los votos y los niveles de renta y/o culturales durante elecciones municipales, regionales o nacionales y su variación espacial a través del tiempo, por ejemplo. Sin olvidar el que probablemente es el más sofisticado de los paisajes invisibles: aquel que configuran las interconexiones de los componentes de una red de computadoras o la red global de internet. La difusión espacial de todos los fenómenos que ocurren en la superficie terrestre es otro asunto invisible con un gran potencial geográfico: la propagación de enfermedades, las invasiones de plantas y animales, las innovaciones agrícolas e industriales y la existencia de fronteras basadas sobre todo en argumentos religiosos o nacionalistas que separan comunidades. Todo esto que, directa o indirectamente dibujamos en nuestra mente, puede plasmarse en mapas capaces de representar un paisaje dinámico de las relaciones sociales y los dominios económicos a escala nacional y planetaria. Eso es también geografía, y muy importante, por cierto, para entender el mundo en que vivimos. Un libro reciente (*Fronteras invisibles*), escrito por el geógrafo Maxim Samson, de la Universidad de Chicago, demuestra cómo las líneas invisibles nos ayudan a comprender la organización del planeta Tierra (Samson, 2024).

Otra aclaración relacionada con los paisajes. Ya hemos señalado más arriba que los paisajes son el resultado «de la combinación dinámica y, por lo tanto, inestable de elementos físicos, biológicos y antropogénicos . . . en continua evolución» (Bertrand, 1968). Los paisajes se transforman y nos ofrecen combinaciones diferentes de factores y de su funcionamiento como consecuencia de cambios en las actividades humanas o como consecuencia de la evolución natural o humanamente-inducida de procesos ambientales. Así sucede, por ejemplo, cuando aumenta la presión demográfica en un territorio, lo que obliga a ocupar laderas pendientes con nuevos campos de cultivo que pueden aumentar la erosión y contribuir a la carga sedimentaria de la red fluvial, que podrá ver transformada su morfología y dinámica; o, por el contrario, cuando la despoblación da lugar al abandono de tierras de cultivo en las laderas, favoreciendo la recolonización vegetal, el descenso de los aportes sedimentarios hacia los ríos y el consiguiente estrechamiento e incisión en los cauces (ver Capítulo 7). También el paisaje agrario cambia por la influencia de los mercados nacionales e internacionales, que provocan la expansión o contracción de determinados cultivos. Por otra parte, la ocurrencia de un evento pluviométrico extremo puede dar lugar a la formación de flujos de derrubios, deslizamientos superficiales y cárcavas en las laderas, alterando las tasas de exportación de sedimento. El geógrafo de espíritu aventurero sigue descubriendo todavía nuevos paisajes, explica los cambios e interpreta las consecuencias globales de tales cambios. La época de los descubrimientos, que tan importante fue en siglos anteriores, sigue metafóricamente vigente y contribuye a entender una vez más las interacciones entre actividades humanas y dinámicas ambientales. ¡Seguimos teniendo la mirada de los espíritus inquietos!

2.3. La perspectiva geográfica: mapas, espacio, tiempo e interrelaciones

Con frecuencia aludimos a «la perspectiva geográfica», al modo diferente con que contemplamos los problemas sociales y ambientales. Esa perspectiva no es un invento o una justificación de los geógrafos; es una realidad que procede de la utilización de mapas, de las relaciones espaciales que nos muestran esos mapas, de la sucesión de fenómenos que han ocurrido en ese espacio a lo largo del tiempo y de las interrelaciones que se establecen entre los diferentes factores (humanos y ambientales) que intervienen.

Los mapas son los instrumentos básicos de los geógrafos. En ellos se sitúa cada objeto y cada fenómeno en su lugar y en relación con los demás. Son la base de todos los estudios geográficos. Esto es así por la importancia que tiene lo que estudiamos en un contexto espacial amplio: la posición de los países respecto de los grandes accidentes orográficos, los océanos y la red fluvial, la longitud, debilidades y fortalezas de las fronteras, la localización de las grandes ciudades respecto del resto del territorio, la distribución de los climas o la orientación y envergadura de las montañas. La mera observación de los mapas nos transmite preguntas crecientemente complejas y es un punto de partida para explicar muchas cosas que parecen elementales, pero que requieren de un esfuerzo intelectual al relacionarse muchos fenómenos a la vez. En algún momento de nuestra vida, como geógrafos, debemos dedicar tiempo a observar un atlas, a aprender de los mapas topográficos y temáticos a una escala razonable; no nos importe pasar el tiempo observando el trazado de la red fluvial en Norteamérica, la localización de las grandes ciudades asiáticas y europeas en relación con la distribución de las grandes cordilleras y con la difusión de la Revolución Industrial, o el diseño de las principales redes de comunicación (ferrocarriles y carreteras). Con ello aprendemos a conectar unas cosas con otras y a crear nuestros propios mapas mentales. Aprendemos sobre todo a saber que nada hay independiente del resto, que las conexiones crean redes de dimensiones y complejidades casi infinitas y que nosotros estamos para desvelarlas.

Los mapas nos han acompañado desde siempre. Inicialmente fueron mapas mentales necesarios para que nuestros antepasados pudiesen sobrevivir. Harari (2015) relata que:

> un mono verde puede gritar a sus camaradas: ¡Cuidado! ¡Un león! Pero una humana puede decirles a sus compañeras que esta mañana, cerca del recodo del río, ha visto un león que seguía a un rebaño de bisontes. Después puede describir la localización exacta, incluidas las diferentes sendas que conducen al lugar.

Es decir, nuestra humana disponía de un mapa en su mente necesario para su supervivencia. De estos mapas mentales a su plasmación en un soporte físico tendrán que transcurrir miles de años, pero tanto los primeros como los segundos tuvieron una utilidad extraordinaria para localizar fenómenos, navegar, comerciar, dominar el territorio o para la guerra. Incluso como instrumento de gran valor para la ciencia.

En nuestros días, la tecnología ha revolucionado la representación cartográfica experimentando un gran salto cualitativo y cuantitativo. Primeramente, la fotografía aérea disponible desde la primera mitad del siglo pasado y, después, las imágenes de satélite, los drones o los sistemas LIDAR nos han proporcionado una imagen real y detallada de todos los rincones de nuestro Planeta. La abundante información recibida, además, ha podido ser digerida gracias al desarrollo de hardware sofisticado. Los sistemas de información geográfica se han convertido en instrumentos imprescindibles para la confección de cartografía automática. Gracias a todos estos avances podemos conocer el estado de áreas geográficas prácticamente en tiempo real, el estrés al que están sometidas por la acción humana, la evolución de la calidad del medio ambiente, la gestión de riesgos naturales, el análisis sociodemográfico o la planificación urbanística, y estamos incluso en condiciones de diseñar modelos de simulación para evaluar escenarios futuros.

Históricamente, el mapa ha sido obra de unos pocos. También su interpretación era responsabilidad de una minoría. Complicados cálculos geométricos, largos viajes o expediciones militares eran necesarios para dibujar los contornos de costas, ríos, fronteras o montañas. La información cartográfica del territorio es accesible ahora al conjunto de la población. La aparición de plataformas de acceso y producción de datos (tabletas o teléfonos inteligentes), con localización espacial (GPS) ha hecho posible conocer con más profundidad la realidad geográfica. Podríamos afirmar que se ha dado, sin que los ciudadanos sean conscientes, una universalización de la educación geográfica. Incluso, éstos han llegado a convertirse en productores de información geográfica. Es más, la aparición y desarrollo, a mediados de la primera década del siglo XXI, de Google Earth, Microsoft Virtual Earth (en 3D), Google Maps, Yahoo Maps, OpenStreetMap (en 2D), entre otros, han supuesto la posibilidad de compartir contenidos con componentes espaciales, desvaneciéndose la distinción entre productores y usuarios de información (Budahthoki *et al.*, 2008). Goodchild (2007) acuñó el término «información geográfica voluntaria» para referirse al contenido geográfico generado por los usuarios apoyados en blogs, wikis, redes sociales, comentarios a páginas web, videos tipo YouTube, periodismo ciudadano y una infinidad de canales de comunicación para proveer distintas versiones o representaciones de la realidad.

Así pues, el usuario de información geográfica ha ampliado sus limitadas fronteras de hace décadas o siglos. El geógrafo sigue siendo fundamental para interpretar el mapa, pues es su formación la que permite ir más allá: preguntarse no solo por la localización de los procesos, sino también por las complejas interrelaciones de los factores que explican estos procesos. De hecho, junto con las observaciones de campo (tanto en el medio rural como en el urbano o en la alta montaña) es nuestra obligación reforzar las convicciones de los estudiantes de Geografía y de los recientemente egresados en tres aspectos fundamentales:

i.   La importancia de la *organización espacial* de cualquier fenómeno (población, ciudades, cultivos . . .), es decir, la forma de enlazar el territorio, el mapa y la mente para posicionar unos objetos y su relación con otros, para establecer vínculos entre áreas diferentes (por ejemplo, entre las montañas y las tierras llanas próximas), para detectar las zonas más propensas a verse afectadas por inundaciones, o para conocer la distribución de los grupos étnicos de un determinado país (pensemos simplemente en Nigeria), con capacidad para alterar las fronteras y, de paso, las relaciones comerciales y las influencias urbanas.

ii. El gran peso del *tiempo*, que nos ayuda a explicar los hechos pasados, y la situación actual de los fenómenos geográficos. No podemos olvidar que «los escenarios geográficos están en constante evolución» (Murphy, 2020). Esta idea de la fugacidad de las cosas geográficas es fundamental porque nos ayuda a entender los cambios que se producen en la naturaleza y en todo lo que tiene que ver con las sociedades humanas a distintas escalas temporales. Así, interpretamos los paisajes humanizados como un palimpsesto en el que se superpone la herencia de muchas culturas, en algunos casos desde el Neolítico, y a la vez observamos cómo las políticas agrarias pueden alterar la morfología de los campos de cultivo en muy pocos años.

iii. La necesidad de tener en cuenta el gran peso de las *interrelaciones* en geografía. Ningún asunto realmente geográfico puede ser tan lineal como para olvidar las estrechas relaciones que existen entre diversos factores. Las actividades humanas en el medio rural están relacionadas con el calentamiento global y con las políticas agrarias; a su vez esas actividades pueden explicar parte del aumento de temperatura. La reforestación tiene importantes consecuencias hidrológicas y estas últimas tienen notables efectos sobre el transporte de sedimento y sobre la conectividad entre laderas y cauces. La evolución de los glaciares se explica por la tendencia de las temperaturas y por los cambios en la precipitación en forma de nieve. Dicha evolución condiciona a su vez el presente y el futuro del abastecimiento de agua en regadíos y núcleos urbanos de muchas regiones del mundo. El variado conocimiento de los geógrafos acerca de procesos ambientales y humanos permite identificar las causas y a la vez las consecuencias de los asuntos que estudiamos, pero tenemos que ser conscientes de que eso está dentro de nuestras atribuciones y de que tenemos que aportar una perspectiva original.

No se trata de alcanzar la síntesis de la que nos hablaban nuestros profesores en la década de 1960, esa síntesis poco menos que imposible. Se trata de que seamos conscientes de nuestras posibilidades para la deducción y la integración. Nada más y nada menos. Por ello, las distintas especialidades de la geografía no constituyen compartimentos estancos. Aceptar eso sería un error muy grave por parte de los geógrafos: la geomorfología está emparentada con los análisis paleoambientales, con la climatología, con la geografía rural y también, aunque haya quien lo dude, con la geografía urbana. Pero lo mismo sucede con las restantes ramas de la geografía. Pensemos simplemente en la hidrología, una especialidad que, planteada con una perspectiva geográfica, integra un elevado número de cuestiones, desde la evolución y distribución espacial de la vegetación a la organización de los paisajes, las características de los suelos y la evapotranspiración. Y qué decir de los cauces fluviales que son la expresión del funcionamiento global de la cuenca, el elemento que recibe información acerca de la actividad agraria, la topografía, el clima o la producción de sedimentos. Si los propios geógrafos no creen en esto, estamos perdidos. Menospreciar a cualquier rama de la geografía es el inicio de lo que llamaríamos no una crisis de la geografía sino de algunos geógrafos.

Por lo tanto, el *espacio*, el *tiempo* y las *interrelaciones* espacio-temporales son los principales referentes de los geógrafos. Nos cuesta creer que se puede prescindir de alguno de ellos, cualquiera que sea el objeto de estudio.

2.4. La geografía y la historia

Queremos detenernos brevemente en una vieja estación casi abandonada por los geógrafos. Nos referimos a las relaciones entre la geografía y la historia, que han pasado por momentos mejores que el actual, aunque no puede hablarse de una estrecha colaboración entre una y otra especialidad. Se nos permitirá una pequeña digresión personal. Los autores de este libro pertenecemos a dos generaciones de geógrafos que pasaron por cinco años de estudios en las facultades de Filosofía y Letras durante los cuales los primeros años eran *comunes*, es decir, eran una mezcla variada de asignaturas entre las que predominaban las de Historia. Eran, no lo dudamos, formativas, pero no estaban relacionadas con nuestra especialidad. No nos atrevemos a afirmar que algo de lo que aprendimos en aquellas asignaturas de Historia pudimos aplicarlo alguna vez a nuestros estudios y trabajos de Geografía. Fruto de esa tradición, la Geografía siguió emplazada en las facultades de Filosofía y Letras o en las de Geografía e Historia, «lo que entraña alguna debilidad de emplazamiento para hacer frente a los nuevos y numerosos competidores» (Gómez Mendoza, 2020, p. 889), tanto en el mundo de la naturaleza (por ej., la Geología y más aún la Ecología) como de las ciencias sociales (por ej., la Sociología y la Economía).

Siendo esto verdad, sin embargo, el paso del tiempo nos da una perspectiva diferente que planteamos aquí como punto de partida para un cambio en las relaciones entre geografía e historia.

Estamos muy convencidos de la importancia de la historia para explicar los hechos geográficos actuales. Una historia preocupada por las formas de apropiación del territorio, por los procesos de poblamiento, por la deforestación, la creación y distribución de los campos de cultivo, por los conflictos derivados de los sistemas de pastoreo, por las normas en el uso del territorio prescritas por las autoridades civiles y eclesiásticas de siglos atrás o por organizaciones comunales, o incluso por la ocurrencia de eventos naturales que pudieran tener consecuencias en los usos del suelo, puede ser de gran utilidad para el geógrafo. Y es que, tal como señala Haggett (1988, p. 636): «el tiempo es un componente esencial en todos los estudios geográficos». De esta manera, casi todo lo que estudiamos en Geografía requiere una aproximación histórica (Gómez Mendoza, 2017a), incluso si lo que nos interesa es un problema ambiental. Por ejemplo, la erosión en el piso subalpino de las montañas europeas es indisociable de la deforestación provocada por la expansión de la trashumancia en los siglos XII al XV, a su vez condicionada por el mercado internacional de la lana (por ej., García-Ruiz *et al.*, 2020a, 2021). De igual forma, un paisaje rural, incluso si está muy transformado, conserva trazos de épocas precedentes, desde la red de caminos a la forma y tamaño de las parcelas, la presencia de árboles y setos en los bordes de los campos, o la distribución espacial de los pequeños retazos de bosque. Y lo mismo puede decirse de las ciudades y su proceso de expansión y transformación en relación no solo con el crecimiento demográfico sino también con la segregación social, los diferentes niveles de renta y los cambios en los usos del espacio, que condicionan, más aún que en el medio rural, sus características funcionales actuales. Falta mucho por conseguir en este campo, pero es cada vez más evidente la necesaria colaboración entre historiadores y geógrafos para reconstruir la evolución de los paisajes e identificar cambios ambientales que han afectado a la presencia humana en el territorio. Se está avanzando mucho, pero aún es muy insuficiente. Hasta ahora, la geoarqueología es la que mejor ha conseguido aunar las inquietudes de historiadores y geógrafos, con aportaciones decisivas de estos últimos (por ej., Peña-Monné *et al.,* 2021, 2023). Se ha comprobado que la arqueología recurre con mucha frecuencia a la colaboración con geomorfólogos y paleoclimatólogos procedentes del campo de la geografía para estudiar en detalle el contexto climático en el que se desarrollaron los pueblos de la antigüedad y la evolución posterior de los yacimientos. Los análisis polínicos, que protagonizan muchos geógrafos, ayudan a reconstruir la vegetación e incluso su evolución, y el sedimento acumulado en lagos es la base para estudiar la ocurrencia de eventos hidrológicos extremos o episodios de erosión del suelo relacionados con el uso humano. Los trabajos llevados a cabo en España, Grecia y Argentina por Peña Monné (por ej., Peña Monné y Sampietro-Vattuone, 2018; Peña Monné *et al.,* 2021, 2023) confirman la importancia de la colaboración interdisciplinar en geoarqueología y la necesidad de incorporar una perspectiva espacio-temporal y geomorfológica en muchos estudios históricos. Por supuesto, entre geomorfólogos y biogeógrafos el peso del pasado, a otra escala temporal, es también decisivo: cómo explicar si no la evolución de una llanura aluvial y sus meandros, las formas de los valles glaciares o la distribución actual de los bosques.

Por otro lado, la influencia de la geografía sobre los hechos históricos es igualmente innegable, de manera que existe una interdependencia mutua que no hemos sabido aprovechar adecuadamente. Gran parte de los cambios que han tenido lugar a lo largo de la Historia, desde las invasiones a los grandes movimientos migratorios, la búsqueda de recursos o las transformaciones sociales tienen una base geográfica innegable: Así, las fluctuaciones climáticas o los grandes eventos hidrológicos y geomorfológicos han influido en los cambios de regímenes políticos, en la distribución de la población y en la ampliación o contracción de las transacciones mercantiles; la expansión de mercados internacionales ha favorecido el desarrollo del comercio y el crecimiento económico de determinadas regiones; y las estrategias empleadas para conquistar nuevos territorios han tenido una clara base territorial. Como indica Christian Gratalup (2025, p. 12) en su *Geohistoria,* «la historia es geográfica». Este autor insiste, entre otros muchos ejemplos, «en el papel clave que desempeñó la explotación de las poblaciones y regiones tropicales en el desarrollo de la Revolución Industrial» (Gratalup, 2025, p. 364), como explicación de los desequilibrios socioeconómicos actuales, o en la importancia de los sistemas de plantaciones que se extendieron en las tierras intertropicales como inicio de muchos de los graves problemas ambientales que caracterizan al Antropoceno.

2.5. Algunas precisiones sobre las ciencias competidoras de la geografía

Ya hemos dejado escrito más arriba que la geografía es una ciencia fronteriza. Lo decimos en un doble sentido, aunque ahora solo nos referiremos a uno de ellos. Fronteriza en el sentido de que en sus temas de trabajo está en contacto y competencia con muchas otras ciencias. Las últimas décadas han demostrado que son ciertamente ciencias competidoras de la geografía y no, como se ha dicho en alguna ocasión, ciencias auxiliares. Esta competencia es un fenómeno relativamente reciente, debido al nacimiento de nuevas disciplinas y al progreso de otras ya consolidadas hace décadas, relacionadas tanto con el estudio del medio físico como con aspectos humanos. A mediados del siglo XIX todo parecía más fácil para la geografía.

Entre las ciencias que se presentaban inicialmente como próximas se situaba la geología, más preocupada por la paleontología, la geodinámica interna de la Tierra (movimientos tectónicos relacionados con el levantamiento de las montañas, volcanismo) o la mineralogía. Los estudios glaciológicos, tan importantes en geomorfología, estuvieron inicialmente más a cargo de naturalistas con formación multidisciplinar, como Louis Agassiz (1807-1873) y a veces de geógrafos/geólogos, como Albrecht Penck (1858-1945). Tampoco eran motivo de excesiva preocupación para los geólogos otras temáticas propias de la geodinámica externa como la erosión, los movimientos en masa o la dinámica fluvial. En España, los estudios geomorfológicos estuvieron preferentemente en manos de geólogos, ya bien entrado el siglo XX (por ej., Joaquín Gómez de Llarena, Hugo Obermaier, Francisco Hernández Pacheco y Carlos Vidal Box). La climatología en el siglo XIX no existía como una rama científica independiente, sino que estaba integrada precisamente en la geografía (ver Olcina, 2014). Sí existía la economía como una ciencia para explicar la importancia de la libertad de mercado, los beneficios y los salarios, así como las estrategias para promover la prosperidad en un contexto de expansión industrial y a la vez de aumento de las desigualdades, todo ello con escasa relación con el territorio. Desde la segunda mitad del siglo XIX surge una competencia que sería cada vez más fuerte desde mediados del siglo XX por parte de la ecología, que Haeckel definió como «el conjunto de relaciones entre los seres vivos y su medio ambiente». Curiosamente, la ecología tuvo un escaso desarrollo en España durante la primera mitad del siglo XX, aunque desde la década de 1960 experimentó un impulso creciente en el contexto de una mayor preocupación por la conservación de la naturaleza. Luego empezó el tiempo de la sociología, la ciencia encargada de estudiar el comportamiento colectivo de los seres humanos, sus relaciones y su organización social, con una componente ligeramente espacial en su evolución reciente.

Algunas carreras técnicas también se abrieron en parte al análisis de problemas ambientales solapándose con los intereses de la geografía, incluyendo la Ingeniería de Caminos, Canales y Puertos (o Ingeniería Civil), Ingeniería de Montes y Arquitectura. Los primeros han entrado de lleno en los estudios de hidrología, incorporando modelos a la predicción de caudales durante eventos pluviométricos extremos. Los segundos también compiten en el campo de la hidrología con una fructífera tradición desde finales del siglo XIX, que se inició con la corrección de torrentes muy activos y con sus trabajos de restauración de la vegetación para reducir la erosión. Eran trabajos puramente técnicos al principio, pero han pasado a ser ciencia básica con algunos aspectos aplicados. Por su parte, los arquitectos asumieron hace tiempo la planificación urbanística, la organización de las ciudades, el diseño de los espacios verdes y la organización espacial de los servicios a escala regional y/o metropolitana. La creación de los estudios en ciencias ambientales ha supuesto un gran golpe para la geografía, al invadir un campo que debería haber sido exclusivo de la geografía. ¿Por qué ha ocurrido esto? Sin duda, por dejadez de los geógrafos, que en su momento no reaccionaron con rotundidad frente a ese disparate, erróneamente convencidos de que iban a disponer de un elevado porcentaje de asignaturas geográficas en estos estudios.

Lo cierto es que, al menos en España, «los límites entre la geografía y lo que denominamos disciplinas afines no están bien definidos» (Higueras Arnal, 2003, p. 12). Y eso ha jugado en contra de la geografía, que ha ido perdiendo terreno en no pocos casos. Algunos geógrafos han reaccionado invadiendo campos ajenos sin ser plenamente conscientes de ello, como se deduce de la consulta de los trabajos publicados en revistas de geografía. Nos referimos a artículos en los que es casi imposible encontrar alguna referencia a la espacialidad del problema estudiado o a las relaciones de ese problema con cuestiones medioambientales o sociales.

¿Existe la geografía como disciplina científica con un campo de trabajo bien definido? El crecimiento de las ciencias próximas a la geografía o el surgimiento de otras ciencias que entran en colisión con la investigación de los geógrafos plantea muchas dudas. Es cierto que frente a la fortaleza que muestran algunas de estas ciencias, la Geografía aparece en algunos momentos, sobre todo hacia el final del siglo xx, como una ciencia antigua. Esta ha sido una visión interesada, a veces difundida por otras disciplinas para ampliar el campo de su competencia. Sin embargo, a pesar de esas dudas, la fortaleza de la Geografía española se ha visto reforzada claramente desde el inicio del siglo xx. Para muchos geógrafos y otros especialistas, la geografía de los estudios regionales, que había dominado desde la década de 1950 hasta la de 1980, había dejado de tener interés y no era capaz de competir con otras ciencias próximas. Esto es algo injusto a la vista de algunas tesis doctorales de enorme valor científico-cultural. Entre ellas queremos destacar las tesis de Alfredo Floristán sobre *La Ribera*

Tudelana de Navarra, la de Antonio López Gómez sobre *La tierra de Atienza*, la de Ángel Cabo Alonso sobre *La tierra de Sayago*, o la de José Ortega Valcárcel sobre *Las Montañas de Burgos*, entre muchos otros ejemplos. A estas habría que añadir la gran aportación del geógrafo francés Max Daumas sobre *La vie rurale du Haut Aragon Oriental*, un ejemplo excepcional de madurez intelectual, y la obra de Jesús García Fernández sobre *Organización del espacio y economía rural en la España Atlántica*, que no fue una tesis doctoral, pero se identifica con los mejores estudios regionales elaborados en España. Estas tesis regionales no se planteaban el estudio de un problema científico, sino aportar una perspectiva integradora acerca de las características de un territorio concreto. Eran grandes aportaciones culturales, pero muy incomprendidas al lado de la imagen de dinamismo que daban otras ciencias, cuyas tesis presentaban títulos más llamativos. Eso no les daba mayor valor objetivo, pero a corto plazo la opción geográfica parecía superada o anticuada. Realmente, ninguna de esas tesis regionales representaba una ruptura metodológica o conceptual, pero contenían mucha información para entender la evolución de los paisajes rurales y las rutinas individuales y colectivas que caracterizaban a la explotación del territorio. Pero es cierto que esas tesis ya no están en primera línea, al no permitir una renovación metodológica ni ir al fondo de los grandes problemas a los que debe enfrentarse la geografía. Volveremos a esta cuestión más adelante, en el Capítulo 3.

Sí, la geografía existe como disciplina y cada vez será más necesaria. Los grandes problemas medioambientales a los que se enfrenta el planeta (erosión del suelo, escasez y gestión de recursos hídricos, cambios en los usos del suelo y sus impactos, expansión de las ciudades, despoblación y revitalización del medio rural o los grandes movimientos migratorios, entre otros muchos ejemplos, tienen, por un lado, una marcada componente espacial y, por otro, están estrechamente relacionados con las interacciones entre medio ambiente y sociedades humanas.

Admitámoslo sin complejos: ni la economía, ni la sociología ni la ecología están en condiciones de responder en solitario a esos problemas por mucho que estén más de moda o sean más populares en los medios de comunicación. No obstante, la sociología tiene contactos y solapamientos múltiples con la geografía urbana, hasta el punto de que no siempre es sencillo distinguir algunos estudios de geografía de los más propiamente sociológicos. En el caso de la ecología, las diferencias con la geografía son notables en cuanto a sus objetivos, por más que ambas ciencias integren información muy variada y desarrollen gran parte de su actividad en un ámbito territorial. Sin embargo, los ecólogos trabajan más en las relaciones entre los seres vivos y el medio ambiente y la competencia que se ejercen plantas y animales entre sí. El mayor desafío viene del campo de la ecología humana, aunque a esta le falta, en general, una perspectiva espacial, el dominio de muchos aspectos del mundo rural y urbano y una perspectiva histórica imprescindible, además de abandonar postulados deterministas. Algunos estudios de ecología humana en España datan de finales de la década de 1960, aunque en aquel momento estaban muy relacionados con la geografía (por ej., Puigdefábregas y Balcells, 1970). En todo caso, la legítima agresividad con la que los ecólogos se plantean su especialidad representa un riesgo notable a corto plazo.

Tampoco los físicos superan los trabajos que llevan a cabo excelentes climatólogos de origen geográfico (por ej., Martín-Vide y López-Bustins, 2006; Vicente-Serrano *et al.*, 2020, 2025), por mucho que los primeros dominen aspectos complejos de la física de la atmósfera. ¿Y qué decir de la hidrología? Es cierto que algunos geólogos españoles han introducido ideas nuevas y están realizando grandes aportaciones sobre las relaciones entre vegetación y escorrentía o sobre eventos hidrológicos extremos (por ej., Francesc Gallart, Andrés Díez Herrero), y los trabajos de ingenieros civiles representan avances muy importantes en la predicción de caudales y la delimitación de los riesgos de inundación (por ej., Félix Francés). Sin embargo, los cambios en los regímenes fluviales relacionados con cambios en precipitaciones y fusión nival han sido analizados en detalle por geógrafos (por ej., López-Moreno y García-Ruiz, 2004; López-Moreno *et al.*, 2006), como también los cambios hidrológicos relacionados con los usos del suelo (por ej., García-Ruiz *et al.*, 2011), y los estudios de detalle de las grandes avenidas mediterráneas bien ligadas a las características del territorio (por ej., Camarasa Belmonte, 2016; Serrano-Muela *et al.*, 2015). Basta con consultar publicaciones internacionales acerca de estos campos directamente relacionados con la geografía para comprobar que la expansión de algunas ciencias próximas no ha eclipsado las contribuciones geográficas; antes bien, han sido un estímulo en muchos casos. Por no hablar de los estudios sobre el paisaje, tan necesarios desde un punto de vista cultural, pero también para la conservación del territorio y la identificación de áreas de especial valor ambiental (por ej., Martínez de Pisón y Ortega Cantero, 2007). Por lo que respecta a la geología, la competencia con la geografía es evidente en el campo de la geomorfología, aunque las colaboraciones entre geólogos y geógrafos son frecuentes, como es el caso de los estudios sobre glaciarismo. De todas formas, unos y otros tienden a inclinarse por temas diferentes: por ejemplo, los estudios sobre erosión del suelo en relación con la vegetación y los usos del territorio, son más frecuentes entre los geógrafos (por ej., García Ruiz y López Bermúdez, 2009; Nadal-Romero *et al.*, 2011), mientras que los trabajos sobre grandes deslizamientos, generalmente ligados a condicionamientos estructurales, son más propios de los geólogos (por ej., Gutiérrez *et al.*, 2023). No debe olvidarse, sin embargo, que en los grandes avances en cartografía geomorfológica los geógrafos han tenido una participación indiscutible, casi diríamos revolucionaria, como es el ejemplo de Barrère (1971) y Peña Monné (1997). En todo caso, llama la atención que la geomorfología se imparta habitualmente en los Departamentos de Geografía de las universidades británicas y en las Facultades de Geología en las norteamericanas, a pesar de lo cual hay profesionales de uno y otro signo en las situaciones opuestas.

Murphy (2020) también alude a la geolingüística como una disciplina híbrida en la que el apoyo de los geógrafos puede ser vital para entender la expansión y/o contracción de las lenguas a escala continental, así como las relaciones entre distintas lenguas. El gran trabajo de Rodríguez Adrados (2008) sobre la historia de las lenguas de Europa sorprende por su llamativa visión espacial y muestra el camino de lo que en el futuro podría ser una más estrecha relación con geógrafos.

Es, pues, evidente que la geografía entra en competencia con muchas otras ciencias ambientales y sociales y que de todas ellas podemos aprender acerca de sus objetivos y sus métodos. En contra de lo que pudiera pensarse, esa competencia no es negativa para la geografía, sino un estímulo que nos ayuda a mejorar y a incorporar nuevas ideas y técnicas de campo y laboratorio, nuevos métodos que tenemos que transformar en palancas de apoyo para seguir avanzando en líneas de investigación que nos llevan cada vez más lejos. El contacto con ecólogos, sociólogos, economistas o geólogos, lejos de poner en cuestión la propia existencia de la geografía es imprescindible para progresar, crear nuevos paradigmas y reforzar su posición como ciencia dinámica y a la vez flexible. Por otro lado, frente a la creciente complejidad de los problemas a los que se enfrentan (o deberían enfrentarse) los geógrafos, la cooperación con otras disciplinas próximas se hace imprescindible, con el fin de facilitar nuestro progreso (y el de nuestros competidores) como científicos. Los geógrafos trabajan en centros de investigación en ecología o en otros donde comparten espacio con economistas. Esta experiencia demuestra que los beneficios de esa cooperación son mutuos y a largo plazo. Digamos, por ejemplo, que las preguntas que se hace un geógrafo ante un paisaje concreto no tienen mucho que ver con las que se plantea el ecólogo. Lo mismo podríamos decir sobre la visión de un geógrafo y un economista ante el análisis de las desigualdades socioeconómicas, pero los interrogantes y respuestas planteados entre todos ellos pueden proporcionar resultados muy positivos.

3

La geografía,
¿hablamos de crisis?

3.1. Las tesis regionales y el excepcionalismo

Desde que terminamos nuestros estudios universitarios venimos oyendo y leyendo que la geografía es una ciencia en crisis. Esa idea se remonta a comienzos del siglo xx, cuando los geógrafos necesitan afianzar su disciplina ante el colapso de viejos postulados basados en la descripción de países y continentes y la expansión de otras ciencias con objetivos más claros o mejor definidos desde un principio. El problema pareció resolverse parcialmente con la identificación de la región como el objeto principal de estudio de la geografía. Las regiones, como territorios más o menos homogéneos, debían estudiarse con una perspectiva múltiple: relieve, clima, suelos, vegetación, evolución y características de la población, actividades agrícolas y ganaderas, artesanía o industrias y centros urbanos). Esta diversidad conducía finalmente a la elaboración de una síntesis que se quedaba casi siempre corta en sus expectativas. Las tesis regionales se consideraron un ejercicio perfecto para que el doctorando dominase los variados temas que todo geógrafo debía conocer, tanto ambientales como humanos. La geografía francesa, por influencia de Paul Vidal de la Blache, fue la que más definidamente siguió el patrón de las tesis regionales. Estas se redactaban en el marco de las famosas *Thèses* d'État, que podían durar en torno a dos décadas (a veces bastante más) y finalizaban cuando el autor había alcanzado ya suficiente madurez. Tras su defensa pública, el doctorando accedía a la consolidación de su posición en la universidad.

La geografía española fue la que más fielmente siguió esta pauta, si bien la duración de las tesis se acortó notablemente a un periodo más razonable, entre cuatro y seis años como norma general. A lo largo de la década de 1970, las tesis regionales en Francia fueron pasando a un segundo plano, como también en España, sustituidas por tesis más temáticas, enfocadas a analizar algún problema en concreto, como, por ejemplo, el abastecimiento de agua en los centros urbanos, la producción hidroeléctrica a escala regional, estudios urbanísticos de barrios o ciudades, así como el área de influencia de los centros urbanos, los sistemas de transporte, los espacios verdes, o el proceso de abandono y recolonización vegetal de las tierras de cultivo como consecuencia de la despoblación. Es decir, las tesis regionales dejaron de estar en el centro de interés de la geografía, quizás por demasiado repetitivas, a la vez que poco definidas en su metodología y, lo que es peor, sin alcanzar la deseada síntesis que, durante dos o tres décadas se consideró que era lo más exclusivo y lo que, teóricamente, mejor sabían hacer los geógrafos.

Es cierto que, como ya se ha comentado, algunas tesis regionales, tanto en Francia como en España, tienen un gran valor cultural e histórico porque son testimonios de los grandes cambios en la gestión del mundo agrario. También apuntaban muchas cuestiones que quedaban pendientes respecto a la deforestación, la minería o las actividades artesanales, algunas de ellas directamente relacionadas con crisis demográficas y económicas de los siglos XVIII y XIX. Sin embargo, hoy carecen de vigencia y raras veces forman parte de las referencias bibliográficas citadas en los trabajos publicados a lo largo del siglo XXI. A ello contribuyó también la publicación de la versión española del artículo de Schaefer (1953), *Exceptionalism in Geography*, al que Capel (2012) atribuye el nacimiento de la llamada nueva geografía, junto con la *Theoretical Geography* de Bunge (1962). El trabajo de

Schaefer tuvo especial significación en Francia y, más secundariamente, en España, porque contribuyó a desacreditar en cierto modo los trabajos regionales. La idea de Schaefer es que los estudios regionales de la llamada geografía tradicional no son estrictamente científicos porque se plantean como si cada región fuera única e irrepetible y, por lo tanto, no favorecen el establecimiento de leyes generales. Esto es cierto en gran medida, dado que la mayor parte de las tesis regionales han seguido esquemas y métodos repetitivos y que los propios autores han tratado de presentar a su región de estudio como un territorio muy diferente del resto. El descubrimiento de esa personalidad acababa convirtiéndose en un objetivo en sí mismo. No obstante, como ya hemos indicado anteriormente (Subcapítulo 2.4), muchas de las tesis regionales que se elaboraron en España desde la década de 1950 hasta finales de la de 1970 han realizado aportaciones muy valiosas que han permitido entender la transformación de los paisajes y la organización social adaptada a optimizar la gestión agrícola y ganadera. Después siguió habiendo tesis regionales en mucha menor medida y tuvieron una orientación muy diferente, encaminadas al estudio de espacios *organizados* en función del área de influencia de los centros urbanos.

Desde hace décadas, estas son las auténticas regiones, cuyo referente son las ciudades que dan sentido a las relaciones sociales y económicas en un espacio más o menos amplio y que entra en competencia con otras ciudades en los extremos de su área de influencia. «Comprender la organización espacial que une a las ciudades, regiones y naciones es fundamental para explicar los flujos de personas, bienes e información» (Hanson, 1997), lo que aumenta la interdependencia a todas las escalas. Estas regiones polarizadas contrastan con las llamadas regiones homogéneas que, siguiendo la idea de Vidal de la Blache, se identificaban por sus características ambientales o por unos sistemas de producción dominantes. Por más que los autores pretendieran en estas obras destacar unas determinadas señas de identidad poco menos que excepcionales, el resultado era que las diferencias con las regiones vecinas no eran significativas. Higueras Arnal (2003) vino a decir que ni siquiera la idea de homogeneidad es adecuada para hablar de las regiones tradicionales, puesto que resulta poco menos que imposible definir esa homogeneidad (¿por el relieve, el clima, el paisaje, características étnicas o demográficas? ¿una historia común?). Interesa añadir que el artículo de Schaefer coincide con la cada vez más generalizada idea de que la geografía debe orientarse a estudiar la organización espacial de las variadas características de la superficie terrestre, lo que permitiría la formulación de leyes. En este aspecto han coincidido, como hemos visto, muchos geógrafos y quizás sigue siendo la corriente más general entre los geógrafos actuales.

Se ha hablado también con frecuencia de las regiones naturales, referidas a territorios con rasgos ambientales bien definidos (por ejemplo, un área de montaña con fuertes pendientes y predominio de litologías resistentes; una zona predominantemente forestal; o un subdesierto con predominio de matorrales abiertos). Sin embargo, en ese caso sería más adecuado hablar de espacios o territorios naturales más que de auténticas regiones que, siguiendo criterios más actuales, se identifican fundamentalmente con la presencia de un centro urbano organizador.

Lo cierto es que, desde antes de Schaefer y con variados argumentos, numerosos geógrafos han mantenido la idea de que la geografía está en crisis. Eso es algo que ocurre también en otras ciencias, como la historia, la sociología, la economía o la ecología. No debería resultar extraño el que de vez en cuando una ciencia ponga en duda algunos de sus principios o métodos. Las ciencias no permanecen inalterables, sobre todo cuando otras ciencias próximas se hacen más populares o son más reconocidas, o cuando se produce un descenso notable en el número de alumnos. Sin embargo, los geógrafos lo hacen de una manera especialmente ácida, casi como si fuera obligatorio destacar más los problemas que los aspectos positivos de la geografía. Gómez Mendoza (2017a) insiste en que los geógrafos «nos solemos fustigar mucho» a lo que añadimos que además tenemos una injusta tendencia autodestructiva, siempre preguntándonos por nuestro objeto de estudio y nuestros objetivos. Podríamos añadir la debilidad que mostramos al incorporar en las últimas décadas en la jerga geográfica un elevado número de «–ismos»: «positivismo, humanismo, feminismo, marxismo, postcolonialismo, fenomenologismo, estructuralismo, realismo, postmodernismo, postestructuralismo» (Gómez Mendoza, 2017a, p. 20), como si esto aumentase el valor de la geografía o nos hiciera más modernos a los ojos de otros científicos, a la vez que nos alejamos de los conceptos básicos de nuestra ciencia, aquellos en los que nos encontramos más cómodos y con pocos rivales: medio ambiente, paisaje, espacio, territorio.

3.2. Los geógrafos necesitamos un sicólogo optimista

Hace ya más de cinco décadas un profesor muy reconocido entonces publicó un artículo con un título muy llamativo: «La geografía, ¿una ciencia siempre en crisis?» (Casas Torres, 1971). El artículo contenía alguna idea interesante para la época, como la necesidad de alcanzar la, por entonces, mitificada síntesis, e insistía en que las demás ciencias competidoras con la geografía carecían de sentido de lo espacial y de conocimientos profundos de geografía física (p. 9). Hacía poco que Casas Torres, junto con otros geógrafos, había participado en la elaboración de los planes de desarrollo de alguno de los últimos gobiernos del franquismo y parecía que la geografía, al menos en España, se convertía en una ciencia aplicada que iba a contribuir, al igual que la economía, a organizar el territorio y a plantear la solución a muchos de los problemas y desequilibrios a que se enfrentaba la sociedad española. Ese éxito fue muy momentáneo y, aunque la participación de los geógrafos en la gestión y planificación a escala regional o local ha sido relativamente frecuente, ha quedado en una posición secundaria frente a otras ciencias. Ya por entonces algunos geógrafos jóvenes hablaban abiertamente de la crisis de la Geografía y de la «existencia de graves problemas en todos los niveles, desde el escolar a la investigación» (Ortega, 1977, p. 209) o de que la geografía era poco menos que un saber precientífico. Es curioso que uno de los discípulos de Casas Torres, Higueras Arnal (2002), hiciese alusión a «la geografía en la encrucijada» en uno de sus últimos artículos, e insistía en que la geografía «ha estado siempre en crisis» porque hay otras muchas disciplinas que estudian la superficie terrestre, insistiendo en que los problemas de la geografía comenzaron cuando dejó de buscar la síntesis.

Algunos geógrafos fueron especialmente severos al plantear las limitaciones de la geografía frente a la gravedad de los problemas de nuestro tiempo, definiéndola como «una empresa reaccionaria de mixtificación» (Lacoste, 1973, tomado de Capel, 2012, p. 392). Parece una broma, pero no lo es. Lacoste fue quien afirmó que Heródoto actuó ¡como un agente al servicio del imperialismo ateniense! (Lacoste, 1976a), o que «la geografía sirve sobre todo para hacer la guerra» (Lacoste, 1976b). Reconocemos que, cuando se publicaron estas frases, llamaron mucho la atención de algunos geógrafos jóvenes, que sentimos que formábamos parte de una «revolución cultural» dentro de la geografía y que se abrían nuevos caminos para atraer a los estudiantes a una geografía más reivindicativa y con soluciones radicales sobre las desigualdades sociales y los problemas ambientales provocados por las poblaciones humanas. De todas formas, las expectativas no dejaban de ser desmoralizadoras, pues se nos aseguraba que «el geógrafo debe considerar que es, lo quiera o no, un agente de información al servicio del poder» (Ortega, 1977, tomado de la revista *Hérodote*). Al parecer, no teníamos alternativa (¡Eso sí que es determinismo!).

Pronto nos dimos cuenta de que muchas de aquellas frases estaban escritas *pour effrayer les bourgeois*. Hemos tenido ocasión de leer los nueve libros de la *Historia* de Heródoto, publicados en cinco tomos por la Editorial Gredos, con el gran trabajo de edición de Carlos Schrader. Aparte de mucha información banal y de contar muchas anécdotas que entran más en el campo de las supersticiones, no hemos encontrado nada que pueda justificar que Heródoto trabajase como agente «al servicio del imperialismo ateniense». Afortunadamente, hay una geografía crítica, y a la vez muy seria, contra las injusticias del mundo desde los primeros pasos de la geografía científica en la segunda mitad del siglo xix, y críticos fueron Kropotkin (Peet, 1989) y Reclus (Giblin, 1981; Dunbar, 1989) sin necesidad de recurrir a frases para adolescentes o para sorprender en una asamblea de estudiantes universitarios. Sin embargo aunque tanto Kropotkin como Reclus gozaron de gran predicamento popular, su influencia en la geografía oficial de la época fue muy pequeña (Capel, 2012). Pero sus planteamientos, muy idealistas, estaban basados —sobre todo en el caso de Reclus— en la idea de que la comprensión de la naturaleza y la «armonización entre naturaleza y naturaleza humana es, ante todo, un proyecto ético en el que la libertad se acrecienta» (Gómez Mendoza *et al.*, 1982, p. 45). Fuimos testigos fascinados de la veneración por Reclus entre agricultores ya ancianos de un pueblo de La Rioja en la década de 1980. Entonces nos pareció un hecho sorprendente e inexplicable. Luego lo entendimos mejor cuando fuimos más conscientes del prestigio de la geografía de Reclus entre obreros y agricultores antes de la Guerra Civil española, seguramente por influencia de maestros atraídos no solo por la claridad de las ideas del geógrafo francés, sino también por su originalidad y capacidad de integración para reflejar cómo se autoorganizan algunas sociedades y cómo transforman el medio ambiente.

En tiempos recientes no se habla tanto de la crisis de la geografía, aunque se reconoce que los problemas se han incrementado, no tanto por las dudas epistemológicas de los propios geógrafos como por la perspectiva que tiene la sociedad sobre nuestra ciencia. Extraídas de distintas fuentes, estas son las debilidades que reconocen muchos geógrafos acerca de la posición de la Geografía entre otras ciencias próximas:

i.   La geografía sigue siendo una gran desconocida, percibida como una disciplina para la memorización de lugares (Murphy, 2020). Para la mayoría de los norteamericanos, la geografía sigue siendo una sucesión de nombres y se alude a ella cuando se comprueba la ignorancia de la población sobre la localización de ciudades, países y ríos en un mapa del mundo (National Research Council, 1997). Por esta razón, no fue fácil incorporar a la geografía en los estudios de las universidades británicas en el siglo XIX, con la oposición de geólogos e historiadores (Capel, 2012).

ii. La presencia pública de la geografía no es especialmente brillante cuando se debaten cuestiones de actualidad (Gómez Mendoza, 2002). Es cierto que un número relativamente elevado de geógrafos físicos participan en los medios de comunicación cuando la prensa necesita un comentario o una interpretación sobre un evento natural de carácter catastrófico o sobre las fluctuaciones climáticas. Sin embargo, ante otras cuestiones, su presencia es menor, a pesar de la importancia de los problemas a escala mundial o nacional, como los conflictos en Afganistán, la invasión de Ucrania por parte de Rusia, la inmigración clandestina o los nacionalismos en España, que tienen una clara vertiente geográfica. Creemos que podría hacerse mucho más en este sentido, como sugieren el National Research Council (1997) de Estados Unidos o Haggett (1988, p. 645). Gómez Mendoza (2020) atribuye esta debilidad a la situación de indefinición y consiguiente fragilidad de los geógrafos frente a otras ciencias, lo que conduciría a una menor visibilidad en la opinión pública y los medios de comunicación. Resulta llamativo que todavía tengamos que explicar en qué consiste esto de la geografía y, peor aún, que muchos geógrafos no tengan una idea clara de qué deben responder.

iii. Los geógrafos tienden a la autoflagelación o carecen de suficiente autosatisfacción, según Gómez Mendoza (2020, p. 894). Y continúa con una frase contundente con la que estamos muy de acuerdo: «a menudo dispuestos a socavar los propios fundamentos, deslegitimar nuestra propia disciplina ... Nuestros fundamentos geográficos, territorio, lugar, paisaje, región, adaptación, representación cultural, concebidos en su complejidad y diversidad, no deben banalizarse con la neutra denominación de *espacial*». Da la impresión de que los geógrafos nos tomamos demasiado en serio a nosotros mismos. No conocemos ninguna otra ciencia que se examine con tanta intensidad y tan continuamente, que sea tan autocrítica, que crea tan poco en ella.

iv.   Con frecuencia los geógrafos se dejan llevar por modas pasajeras como consecuencia de la falta de convicciones propias, en lugar de proponer nuevas líneas de investigación o de responder a muchos de los tópicos dominantes. En general, cuando surge un nuevo tema candente que de una u otra forma concierne a los geógrafos, estos se limitan a hacer un seguidismo, generalmente repetitivo, de las ideas más comunes acerca de ese tema. En la mayor parte de los casos se carece de originalidad. Por ejemplo, entre la mayoría de los geógrafos no hay una posición pública y científica relevante acerca del cambio climático, porque en realidad solo de manera muy excepcional se ha profundizado en esa cuestión en la Geografía española. Excepciones son las relevantes aportaciones de Vicente-Serrano *et al.* (2020, 2025), Olcina Cantos (2020b, 2024), González-Hidalgo *et al.* (2016, 2020), Martín-Vide y López-Bustins (2006) y Martín-Vide *et al.* (2015). Demostrar que la geografía es una disciplina diferente de las demás exige ofrecer propuestas y respuestas diferentes.

v.   En general, los libros sobre epistemología de la geografía publicados por los geógrafos españoles ofrecen muy poca esperanza a los geógrafos, a los profesionales de otras disciplinas o a la sociedad. No dudamos de que son libros concebidos con una gran base cultural, pero la transmisión de las ideas no debe basarse en una carrera por ver quién cuenta las cosas de manera más compleja, a veces con frases ininteligibles que expulsan de la lectura a personas interesadas en conocer de forma sencilla qué cosa es esta de la geografía. Nada que ver con los libros que se han publicado, por ejemplo, sobre ecología, porque su preocupación ha sido llegar a la sociedad y no parecer más preparados. De todos los libros que hemos consultado, el de Gómez Mendoza *et al.* (1982) es el que más se aproxima a los lectores, con la incorporación de numerosos textos que aclaran mucho acerca de la evolución de la geografía y de la posición de los principales pensadores del siglo xx. El libro de Higueras Arnal (2003) intenta abarcarlo todo sobre la geografía, pero queda muy anticuado en la mayoría de sus planteamientos, que en ocasiones son bastante ingenuos. Los geógrafos deberían ser conscientes de la necesidad de explicar qué es la geografía de manera que quede muy claro a qué nos dedicamos los geógrafos y en qué podemos contribuir a interpretar el mundo actual y, en ocasiones, a proponer soluciones. El libro de Murphy (2020), muy sencillo y a la vez muy consistente, es un buen ejemplo de lo que necesita hoy la geografía para presentarse al público como una ciencia moderna.

vi. La afirmación poco responsable de que la geografía es una ciencia social ha hecho mucho daño, al situar a la geografía en el bando de la economía y, sobre todo de la sociología, una opción que no es realista. La geografía se distingue por su capacidad para proponer puntos de vista diferentes, ni siquiera parecidos a los de la sociología. Ya hemos comentado en capítulos anteriores la importancia de las interacciones entre problemas ambientales y problemas humanos, aportando una perspectiva espacial a esas interacciones. No es tan difícil explicar que «la geografía presta atención a temas y acontecimientos variados y a sus complejas interrelaciones a través del espacio» (Samson, 2024, p. 16). Tenemos que ocupar nuestro lugar antes de que lo ocupen otros especialistas. Precisamente Murphy (2020) subraya la pérdida de interés por la geografía en las escuelas norteamericanas porque se incluyó en el grupo de los estudios sociales, y algunas universidades de prestigio la eliminaron de sus estudios porque se visibilizaba como una disciplina anticuada. La situación actual ha mejorado, pero aún es necesario definir continuamente qué es la geografía. Tenemos que estar convencidos de que la geografía no es una ciencia social ni una ciencia natural, aunque a algunos geógrafos podría interesarles que fuera así. Como geógrafos, no nos conviene situarnos como una ciencia similar a la sociología, mucho más limitada en sus objetivos espaciales y temporales. La geografía es una ciencia global, capaz de estudiar problemas sociales y ambientales por su capacidad para utilizar argumentos múltiples, un puente entre la naturaleza y las sociedades humanas y una forma de interpretar las relaciones entre actividad humana y naturaleza; también una forma de percibir globalmente la organización espacial de los fenómenos que ocurren en la superficie terrestre, algo en lo que hemos insistido más arriba. A pesar de los esfuerzos, muy positivos de la ecología, la geografía es la ciencia que más ha enfocado sus estudios en analizar las relaciones mutuas entre procesos naturales y humanos. Recomendamos la lectura reposada de un excelente trabajo de Olcina Cantos (1996) sobre esta cuestión.

vii. Como indica Haggett (1988) —y eso no ha cambiado casi cuarenta años después de la edición de su libro—, pocos estudiantes eligen Geografía como primera opción en el momento de inscribirse en la Universidad. Lo normal es que la Geografía sea una segunda o tercera opción a la que consideran un mal menor. Muy pocos son los estudiantes que, al finalizar los estudios de bachillerato y acceder a la universidad, quieren ser geógrafos por encima de cualquier otra opción. Esto se debe a varias razones, la principal de las cuales es la indefinición de la Geografía como especialidad y la escasez de profesores de Geografía plenamente motivados e implicados en la enseñanza de esta asignatura en la educación básica y el bachillerato. Los hay, aunque en un ambiente muy poco favorable y en un contexto de progresiva marginación de la Geografía en los planes de estudio. Por otra parte, según un informe de la AGE (2023), muchos de los profesores que imparten Geografía son en realidad licenciados o graduados en Historia. Además, el inapropiado diseño de los temarios de los libros de texto impide acercar al alumno a la complejidad de los argumentos geográficos para explicar las relaciones existentes en la superficie terrestre. A esta realidad habría que añadir la excesiva carga en las páginas de esos libros de terminología y conceptos que priman sobre la búsqueda de las conexiones e interrelaciones ambientales y humanas que justifican la organización espacial del territorio.

viii. Esa falta de interés de los posibles aspirantes a geógrafos está también condicionada por la falta de perspectivas laborales, de manera que, con notables excepciones, la elección de la Geografía se debe a que las disciplinas más demandadas (y que requieren una mayor nota de admisión) son pronto copadas por los mejores estudiantes de bachillerato. De esto son conscientes la mayoría (si no la totalidad) de los profesores de Geografía de cualquier universidad. Y sucede porque la principal salida profesional sigue siendo la enseñanza en colegios e institutos públicos o privados. Algunos recordamos lo que nos respondía un profesor de la Universidad de Zaragoza entre 1965 y 1969 cuando le preguntábamos por las posibles salidas de la Geografía: «las mismas que la Historia y alguna más». No aclaraba mucho nuestras dudas, pero es cierto que ya por entonces se empezó a crear alguna salida profesional en el CSIC por iniciativa casi visionaria de alguna persona con una mentalidad renacentista. Lamentablemente, todavía en la actualidad, los egresados en Geografía se enfrentan a una elevada tasa de desempleo, lo que crea un elevado grado de insatisfacción. Esta es, sin duda, una de las razones por las que la titulación de Geografía «se está viendo seriamente amenazada, cuando no erradicada, en algunas universidades» (Manifiesto por la Geografía Física. Texto preparado por la Asociación Española de Geografía-AGE, 11/07/2019).

En la actualidad hay mayores oportunidades para los geógrafos, pero siguen siendo limitadas en comparación con sus posibilidades. Nuestra experiencia personal es que los geógrafos que cuentan con un buen expediente académico, que son inquietos y se plantean preguntas, responden muy bien a las necesidades programadas en un grupo de investigación. Es normal que necesiten un periodo de acoplamiento para adaptarse a lo que se les demanda, pero suele ser muy corto. En general, acaban siendo muy buenos profesionales, pero su salida se limita a centros de investigación del CSIC, departamentos de medio ambiente en gobiernos autónomos y consultorías privadas. Sin ser mucho, es más de lo que teníamos los estudiantes de Geografía en las décadas de 1960 y 1970. En el caso de las consultoras, las hay creadas por los propios geógrafos o por otros profesionales que en algún momento han sido conscientes de la positiva contribución que representaría la presencia de un geógrafo. En todo caso, un porcentaje elevado de los estudios de consultoría depende de convocatorias públicas. Un problema añadido en las convocatorias de plazas de empleo público es que en muchas de ellas no se contempla la posibilidad de que los aspirantes a participar en el concurso sean geógrafos: todavía los responsables de departamentos de medio ambiente de comunidades autónomas desconocen los trabajos que podrían desempeñar los geógrafos junto con geólogos, ambientólogos y ecólogos. Una pena, pero alguna responsabilidad recae en los propios geógrafos.

Por supuesto, los propios departamentos de Geografía de las universidades españolas e incluso la AGE podrían hacer algo más por reivindicar la geografía como una ciencia dinámica, con capacidad para dar respuesta a muchos de los graves problemas que afectan al planeta. Mantener el contacto con los mejores egresados, comentar en clase y en las correspondientes páginas web sus éxitos en forma de proyectos aprobados, de prestigiosos premios científicos y de estancias en instituciones internacionales, invitarles a impartir clases o conferencias y favorecer su incorporación como profesores asociados es una forma de presentarlos como ejemplo de lo que podrían alcanzar otras generaciones inmediatamente posteriores. Promover salidas al campo para que los doctorandos cuenten sus experiencias científicas y cuenten cuáles son las preguntas que se han planteado o las dificultades a que se enfrentan son otras iniciativas que ayudan a los estudiantes a tomar decisiones sobre su futuro. Y explicarles en qué consiste ser un científico y qué pasos se deben dar hasta conseguir una estabilización, poder pedir proyectos de investigación o dirigir un equipo de jóvenes científicos ayuda también a los jóvenes que carecen de una clara orientación. Por ejemplo, algo que tienen que tener muy claro es la trayectoria que hay que seguir para optar a becas-contratos de investigación, elaborar una tesis doctoral y encaminarse en una carrera científica. Eso es algo que desconoce la inmensa mayoría de los estudiantes de Geografía cuando inician sus estudios universitarios. Como desconocen que el expediente académico puede llegar a ser importante, o la trascendencia que tiene el seleccionar a un buen director de tesis, con un currículum competitivo que asegure una formación de excelencia al doctorando y aumente las posibilidades de obtener un contrato-beca.

3.3. Pero ¿dónde está la crisis?

Llegados a este punto, y a pesar de las dificultades a que se enfrenta la geografía, conviene transmitir a los estudiantes y a los profesores jóvenes palabras optimistas. Y las primeras de ellas se refieren al hecho de que la geografía no está en crisis. Eso forma parte del alarmismo cansino de los propios geógrafos. Como veremos en el Capítulo 11, no hay ni lejanamente una crisis de la geografía en España y en otros países de nuestro entorno. No puede haber crisis en una ciencia que está en el centro de los problemas ambientales y sociales que afectan a la Tierra, los enigmas relacionados con los grandes movimientos migratorios, las consecuencias de los desequilibrios en el crecimiento demográfico, la expansión urbana y las grandes desigualdades socioeconómicas, el abandono de tierras de cultivo en unos casos y la ampliación de nuevas tierras agrícolas en otros, las tendencias climáticas a diferentes escalas temporales, la transformación del paisaje desde la Prehistoria hasta la actualidad con las huellas que han dejado las diferentes culturas, la organización de paisajes nuevos para minimizar la erosión del suelo y optimizar los flujos hidrológicos, los ajustes que se producen en la morfología fluvial, las consecuencias ambientales y humanas del más que probable aumento del nivel del mar o las consecuencias de la contracción del volumen del hielo en los glaciares del mundo, tan importantes para la gestión de los regadíos en las tierras bajas y el abastecimiento de agua a tantas ciudades. ¿Cómo va a estar en crisis una ciencia que es capaz de estudiar todos estos temas? Nuestra mayor preocupación no es estar pendientes de crisis imaginadas por geógrafos depresivos, sino si tenemos respuesta a todos los problemas que podemos estudiar, es decir, si tenemos capacidad para plantear soluciones. Esa es la gran pregunta que tenemos que hacernos como geógrafos. Estamos convencidos de que no hay una crisis de la geografía si somos capaces de abrir ventanas hacia nuevos horizontes o de competir con otras ciencias que son manifiestamente inferiores a la hora de enfrentarse a los problemas globales. Vamos a dejar este asunto momentáneamente aquí.

¿Crisis de la geografía? ¿Cómo puede haber una crisis ante la publicación de diversos ensayos de éxito en los últimos años con la palabra «geografía» en su título? Recordemos: *La venganza de la geografía* (Kaplan, 2015), *Prisioneros de la geografía* (Marshall, 2017), *El poder de la geografía* (Marshall, 2024) y *Geografía y destino* (Morris, 2025). De uno de ellos (*Prisioneros de la geografía*) se ha vendido más de un millón de ejemplares. Sorprendente y desafortunadamente, ninguno ha sido escrito por geógrafos, sino por analistas políticos, periodistas y el último de ellos por un historiador. Eso ha restado profundidad a algunos argumentos, aunque indirectamente promueven una reivindicación de la geografía que deberíamos aprovechar. En todos esos libros el objetivo es bien claro: La disposición de los países respecto a los océanos y las grandes cordilleras, la presencia de buenos puertos naturales, la proximidad entre países, la existencia de corredores que favorecen las relaciones o la existencia de grandes barreras contribuyen a explicar las razones por las que unos países son más poderosos que otros y justifica las estrategias que han seguido determinados países para controlar el comercio y las materias primas. La geografía, a su vez, explicaría el éxito de muchos países y la decadencia de otros. En el fondo, el mundo funciona en y con un escenario geográfico, porque son la distribución y organización espacial de los países y de los grandes fenómenos naturales y humanos las que dan sentido a las complejas relaciones internacionales y al éxito o al fracaso a largo plazo. Se puede estar o no de acuerdo con algunas de las ideas que se vierten en estos libros, pero son una oportunidad para que los geógrafos se planteen su papel como científicos con el fin de explicar los grandes movimientos políticos, económicos y demográficos que afectan a la Tierra. ¡Naturalmente que la geografía importa! Sin caer en determinismos que los autores de esos libros rechazan, no es lo mismo estar en el Sahel que en la región mediterránea, porque las posibilidades y las limitaciones son muy diferentes. En el Capítulo 10 nos extenderemos algo más en estas cuestiones, como ejemplo de las posibilidades de los geógrafos.

racterísticas de los suelos, la generación de escorrentía, la producción de sedimento y la distribución de la cubierta vegetal. El impacto de origen antropogénico se inició muy probablemente en Próximo Oriente, en el entorno de Mesopotamia y, con pocos siglos de diferencia, en Extremo Oriente y en Centroamérica y Sudamérica. Con el paso del tiempo, los cambios afectaron a una superficie creciente de la Tierra, hasta el punto de que en la actualidad el espacio agrícola junto con los pastos gestionados alcanza aproximadamente el 40% de las tierras emergidas y se contabilizan unos 3300 millones de cabezas de ganado (Turner *et al.*, 2007). Este proceso no ha sido, sin embargo, constante: Fue muy lento al principio debido a la ausencia de mercados bien consolidados, se aceleró durante el Periodo Romano en Europa y durante la Dinastía Tang en China y Sureste Asiático, y experimentó notables retrocesos como consecuencia de conflictos bélicos, crisis climáticas y epidemias a gran escala (Frankopan, 2024). Por ejemplo, la Peste Negra, en torno a 1340, mató a millones de personas en Europa y Asia, y la llegada de enfermedades nuevas a la América postcolombina colapsó la población y dio lugar a graves crisis en la organización social. La consecuencia fue el abandono de grandes extensiones de tierras de cultivo y la consiguiente recuperación de la superficie forestal, un fenómeno que fue temporal. Europa también ha asistido a lo largo del siglo xix y la primera mitad del xx a un proceso de abandono de la superficie cultivada en áreas de montaña y en sectores semiáridos de la región mediterránea, mientras que en el resto del mundo el abandono de tierras es muy incipiente, debido a que también lo es la pérdida de población. Turner *et al.* (2007) informan de que los bosques templados han crecido desde comienzos del siglo xxi. Por el contrario, los bosques tropicales húmedos siguen retrocediendo a pesar de la recuperación de algunas áreas. Mientras tanto, las ciudades han seguido creciendo a un ritmo muy elevado, consumiendo enormes cantidades de suelo, generalmente de buena calidad. Tenemos mucho que aprender de todos los cambios ambientales y sociales que se han sucedido desde el Neolítico, de la creación de paisajes que se adaptan a las diferentes culturas, de los impactos de la presión humana sobre los suelos, la vegetación y los ríos, y de la gran aceleración de los últimos 200 años. Qué hemos hecho bien y en qué nos hemos equivocado.

Pero volvamos a nuestro argumento. Decíamos que la geografía presenta un creciente interés, pero hay que saber aprovecharlo en beneficio de nuestra disciplina. La geografía está en el centro de los problemas más importantes que afectan al mundo actual y que se encuentran en constante evolución. Desde finales de la década de 1970, los geógrafos han entrado de lleno en una serie de temas relacionados con el incremento de la presión demográfica y con las consecuencias de las grandes transformaciones que han tenido lugar en nuestro planeta. Estos cambios afectan a la localización de los grandes centros de producción industrial, al proceso de urbanización que, de forma general, se ha extendido por todo el planeta, a la extracción masiva de materias primas, a la utilización de los recursos hídricos (y sus consiguientes conflictos ambientales y territoriales), a la distribución de las especies de fauna y flora y a la erosión del suelo, entre otros problemas. Presentamos a continuación algunos de los asuntos que más directamente preocupan a los geógrafos, como paso previo para desarrollar en sucesivos capítulos otros cambios ambientales y sociales.

4.1. La globalización

La llamada globalización está relacionada con el desarrollo de las nuevas tecnologías en el transporte y en las telecomunicaciones, las grandes desigualdades sociales y económicas entre países ricos y pobres, los consiguientes desequilibrios salariales, la liberación de los intercambios de bienes y servicios, la libertad con que se mueven los grandes capitales y las ventajas que estos últimos obtienen invirtiendo en determinados países. En ellos, la política de control de la población, la inexistencia de desórdenes y amenazas a la rentabilidad a corto plazo (China, Vietnam, Indonesia), y a la vez una cierta seguridad jurídica para los inversores, constituyen un escenario muy favorable. Países todos ellos en los que la tecnología ha arraigado de forma mucho más rápida de lo que lo ha hecho la implantación de la democracia. El paraíso del capitalismo, en suma. En este marco, y en muy pocos años, se ha activado una deslocalización industrial que ha trasladado los centros de producción de bienes de consumo desde los países occidentales hasta China y el Sureste Asiático. Este cambio de localización ha asegurado la supervivencia de empresas que han podido seguir controlando los mercados en los países occidentales gracias a la mejora de las redes de transporte y a la utilización de mano de obra de bajo coste y sin muchos derechos laborales. La mayor acumulación de capital ha prolongado la supuesta eficiencia del sistema y ha dado una falsa imagen de que, en el fondo, no iban a producirse grandes cambios, a pesar de que muchas empresas estaban desapareciendo en Europa Occidental y Norteamérica. Sin embargo, en estas últimas regiones la crisis se ha manifestado con el cierre de empresas, el aumento del desempleo industrial y la aparición de iniciativas autónomas en los propios países en vías de desarrollo, en la medida en que fueron desplegando su capacidad tecnológica. Poco a poco su crecimiento económico ha ido dejando de depender del capital internacional y los grandes centros de producción se van desplazado de unos continentes a otros. De ahí que Estados Unidos tenga un interés cada vez mayor en sus relaciones con los países del Océano Pacífico que con los del Atlántico Norte (ver Capítulo 10).

¿Cómo van a afectar estos giros políticos y económicos a la estabilidad de las relaciones entre países? En España estos cambios han sido particularmente dramáticos, con una grave deslocalización industrial en la producción de artículos de consumo (vehículos, calzado, juguetes, ropa, ordenadores, electrodomésticos y otros aparatos electrónicos), que amenaza también con una incipiente deslocalización agrícola de consecuencias incalculables. ¿Cómo se entienden las nuevas bolsas de pobreza en las regiones desindustrializadas? ¿Cómo se difunden y cómo afectan a las relaciones a escala de países y continentes? ¿Cómo se está desplazando el poder económico desde el eje atlántico al eje pacífico? ¿Qué hemos hecho los geógrafos para entender y explicar estos cambios? Parece como si este asunto no fuera competencia de nuestra disciplina, quizás porque no acabamos de entender el perfil geográfico de estos problemas globales, dejándolos en manos de economistas, sociólogos o politólogos. Y, sin embargo, tiene una importancia geográfica de primerísimo nivel, por la intervención de numerosos factores en los que los geógrafos pueden ser muy competentes. Estamos hablando de un factor que es intrínsecamente geográfico, la localización, que afecta a los movimientos demográficos, al deterioro de espacios urbanos y suburbanos, a las redes de transporte y al funcionamiento de las infraestructuras, aquí en España, en el resto de Europa Occidental y en los países afectados por la neoindustrialización. Ahí hay un campo inmenso de actuación que además puede ayudar a reordenar el territorio.

4.2. El cambio global

El cambio global puede definirse como el conjunto de perturbaciones ambientales y sociales causadas por las actividades humanas. Se trata de un concepto muy amplio que incorpora cambios en los usos del suelo, la biodiversidad, los ciclos biogeoquímicos, el ciclo hidrológico o la demanda evaporativa de la atmósfera. Hay un sinnúmero de ejemplos en los que podemos intervenir directamente (y que, en algunos casos, ya lo estamos haciendo) los geógrafos: la gran expansión —descontrolada en muchos países en vías de desarrollo— que afecta a los centros urbanos, con las consecuencias que tienen en los espacios rurales próximos y en la creación de espacios marginales; la gran movilidad demográfica debida sobre todo a las desigualdades económicas y a la difusión de las ideas, pero también a los conflictos bélicos que están cambiando el mundo y la forma de percibir las migraciones; la tendencia al calentamiento global, que afecta a todas las cuestiones ambientales de la Tierra y también a las actividades humanas; los cambios en los regímenes fluviales y en el transporte de sedimento debidos a la presión humana sobre el territorio; los conflictos existentes entre las áreas productoras de escorrentía y las áreas consumidoras, así como sus consecuencias sobre los humedales, los deltas y los recursos hídricos; la redistribución de especies animales y vegetales, algunas de las cuales están amenazadas de extinción; el lento pero intimidante aumento del nivel del mar; el deterioro de paisajes culturales en el medio rural debido al abandono de tierras de cultivo y a la despoblación; la necesidad de proteger espacios de gran valor ambiental, reductos de grupos étnicos acorralados por la explotación de los recursos naturales y la expansión agrícola; los efectos demográficos y estructurales del turismo en el medio rural y en las ciudades; y la masiva extracción de recursos muy variados —algunos muy escasos y estratégicos (tierras raras)— en un mundo afectado por una gran competencia en la producción industrial y de alta tecnología. Incluso, entre las consecuencias del cambio global deben incluirse los cambios que han afectado recientemente a las fronteras de muchos países (la Unión Soviética, Yugoeslavia, Sudán), que tienen grandes repercusiones geográficas desde un punto de vista comercial, de localización de actividades económicas y de movimientos demográficos, entre otras cuestiones.

La importancia de estos cambios es tan grande que se ha propuesto el término «Antropoceno» como nuevo periodo geológico-ecológico para reflejar el gran impacto de las sociedades humanas en el funcionamiento de los sistemas naturales (Crutzen, 2002; Nadal-Romero y Cammeraat, 2019; Valladares et al., 2019; González-Sampériz et al., 2019), aunque dicho término no ha sido plenamente aceptado por su imprecisión cronológica (Lewin y Macklin, 2014). En todo caso, el Antropoceno incluiría grandes movimientos de tierras, erosión del suelo, sedimentación en terrazas fluviales y conos aluviales, cambios en las zonas costeras, redistribución de especies vegetales y animales y extinción de gran número de especies.

¿Qué estamos haciendo los geógrafos en este campo? Muchas cosas y muy relevantes, y a la vez menos de las que deberíamos. El cambio global es específicamente geográfico, aunque en algunos aspectos puedan competir con nosotros los ecólogos, sobre todo en las consecuencias del cambio global sobre la distribución de la vegetación, sobre los programas de conservación de especies animales y vegetales o sobre el manejo de espacios protegidos. Pero en pocos más asuntos tienen mayores competencias profesionales, salvo que lo permitamos por dejadez. Ese cambio global directamente relacionado con el exponencial crecimiento de la población y los movimientos migratorios, redefine la forma en que las sociedades humanas actúan en el medio rural, la manera en que afrontamos la expansión urbana y el desarrollo (o crecimiento) económico y sus consecuencias sobre la dinámica del medio ambiente. Todo es puramente geográfico. Redefinir, por ejemplo, la importancia de los paisajes tradicionales y, paralelamente, proponer soluciones para hacerlos más eficientes para aumentar su productividad a diferentes escalas es también una competencia geográfica. Si nosotros mismos no estamos convencidos, entonces estamos asistiendo a una rendición de nuestras responsabilidades. Insistimos: es un asunto esencialmente geográfico.

Todo está cambiando a gran velocidad y todo nos afecta directa o indirectamente como geógrafos. También nos afectan otros asuntos más relacionados con el pasado, como las etapas de construcción de los paisajes, los efectos de los cambios en los mercados nacionales e internacionales sobre la expansión o contracción del espacio agrícola y de los sistemas ganaderos, o las consecuencias de la Revolución Industrial en la evolución de los sistemas de cultivo y de los patrones paisajísticos. Podemos aprender mucho de los cambios que han tenido lugar desde el Neolítico, de cómo se fueron construyendo los paisajes a medida que aumentaba la población, la tecnología y la domesticación de plantas y animales. De ahí la gran importancia de los estudios paleoambientales. Durante cientos o miles de millones de años la Tierra ha estado en constante transformación por causas naturales, generalmente de forma muy lenta, con súbitas aceleraciones. Sin embargo, la presencia humana con capacidad para deforestar, extraer el agua de los ríos o abrir espacios cultivados aumentó la velocidad de esos cambios, especialmente desde finales del siglo XIX, cuando la Revolución Industrial y su consiguiente necesidad de materias primas y energía se extendió a toda la Tierra. De esta forma, la acción humana se ha convertido, más que los propios sistemas naturales, en el principal agente de modificación de paisajes, funcionamiento hidrológico, distribución de la vegetación y procesos geomorfológicos. No solo eso; también se hizo responsable de la redistribución de la población y del desarrollo diferencial del territorio, que acaba siendo en buena parte un producto social.

Con el paso del tiempo, nuestra capacidad para intervenir en el territorio se hace más intensa y exponencial. Las diferentes etapas transformadoras se acortan. Durante cientos de miles de años las especies humanas fueron cazadoras y recolectoras con un escaso impacto en el medio ambiente. Hace unos diez mil años *Homo sapiens* dio los primeros pasos para convertirse en agricultor, ganadero y sedentario. Poco a poco se fue ampliando el espacio agrario. Así continuó hasta la llegada de la Revolución Industrial en el siglo XVIII. Las sociedades humanas controlaban la Tierra, explotaban sus recursos, acercaban y modificaban nuevos espacios geográficos. El siguiente hito transformador arrancó al terminar la Segunda Guerra Mundial, con una creciente influencia de la tecnología. En busca de mayores niveles de bienestar se incrementa la producción de bienes y servicios con elevados costes ambientales. Apenas hace treinta años entramos en la era de las redes, de la informática, de la inteligencia artificial. Cientos de miles de años, miles de años, tres siglos, cincuenta años, treinta años . . . Los periodos de transformaciones sociales, económicas y tecnológicas son sustituidos cada vez más rápidamente. Y cada vez son más determinantes en el cambio global (Figura 4.1).

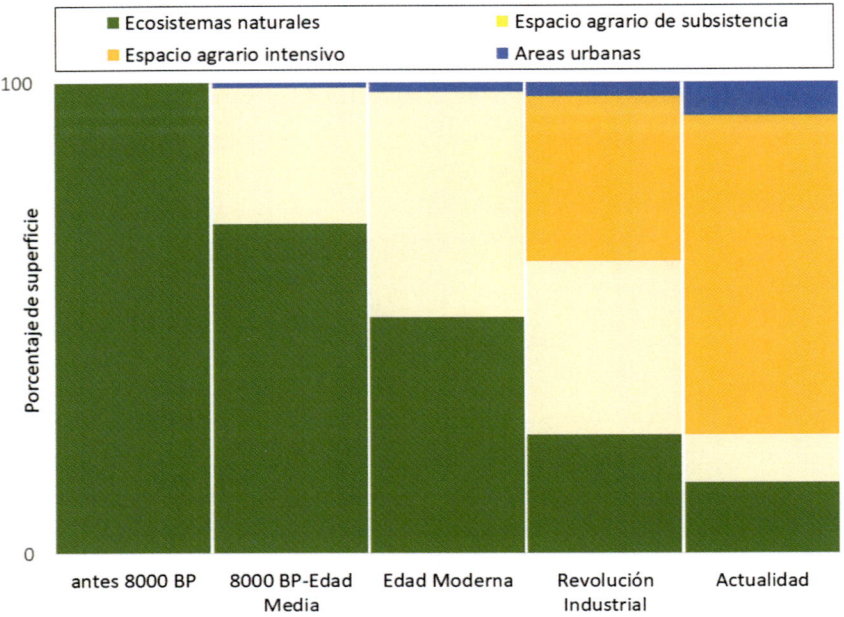

Ecosistemas naturales ■ Espacio agrario de subsistencia
Espacio agrario intensivo ■ Areas urbanas

100

Porcentaje de superficie

0

antes 8000 BP | 8000 BP-Edad Media | Edad Moderna | Revolución Industrial | Actualidad

Figura 4.1. Aproximación esquemática de la evolución del impacto humano sobre el medio natural. Los ecosistemas naturales lo dominaban todo antes de la revolución neolítica. Fueron reduciendo su extensión a medida que se extendían las áreas de cultivo y pastoreo. Con la Revolución Industrial, la agricultura más o menos intensiva y la urbanización se hacen dominantes.

Ante este amplio abanico de temas de gran interés a diferentes escalas espaciales y temporales, lo importante es hacernos las preguntas adecuadas que nos conduzcan a identificar cuáles son los factores que explican esos cambios y cuáles sus resultados, buscando las relaciones que puedan existir entre ellos. Nos tiene que mover la curiosidad, la necesidad de saber por qué los distintos paisajes y las distintas relaciones espaciales son tal como las observamos. Esa curiosidad es la que movió a Alejandro de Humboldt a explorar tantos ambientes diferentes, a ascender montañas, a buscar explicaciones al escalonamiento altitudinal de la vegetación y de los usos del suelo y ante tanta diversidad (Wulf, 2016; Gómez Mendoza, 2021). En la actualidad, ante la rapidez de los cambios, nuestra curiosidad debe enfocarse en preguntarnos por las consecuencias de las migraciones, el incremento de las temperaturas y de la evapotranspiración, o sobre la creciente necesidad de materias primas y energía. Nunca los cambios habían sido tan rápidos y nunca la interdependencia de todos los lugares de la tierra había sido tan clara (Hanson, 1997). Es muy probable que todo cambie aún más rápidamente en las próximas décadas (Murphy, 2020, pp. 141-142). Por ello, nunca los geógrafos habían sido tan necesarios para explicar el mundo tal como lo conocemos, de manera objetiva y crítica.

4.3. Más presión sobre el territorio y más problemas

En el capítulo 8 podremos constatar que el crecimiento demográfico ha alcanzado cifras que hace tan solo un siglo hubieran parecido imposibles, y esa evolución va a seguir en el mejor de los casos hasta finales del siglo XXI. Es evidente que existe una estrecha relación entre la expansión demográfica y la utilización de los recursos en forma de explotación de pastos y tierras de cultivo, y también de extracción de materias primas y de energía. A la exigencia de atender a las necesidades básicas de una población creciente, se añaden las necesidades derivadas del *crecimiento económico*, es decir, la tendencia a un mayor consumo de bienes y servicios que se manifiesta en un aumento del Producto Interior Bruto de un país o de una región, cualquiera que sea su nivel de vida. Es un concepto que frecuentemente se confunde con el de *desarrollo económico*, centrado más en el estado de bienestar de la población y el acceso a bienes y servicios básicos (educación, sanidad, cultura, seguridad, entre otros) que en las grandes cifras macroeconómicas.

El crecimiento demográfico, especialmente acusado en algunas regiones de la Tierra, implica una mayor demanda alimentaria, pero también un interés por acceder a bienes de todo tipo (desde vehículos hasta aparatos electrónicos). Eso requiere generalmente, en el primer caso, una ampliación de las áreas de cultivo o la intensificación de su manejo, y una mayor extracción de materias primas, en particular hierro, cobre, aluminio o las llamadas tierras raras, en el segundo. Al mismo ritmo o incluso superior debe incrementarse la producción de energía, en la que el petróleo sigue ocupando un lugar preferente, mientras el carbón, en decadencia en Europa, mantiene su fortaleza en Estados Unidos y más aún en Rusia, China e India. Las energías alternativas, basadas en tecnologías renovables, desempeñan todavía un papel muy secundario, excepto en Europa Occidental. Todo esto, expuesto muy esquemáticamente, implica cambios en los sistemas de gestión agropastorales y grandes perturbaciones paisajísticas provocadas por los enormes movimientos de tierra que acompañan a la extracción de recursos, así como la construcción de redes de transporte que acerquen los productos mineros a las zonas transformadoras.

4.3.1. Los problemas derivados de la intensificación agraria

La producción y comercialización de alimentos tienen como objetivo abastecer a la población y evitar los grandes desequilibrios existentes entre unas regiones y otras. Es un problema complejo de resolver, pero la Tierra está capacitada para producir suficientes alimentos para la población actual y, muy probablemente para la proyectada a finales del siglo XXI. La publicación en 1798 del *Ensayo sobre el principio de la población* por Thomas Malthus fue un aviso muy alarmista sobre las dificultades para alimentar a una población que aumentaba muy rápidamente desde la Revolución Industrial. El principio básico del ensayo de Malthus, a quien se considera determinista y, a la vez, muy pesimista, afirmaba que la población crecía por encima de la capacidad de la Tierra para producir alimentos, que aumentarían siguiendo un crecimiento aritmético. La conclusión era que en un plazo relativamente próximo toda la Tierra se vería afectada por la escasez de alimentos y las hambrunas. Los planteamientos de Malthus pueden ser válidos en algunos aspectos en países con un fuerte crecimiento demográfico, extrema pobreza, guerras civiles locales e importantes fluctuaciones en la producción de alimentos.

Sin embargo, a escala planetaria las predicciones del demógrafo y economista británico no se han cumplido por diversas razones que se han ido sucediendo en el tiempo:

i. Los movimientos migratorios redujeron la presión en muchos países europeos desde finales del siglo XVIII y permitieron abrir nuevos espacios de cultivo y de pastos en Estados Unidos, Canadá, Australia, Nueva Zelanda y Sudáfrica, a costa de eliminar y/o desplazar a las poblaciones autóctonas hacia reservas o hacia sectores marginales. Eso permitió ampliar la superficie cultivada en unos 9 millones de kilómetros cuadrados en los últimos 150 años, lo que ha conducido en algunos lugares a una elevada degradación ambiental por la pérdida de la vegetación natural y la erosión tanto hídrica como eólica. Una cuestión importante de este proceso, frecuentemente olvidada, es la manera en que afectó a las poblaciones indígenas, especialmente en Estado Unidos, donde la colonización se produjo por el avance de un frente pionero que acabó con muchas de las naciones indias originales y dio lugar a cambios importantes en su localización (Dunbar-Ortiz, 2018).

ii. El incremento de las superficies de regadío orientadas a la obtención de alimentos y a su diversificación. Las superficies de regadío se han ampliado, especialmente en la región mediterránea (y de forma más marcada en España, Turquía y Egipto) (Figura 4.2), en el suroeste de Estados Unidos y en China, lo que ha representado poner en el mercado grandes cantidades de frutas y hortalizas. El regadío también ha servido para producir grandes cantidades de algodón en las antiguas repúblicas soviéticas de Kazajistán y Uzbekistán. En 1950 apenas se llegaba a los 100 millones de hectáreas regadas y en el año 2021 ya se superaban los 350 millones.

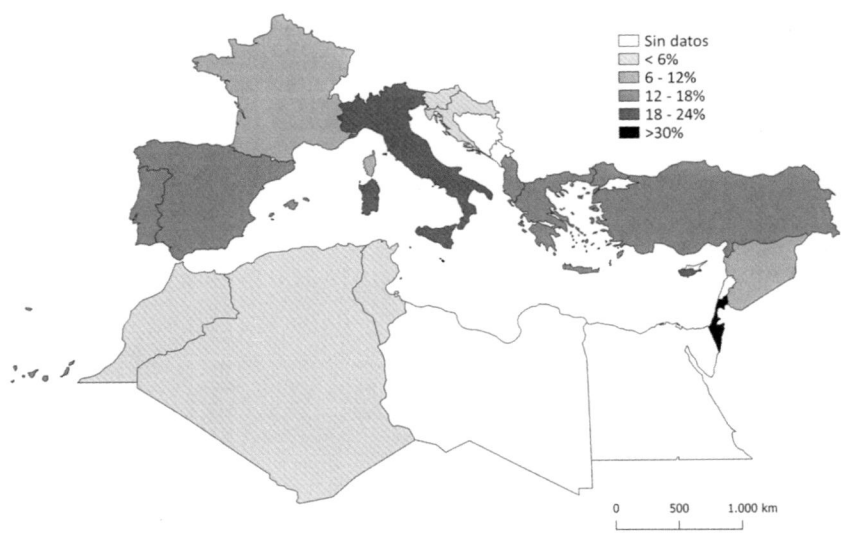

Sin datos
< 6%
6 - 12%
12 - 18%
18 - 24%
>30%

0   500   1.000 km

Figura 4.2. Importancia del regadío en la región mediterránea (en porcentaje del regadío respecto al total de tierras cultivadas). Fuente: Aquastat-FAO.

iii. (Los avances técnicos en agronomía han permitido incrementar la producción por unidad de superficie. La utilización de maquinaria, que ha permitido laboreos más profundos, la utilización de semillas tratadas genéticamente para aumentar la producción y a la vez ha ayudado a luchar contra determinados parásitos, y la aplicación generalizada de abonos químicos y de pesticidas ha contribuido a asegurar las cosechas. Todo ello ha dado lugar a una auténtica revolución agronómica, que se completa con la revolución de la ganadería. Estos avances no se han producido sin notables impactos ambientales y sociales, como es el caso de la construcción de embalses en áreas de montaña para asegurar el abastecimiento de agua a regadíos: diversos estudios han demostrado que esos embalses pueden inundar las mejores tierras de cultivo y de pastos, y contribuir a la desorganización del territorio y de los sistemas ganaderos (García-Ruiz y Lasanta-Martínez, 1993). También han dado lugar a una profunda reducción de los caudales de los ríos, lo que ha sido origen de numerosos problemas ambientales. En el Capítulo 7 se comentarán algunos de estos impactos.

La intensificación agraria, la reducción de la cubierta vegetal, producida por la ampliación del espacio cultivado, pastoreo y la extracción de leña, la reducción de la cubierta edáfica y la pérdida de capacidad para almacenar agua en el suelo han conducido a la aparición de procesos de desertificación. Con mucha frecuencia, lo que ocurre es un descenso y agotamiento de las reservas de agua subterránea, que son irrecuperables en ambientes áridos y semiáridos (Martínez Valderrama, 2024). La tendencia a la desertificación ocurre localmente en algunos ambientes europeos de la región mediterránea y en el suroeste de Estados Unidos, pero las mayores evidencias se han dado en el norte de África, donde algunas laderas cultivadas con frágiles terrazas se han ido erosionando, dando lugar a una reducción de la superficie cultivada, a la vez que la obtención de leña está causando una grave crisis en las formaciones ya muy abiertas y desperdigadas de *Juniperus*. Paralelamente, los recursos hídricos subterráneos muestran una notable tendencia al agotamiento (Martínez Valderrama, 2024). El ejemplo más extenso de desertificación se ha dado en el Sahel, provocada desde la década de 1960 por la conjunción de factores ambientales y humanos interconectados: Un contexto de mejoría climática (aumento de las precipitaciones) impulsó un fuerte crecimiento demográfico al que se suman movimientos de población hacia el norte y aumento de la presión ganadera. A partir de la década de 1980, una acusada disminución de las lluvias arruinó cultivos, arrasó pastos y diezmó la cabaña ganadera, con la consiguiente pérdida de miles de vidas humanas. Los que se habían movido hacia el norte no pudieron regresar fácilmente a sus lugares de origen, el avance del desierto se hizo bien visible, y los que regresaron contribuyeron al origen de conflictos bélicos, como los que todavía persisten en Sudán. Es cierto, no obstante, que en muchos países se ha progresado en la aplicación de la llamada agricultura ecológica (cultivo sin laboreo, introducción de otros cultivos entre filas de cubierta arbórea y arbustiva), pero es, de momento, difícilmente aplicable en los países más pobres, en los que la productividad a corto plazo es el objetivo preferente. Para ello es además imprescindible la cooperación entre países y el aporte tecnológico y financiero de los países ricos.

Los sistemas extensivos de explotación ganadera se mantienen vigentes incluso en los países más industrializados, con muy pocos perjuicios para el paisaje y su funcionamiento, de manera que incluso la trashumancia se resiste a desaparecer gracias al abaratamiento de los costes. Los sistemas tradicionales se han compatibilizado con usos muy intensivos de engorde de ganado vacuno y porcino, junto con explotaciones lecheras. Esto ha hecho que lo países ricos se hayan convertido en grandes productores de carne y leche gracias a la dedicación de una parte del espacio agrícola a la producción de alimento para el ganado (cultivos de alfalfa, maíz, soja, avena, sorgo). Una notable intensificación muy artificial se ha extendido también a países del Golfo Pérsico, donde un incremento de la producción de carne sería poco menos que imposible si no fuera por las facilidades para importar alfalfa deshidratada desde países europeos, se supone que a precios muy altos al utilizar aviones como medio de transporte. Esto contrasta con los países en vías de desarrollo donde la intensificación es muy incipiente y la utilización de los recursos hídricos para el regadío o la ganadería es costosa económica, social y políticamente hablando.

En todo caso, las mejoras en la productividad agrícola cuentan todavía con un amplio margen y la disponibilidad de alimentos no debería ser un problema y menos aún si desde los países ricos con excedentes mejoran los sistemas de distribución. Los geógrafos tienen un gran campo abierto para estudiar los sistemas productivos y poner de relieve sus limitaciones y a la vez plantear algunas soluciones concretas a diferentes escalas. Los problemas relacionados con la erosión y con la calidad de los suelos pueden resolverse de forma sencilla, pero se necesita el apoyo de la población local y de organizaciones no gubernamentales que a la vez tengan el respaldo de gobiernos regionales y nacionales en áreas que no sean especialmente problemáticas.

Con frecuencia, la agricultura provoca graves conflictos económicos, sociales y ambientales cuando la iniciativa corresponde a grandes compañías que han irrumpido en medios rurales con débiles estructuras organizativas o cuando consiguen la concesión de grandes extensiones de tierra, incluso en áreas con laderas pendientes cuyo cultivo implica elevados riesgos erosivos. Así ha sucedido con el cultivo de bananas en Centroamérica, el de hevea en el Sureste Asiático o el de palmeras de *Elaeis* para la obtención de aceite de palma, tanto en África central como en el Sureste Asiático. La ocupación de grandes extensiones de estos cultivos crea ambientes homogéneos destinados a la exportación, dejando muy poco valor añadido en las economías locales. La creación de pistas de acceso y las fuertes pendientes originan numerosos problemas erosivos. Es, de nuevo, un tema de trabajo propiamente geográfico en el que interfieren problemas humanos y ambientales.

La intensificación de la agricultura en ciertos lugares (Sudáfrica, India, Australia, China) ha dado lugar a la degradación de los suelos que amenazan con revocar el incremento espectacular de la productividad agrícola de las últimas décadas. La demanda de ciertos productos agrícolas desde los países ricos es responsable de la ampliación de las zonas de cultivo hacia laderas marginales, con fuertes pendientes y suelos pobres, obligando a incorporar sistemas muy forzados de distribución del agua para riego. Así, en Chile central y en la región de Michoacán en México, el cultivo de aguacates ha experimentado una gran expansión por la presión de los mercados internacionales (principalmente de Estados Unidos). Lo mismo ha ocurrido en países mediterráneos, donde la demanda de frutas subtropicales en Europa ha transformado o recuperado antiguas laderas que ya habían sido abandonadas, introduciendo problemas de erosión y de limitación de recursos hídricos, en competencia con otros usos del territorio (Nadal-Romero y García-Ruiz, 2025). La demanda internacional de productos hortícolas a precios competitivos también es responsable de grandes transformaciones en Argelia y Marruecos, donde se han creado nuevos regadíos en el piedemonte de la cordillera del Atlas aprovechando aguas subterráneas heredadas de climas más húmedos y que no son renovables en la actualidad (Ouassanouan *et al.*, 2022).

Es cierto, sin embargo, que se ha avanzado mucho en las técnicas de conservación del suelo mediante el manejo integral de plagas, la incorporación de residuos (paja, compost), la ausencia de laboreo, la plantación de especies protectoras y la rotación de cultivos (por ej., Novara *et al.*, 2011; Cerdà *et al.*, 2016; Prosdocimi *et al.*, 2016). Pero todavía las fuertes pendientes de muchas laderas cultivadas favorecen la instalación de incisiones *(rills)* y cárcavas y la exportación de grandes volúmenes de sedimento. Avances en nuevas técnicas de producción agrícola como la acuaponía o la aeroponía pueden complementar los sistemas de cultivo ecológicos, aunque en este caso su aplicación quedaría restringida a pequeñas superficies y todavía son procedimientos muy experimentales.

4.3.2. Los problemas relacionados con la extracción de materias primas

El crecimiento y el desarrollo económicos exigen la extracción de enormes cantidades de materias primas para mantener la demanda procedente de los países ricos y por la irrupción de países que, por su rápido crecimiento, han dejado de ser emergentes (China e India). La minería sigue siendo la principal actividad que remodela paisajes, especialmente cuando se trata de explotaciones a cielo abierto. La creación de grandes depresiones en los lugares de extracción se acompaña de la formación de enormes escombreras en las que frecuentemente no se introducen medidas de restauración. De ahí surgen otros problemas muy graves, como la acidificación y contaminación de suelos y aguas, la ocurrencia de deslizamientos en las laderas de las escombreras, la formación de cárcavas, y la transformación de las redes de drenaje. Las minas de Río Tinto en el suroeste de España y las de Chuquicamata en el norte de Chile son buenos ejemplos de los cambios espectaculares que afectan a este tipo de minería, pero también hay numerosos ejemplos en Estados Unidos,

Canadá, la Unión Soviética, China y Brasil. Los problemas pueden agravarse cuando la explotación minera no cuenta con el control de instituciones oficiales, creando graves problemas de erosión y una elevada carga sedimentaria en la red fluvial en un ambiente de elevados riesgos para los mineros.

A largo plazo podemos preguntarnos cuál es el futuro de tantas extracciones mineras, tan brutales con el paisaje y con el funcionamiento de los ecosistemas a diferentes escalas espaciales. La minería del oro, por ejemplo, produce en torno a mil millones de toneladas de residuos estériles al año y además es altamente contaminante por la utilización de mercurio y cinabrio. Por otro lado, en áreas semiáridas, la minería se convierte en una gran consumidora de agua, compitiendo con la agricultura local y provocando, en ocasiones, el desplazamiento de poblaciones indígenas. Da la impresión de que no somos conscientes de que la Tierra no es un sistema abierto y renovable en el que los recursos se repongan a medida que se consumen. Es cierto que, sobre todo en los países desarrollados, existe una creciente concienciación sobre la necesidad de reciclar los productos que consumimos, pero no siempre es posible. Además, la extracción minera supera siempre nuestra capacidad de reciclado dada la aceleración de los consumos. Por otra parte, muchos artículos en desuso se envían a países pobres como salida más urgente y barata para sortear las leyes de reciclaje. Podemos mejorar los sistemas de explotación, pero siempre habrá un límite para las reservas de cobre, bauxita, hierro, titanio o tierras raras. Los estudios sobre nuevos materiales son esperanzadores, pero el agotamiento de muchos recursos no está tan lejano.

4.3.3. La pérdida de diversidad y la conservación de la naturaleza

Otra de las graves consecuencias de las actividades humanas es la rápida pérdida de biodiversidad en muchos lugares de la Tierra. A comienzos del Neolítico, los bosques cubrían una elevada proporción de la superficie terrestre, con tres grandes cinturones en las regiones tropicales, la zona templada y el mundo boreal. De los bosques templados europeos originales no ha quedado mucho, aunque asistimos a una notable recuperación debida al abandono de tierras de cultivo, los bosques templados de Norteamérica fueron reducidos por los colonos europeos a partir del siglo XVIII, los bosques tropicales están seriamente amenazados y el bosque boreal es el único que mantiene una gran continuidad y gran parte de sus extensiones originales, a pesar de una política extractiva muy agresiva.

En general, la deforestación y la expansión de la agricultura, los incendios intencionados para justificar la ocupación de tierras y la actividad minera (legal o ilegal), especialmente en zonas tropicales, y la apertura de vías de comunicación en cualquier parte del mundo contribuyen a un descenso en la diversidad biológica, aumentando los riesgos de extinción o de arrinconamiento de plantas y animales. Debe tenerse en cuenta que las selvas tropicales, que representan aproximadamente el 10% de la superficie terrestre, contienen más del 50% de todas las especies conocidas (Mars y Grossa Jr., 2002) y probablemente aún más que pueden llegar a desaparecer antes de ser descubiertas por la ciencia, dado que la Amazonia, por ejemplo, experimenta cada año la pérdida de un 1% de su superficie forestal, y que en la segunda mitad del siglo XX los bosques tropicales han retrocedido en más de un 20% por la deforestación relacionada con la producción de carne y leche en la Amazonia y por la explotación maderera en la cuenca del río Congo, donde el futuro crecimiento demográfico puede acelerar el problema (Frankopan, 2024). La ocurrencia de numerosas guerras civiles en los entornos tropicales y subtropicales no hacen sino aumentar los problemas, al colapsar las instituciones y la legalidad, acentuando así la persecución a la fauna, la explotación de maderas de alto valor y la expansión de la minería ilegal. No solo los bosques están amenazados. Hay otros dos ecosistemas muy sensibles y vulnerables: los arrecifes de aguas subtropicales y las marismas. Los primeros apenas representan un 0,3% de la superficie de todo el océano. Sin embargo, son los segundos ecosistemas más diversos de la Tierra: una cuarta parte de las especies marinas vive en los arrecifes. El calentamiento global, con la elevación de la temperatura de los océanos y la contaminación, los está afectando seriamente. Las marismas son áreas de intensa actividad biológica, pero se estima que alrededor de la mitad de las marismas del mundo se ha perdido por relleno, drenaje, dragado o canalización.

En los países desarrollados la protección de la naturaleza está, en general, garantizada por el funcionamiento de leyes y la regulación de las actividades en parques y reservas naturales. Además, el abandono de tierras de cultivo y la reforestación natural o artificial de grandes extensiones de tierras marginales, ha permitido proponer programas de renaturalización de la vegetación (o *rewilding*) para la reintroducción de especies de herbívoros y carnívoros, con el fin de recuperar las cadenas tróficas naturales, desestructuradas por la deforestación y la persecución tradicional de la fauna. No obstante, la expansión generalizada del bosque en esos ambientes contribuye a la homogeneización del paisaje y a la eliminación de ecotonos, tan importantes para mantener la biodiversidad (ver el Capítulo 9). Aun así, la ocurrencia de grandes incendios (que afectan a una mayor extensión a medida que se expanden los bosques), la apertura de carreteras y autovías y la creación de nuevas rutas turísticas plantean nuevos problemas a la fauna, entre los que destaca la fragmentación del espacio y la pérdida de corredores que ensamblen unas zonas con otras para ampliar su espacio vital y permitir el desplazamiento seguro de los animales. Canales de regadío o de transporte de materiales, autopistas y tren de alta velocidad o grandes embalses representan barreras insalvables para la fauna, salvo que se construyan pasos especiales que solo resuelven el problema muy parcialmente. Algunos endemismos ocupan territorios tan pequeños y compartimentados que requieren medidas de protección muy especiales, como es el caso de la planta *Borderea chouardii* en un valle del Pirineo aragonés (García, 2003).

* * *

Este Capítulo ha insistido en las severas consecuencias de las actividades humanas sobre los distintos ecosistemas de la Tierra. Como es bien conocido, los impactos de origen antropogénico se remontan a varios miles de años, pero en sus aspectos más acusados se han puesto de manifiesto en los últimos siglos y más aún desde la Revolución Industrial y el consiguiente crecimiento demográfico relacionado con factores muy variados (mejora de la alimentación en cantidad y calidad, mejora de la sanidad). Siguiendo y reinterpretando a Marsh y Grossa Jr. (2002), la huella de los humanos puede agruparse en:

i. Una contracción espacial de los ecosistemas naturales o seminaturales debido a la ocurrencia de incendios y a la deforestación provocada por la expansión de actividades agrícolas y ganaderas y el crecimiento de las ciudades y otros asentamientos menores.

ii. Una fragmentación de los ecosistemas asociada al punto anterior, y que es particularmente grave para los endemismos de flora y fauna.

iii. La sustitución de unos ecosistemas por otros, destacando la eliminación de grandes extensiones forestales y, en su lugar, la aparición de praderas, como es el caso del piso subalpino en las montañas europeas y en otras partes del mundo, y de las actuales praderas del medio oeste de Estados Unidos, antes dominadas también por los bosques.

iv. La simplificación de los ecosistemas, tras la eliminación de numerosas especies de plantas y animales, la homogeneización de los paisajes y la desestructuración de las cadenas tróficas.

v. La extinción de numerosas especies o, como mínimo, su acantonamiento en territorios más reducidos, lo que incrementa su vulnerabilidad.

vi. La contaminación provocada por las actividades humanas a partir de procesos industriales, grandes acumulaciones de población en las ciudades y la adición de pesticidas, fertilizantes y herbicidas en la naturaleza durante las prácticas agrícolas. La mejoría en la calidad de las aguas en los países ricos es evidente tras la adopción de medidas que impiden arrojar los efluentes urbanos e industriales directamente a los rícs o al mar. Sin embargo, algunos problemas que han ocurrido en un pasado no tan lejano, como la acumulación de lindano en vertederos o el escape de isocianato de metilo en Bhopal (India), obligan a permanecer en una alerta continua, especialmente en los países pobres, en los que la legislación y el control son mucho más permisivos.

Estos grupos de problemas deben ser una fuente de preocupaciones para toda la humanidad, aunque la responsabilidad recae más sobre los países ricos que sobre los pobres, por la mayor capacidad de los primeros para alterar los sistemas naturales y porque disponen de mayores técnicas y recursos para encontrar soluciones. Los geógrafos, en colaboración con los ecólogos, tienen mucho que aportar, desde un punto de vista científico, a la hora de jerarquizar los problemas, identificar las causas y presentar las variaciones espaciales en la intensidad de los impactos para actuar con una resolución lo más detallada posible.

4.4. Dos ejemplos de colapso ambiental

Como ya se ha indicado, la presión de las sociedades humanas sobre el territorio es cada vez mayor a medida que crece la población del mundo y se requieren más materias primas y recursos de todo tipo para mantener el crecimiento de una economía que sigue manteniendo una notable agresividad con la naturaleza. Algunos de los grandes cambios recientes son muy llamativos y han tenido una gran repercusión mediática. Dos ejemplos sirven para ilustrar estas palabras. Son utilizados habitualmente en manuales, conferencias o medios de comunicación por sus repercusiones ambientales, económicas, sociales y políticas. No nos resistimos a incorporarlos a este libro porque tienen una marcada vertiente geográfica.

Son los casos de los lagos Chad y Aral, cuya degradación extrema ha supuesto no solo un gravísimo colapso medioambiental sino también un deterioro en las condiciones de vida de la población local. En el lago Chad asistimos a una reducción de más del 90% de su superficie, que era de 26.000 kilómetros cuadrados en la década de 1960, mientras en la actualidad está en torno a 900 kilómetros cuadrados. Esta evolución se ha debido al descenso de la precipitación anual en la mayor parte del Sahel en las últimas décadas. Los aportes hídricos al lago (en torno al 90%) proceden de la República Centroafricana a través de los ríos Logone y Chari, en una región subtropical con lluvias relativamente abundantes en verano. Sin embargo, el factor fundamental de la reducción del lago es la expansión de la superficie agrícola en regadío para responder a dos retos socioeconómicos importantes: el crecimiento de la población a una tasa superior al 3% anual (lo que explica que la población total se haya más que duplicado desde 1960) y el incremento de la demanda internacional de hortalizas. Además, el lago, o más bien la antigua superficie ocupada por el lago, se reparte entre cuatro países: Níger, Nigeria, Chad y Camerún, entre los que las tensiones han aumentado mucho en los últimos años, en parte debido también a la irrupción de las milicias armadas de Boko Haram desde el norte de Nigeria. En la actualidad quedan pequeños restos del lago en su sector más meridional, con numerosas islas entre láminas de agua poco profundas alternando con marjales, en los que la pesca tradicional, que alimentaba a las comunidades rurales antes de la transformación en regadío, es prácticamente imposible, no solo por la reducción de la lámina de agua sino por la desaparición de especies piscícolas. Una situación crítica que está directamente relacionada con la organización del territorio y la mala gestión de unos recursos hídricos muy limitados en un contexto social y económico llevado al límite. Todo indica que la superficie ocupada actualmente por el lago seguirá reduciéndose. A modo casi anecdótico cabe señalar que en algunos momentos del Holoceno el lago Chad se extendió por más de 350.000 kilómetros cuadrados en el borde meridional del Sáhara (Schuster *et al.*, 2005). Pura geografía.

Años		Área (km2)	Volumen (km3)	Profundidad media (m)	Salinidad (g/l)
1960		66.900	1090	± 16	10
1971		60.200	925	± 16	11
1976		55.700	763	± 13,7	14
1993	Aral Sur	30.953	279	± 9	37
	Aral Norte	2689	21	± 7,8	30
2020	Aral Sur	21.003	159	± 7,8	65
	Aral Norte	3152	24	± 30	25
2025	Aral Sur	-	-	-	>80-100
	Aral Norte	3065	27	± 44	11-12

Tabla 4.1. Evolución de diferentes parámetros del mar
de Aral desde 1960

Por su parte, el mar de Aral ha evolucionado hacia un escenario apocalíptico, al pasar de ser el cuarto lago más extenso del mundo, con 68.000 kilómetros cuadrados, a tener aproximadamente 6000 kilómetros cuadrados en la actualidad, con una rápida evolución desde la década de 1960 hasta comienzos del siglo XXI (Tabla 4.1). Entre Kazajistán al norte y Uzbekistán al sur, el mar de Aral estaba alimentado por dos importantes ríos de Asia central, el Sir Daria y el Amu Daria, procedentes respectivamente de los Montes Altai y de las complejas alineaciones montañosas del Pamir, entre Tayikistán y Afganistán. Sin embargo, ambos ríos fueron (y todavía son) intensamente explotados por la industrialización de la Unión Soviética y el empeño en aprovechar las llanuras desérticas de Qyzylorda (en Kazajistán) y de Turania (en Uzbekistán y Turkmenistán) para el cultivo de algodón, así como arroz y otros cereales en regadío. El resultado fue la utilización de casi todos los recursos hídricos aportados por ambos ríos y el progresivo desecamiento del Mar de Aral, hasta convertirse en dos masas de agua, una al norte y otra alargada en sentido norte-sur en el sector más occidental, junto a una mancha de agua en el centro, que llega a desaparecer algunos años. La primera se mantiene estable e incluso ha incrementado ligeramente su superficie por la construcción de la presa de Kokaral, que retiene los últimos restos de caudal aportados por el río Sir Daria. Además de la contaminación extrema de las aguas por la industrialización en la cuenca de drenaje, el Mar de Aral ha asistido a la extinción de la mayor parte de sus peces, que hasta finales del siglo XX proporcionaban una notable actividad pesquera que se está recuperando poco a poco en el sector mantenido artificialmente por la presa de Kokaral. Una vez desecado en la mayor parte de su superficie, el antiguo mar interior se ha convertido en una superficie de sedimentos salinos que producen frecuentes nubes de polvo contaminado que afectan a la salud de la población y han incrementado la mortalidad infantil. Los pueblos han quedado aislados a decenas de kilómetros de distancia del agua. Además de la presa de Kokaral para retener agua en el sector septentrional del antiguo lago, se estudia ampliar sus actuales dimensiones mediante la mejora de los sistemas de regadío, de manera que se reduzcan las pérdidas en los canales de distribución de agua. Para el sector meridional, la posible mitigación de las tormentas de sal y arena pasa por la plantación de vegetación en el fondo seco del Mar de Aral. La explotación de las reservas de gas natural «bajo el suelo reseco del lago meridional aporta un destello de esperanza» para la población local (Samson, 2024).

¿Se pudieron evitar los desastres ecológicos y humanos del lago Chad y del Mar de Aral? Difícilmente en el lago Chad por la división de la lámina de agua entre cuatro países que por su inestabilidad política no parecen estar en disposición de llegar a acuerdos. Por otra parte, el crecimiento espectacular del número de habitantes en torno al lago y en las cuencas de los ríos Chari y Logone (incluyendo la capital de Chad, Yamena, y otras ciudades) añade más presión a los recursos hídricos del territorio ante la falta de otras alternativas económicas. A pesar de ello, un estudio detallado de las cuencas de los dos ríos debería haber garantizado un caudal mínimo hacia el lago, de manera que se asegure una superficie inundada para mantener la actividad pesquera y la biodiversidad en el lago. ¿Qué no es sencillo? Seguro, pero limitar la superficie de regadío a las áreas más productivas y abandonar las tierras marginales, mejorar los sistemas de regadío y estudiar otras posibilidades de cultivo que consuman menos agua no son soluciones excesivamente caras. Solo requieren organización y recursos financieros no especialmente elevados procedentes de fondos internacionales.

En el Mar de Aral, su extrema degradación ambiental, social y económica se pudo limitar mucho. Pero la planificación centralizada y totalitaria de la Unión Soviética no daba oportunidades a la discusión de otras alternativas. Se pudo haber limitado la cantidad de agua extraída de los ríos Sir Daria y Amu Daria y reducir la superficie ocupada por los regadíos, pero esa planificación exigía resultados concretos e irrenunciables que había que cumplir anualmente. Los propios ingenieros que habían planificado esos regadíos eran conscientes de que el gran Mar de Aral tendría que desaparecer. También se pudo evitar la gran contaminación de las pocas escorrentías que llegaron hasta el lago desde mediados del siglo xx, pero la centralización de las decisiones no estaba para exquisiteces. Tampoco era posible la aportación de técnicos y científicos independientes que hubieran podido matizar los planes de transformación de las dos cuencas. Todo se hizo mal. El Mar de Aral es uno de los más complejos y tristes ejemplos de desastres ambientales y de destrucción de ecosistemas en el mundo. En torno al Mar de Aral había una población numerosa que vivía de la pesca y de la industria asociada. El desmoronamiento del sistema fue colosal y las consecuencias para la salud, la economía y la organización del territorio son irreversibles mientras la presión sobre los recursos hídricos se mantenga tan elevada.

Hemos querido exponer brevemente estos dos ejemplos para reforzar la idea de los grandes cambios que afectan a la superficie terrestre, liderados en su mayor parte por el crecimiento demográfico, la necesidad de más recursos alimentarios y de materias primas, el crecimiento urbano y la construcción de una gran variedad de infraestructuras. A todo ello hay que sumar las consecuencias de las fluctuaciones climáticas, que añaden un mayor grado de incertidumbre y que obligan a adoptar medidas de mitigación.

5

La variabilidad climática y el calentamiento global

No es nuestro objetivo abrir un capítulo dedicado monográficamente al clima y sus fluctuaciones a distintas escalas temporales. Hay numerosas referencias bibliográficas al respecto, algunas de las cuales, muy brillantes, elaboradas en España por geógrafos. Adelantemos algo de lo que subrayaremos con especial énfasis en el Capítulo 11: si se atiende al impacto internacional de los trabajos publicados en Ciencias de la Atmósfera, dos geógrafos ocupan los dos primeros puestos en España, muy por delante de especialistas de otras disciplinas, incluidos los físicos. Uno de ellos, además, ha trabajado muy activamente en los informes elaborados por el Panel Intergubernamental del Cambio Climático (IPCC) entre 2020 y 2024. Algunos de sus trabajos están entre los más citados del mundo, cualquiera que sea la disciplina científica que se analice (por ej., Vicente-Serrano *et al.*, 2010, artículo que cuenta con 10.009 citas hasta el 14 de septiembre de 2025). Otros trabajos de Sergio Vicente Serrano, Juan Ignacio López Moreno, Santiago Beguería, Javier Martín Vide, Jorge Olcina Cantos, José Carlos González Hidalgo, Mariano Barriendos, María Fernanda Pita y José María Cuadrat, entre otros, dan muestras de la calidad de las contribuciones de geógrafos españoles en el campo de la climatología y en el análisis de los cambios de precipitación y temperatura en las últimas décadas. Nos limitaremos en este capítulo a resaltar los aspectos más destacados de los cambios que están ocurriendo y de las interrelaciones existentes entre diferentes aspectos medioambientales influidos en buena parte el clima, como ejemplo de los análisis en los que los geógrafos pueden sentirse muy cómodos. Además, pondremos también de relieve, de manera muy sintética, la manera en que las fluctuaciones climáticas afectan a gran número de actividades humanas, de nuevo una tarea de geógrafos.

5.1. Las fluctuaciones climáticas y la tendencia al calentamiento global

Desde mediados del siglo XIX algunos científicos habían apuntado la posibilidad de que el clima hubiera cambiado en el pasado o de que pudiera cambiar en el futuro. Así, Louis Agassiz fue el primero en reconocer la ocurrencia de una antigua edad del hielo a la vista de los bloques erráticos localizados a varios kilómetros de su lugar de origen (Agassiz, 1840). Poco después se aceptó que un gran manto de hielo había cubierto Escandinavia y parte de Europa Central y Occidental (Charpentier, 1842). Desde entonces, el estudio de los glaciares y la existencia de varios depósitos, que reflejaban la variable dimensión de las masas de hielo, se han asociado a grandes cambios climáticos. Hoy sabemos que el clima de la Tierra ha cambiado en numerosas ocasiones, a veces de manera bastante rápida y con diferente intensidad, de manera que puede afirmarse que los cambios en el clima constituyen uno de los principales rasgos de nuestro planeta, interviniendo a su vez en muchos otros procesos claramente influidos por la precipitación, la temperatura, la humedad relativa o la evaporación. Pocas cosas, si hay alguna, escapan a las consecuencias de una tendencia climática o de anomalías temporales, como ha sido comprobado por parte de los historiadores. Las obras de Frankopan (2024) y de Morris (2025) confirman las estrechas relaciones entre acontecimientos históricos y crisis climáticas, que condujeron a disturbios, invasiones, conflictos bélicos e incluso al colapso de civilizaciones, a pesar de que en algunos casos las fluctuaciones en la temperatura y las precipitaciones fueron de pequeña entidad. La utilización de una variada gama de métodos de investigación indirectos (*proxies*) y el desarrollo de técnicas de datación cada vez más precisas han ayudado a distinguir distintas oscilaciones climáticas. Entre esos *proxies* destacan el estudio polínico en depósitos de ladera y lacustres (siendo el polen indicador de la vegetación y esta, indirectamente, del clima), los microfósiles de esos mismos depósitos, los anillos de crecimiento de los árboles, que pueden llegar a varios miles de años de antigüedad, los espeleotemas (especialmente estalagmitas), con rangos de edades que pueden llegar a cientos de miles de años, los depósitos de origen glaciar y los depósitos fluviales, sedimentos marinos, sondeos de hielo, así como archivos históricos con información de eventos climáticos de todo tipo. En estos estudios la participación de geógrafos no es meramente ocasional, sino que con frecuencia contribuyen al mismo nivel que otros especialistas o incluso lideran grupos de investigación muy activos y con gran notoriedad internacional (ver, por ej., Barriendos, 1997; González-Sampériz *et al.*, 2006, 2019).

Algunas fluctuaciones climáticas son bien conocidas por sus efectos. Así, el inicio del Neoglaciar (aproximadamente 6000 años antes del presente) y el debilitamiento de los vientos monzónicos estuvo relacionado con el incremento de la aridez del Sáhara. Todavía se conservan en el actual desierto actual pinturas rupestres que indican que la región estuvo habitada por poblaciones humanas permanentes y por una fauna más típica de un ambiente de sabana tropical (Kropelin *et al.*, 2008). Otros ejemplos interesantes también muestran la influencia de estas fluctuaciones en la producción agrícola y en los movimientos de los humanos. Cuando Britania fue conquistada por Roma era una tierra fría, húmeda y con muy bajas producciones agrícolas. Con la llegada del Periodo Cálido Romano (aproximadamente entre 250 años antes de nuestra era y 400 AD), mejoraron las condiciones para la agricultura y se incrementaron notablemente las producciones y exportaciones de cereales. De esa forma, el tercio final del siglo III y primera mitad del IV representaron un periodo de prosperidad y de creación de ciudades y mercados. Este ciclo positivo se interrumpió bruscamente en la segunda mitad del siglo IV cuando empeoraron las condiciones climáticas y se redujeron las cosechas (Morris, 2025). Curiosamente, el inicio del periodo frío conocido como las Edades Oscuras explica los movimientos migratorios de los nómadas desde las estepas de Asia Central hacia el oeste, desplazando a los pueblos germánicos hacia Roma y causando su desastre final. Otro fenómeno relacionado con los ciclos climáticos fue la colonización de Islandia desde finales del siglo IX, coincidiendo con el inicio de la Anomalía Climática Medieval y la reducción de los hielos en el Atlántico Norte. De fechas poco posteriores (siglo X) datan también algunos asentamientos vikingos en el sur de Groenlandia y las expediciones hasta Terranova y la desembocadura del río San Lorenzo en Canadá. Las dificultades creadas por el enfriamiento de la Pequeña Edad de Hielo (desde el siglo XIV hasta mediados del siglo XIX) obligaron a abandonar Groenlandia y causaron graves problemas a la supervivencia de los islandeses. La Pequeña Edad del Hielo supuso un descenso térmico de 1 a 3ºC en comparación con los valores actuales en las latitudes medias. En Londres se llegaron a organizar ferias sobre el río Támesis helado durante los inviernos más severos (Figura 5.1). Durante ese periodo hubo frecuentes crisis de producción de alimentos, conflictos bélicos y desórdenes atribuidos, al menos parcialmente, a crisis de subsistencias, así como una reconstrucción y expansión de glaciares en el Pirineo, la Cordillera Cantábrica y Sierra Nevada y, por supuesto, en otras montañas del mundo. Hacia 1850, después de un nuevo avance glaciar muy rápido en torno a 1830 (Serrano y Martín-Moreno, 2018), las temperaturas se suavizaron y los glaciares retrocedieron (Oliva *et al.*, 2018).

Figura 5.1. Una Feria de Hielo en el Támesis en Temple Stairs (Abraham de Hondt) alrededor de 1684. Pintura al óleo (Museo de Londres). Las últimas décadas del siglo XVII y las primeras del XVIII coinciden con el periodo más frío de la Pequeña Edad del Hielo.

Ya en el siglo XIX algunos autores empezaron a apuntar el posible riesgo de cambio climático en el futuro debido a la deforestación que, de forma intuitiva, creían que contribuiría al aumento de la temperatura y a un descenso en la precipitación. Sin embargo, a mediados del siglo XX fue cuando el conocimiento acerca de la función del dióxido de carbono en la captación de radiación infrarroja permitió plantear las primeras hipótesis acerca de lo que se daría en llamar *efecto invernadero*. Este último se produciría como consecuencia del incremento de gases como el dióxido de carbono, el metano y el óxido nitroso en la atmósfera por determinadas actividades humanas (principalmente la combustión de carbón y petróleo, además de la reducción de la masa forestal). La concentración de dióxido de carbono en la época preindustrial representaba 289 ppm y en el año 2020 se habían alcanzado valores en torno a 411 ppm. Como este incremento está perfectamente constatado, se dedujo que el aumento de temperatura sería inevitable. De hecho, es

107

hoy el principal argumento (junto con las emisiones de metano a la atmósfera) para hablar del cambio climático y de las proyecciones del calentamiento global en las próximas décadas. En función de diferentes escenarios de emisión de gases de efecto invernadero y a partir de modelos de mayor o menor complejidad, se establecen diferentes intensidades de calentamiento térmico de cara al futuro. Se acepta —aunque no existe un consenso tan generalizado como a veces se señala (González Hidalgo, 2018)— que a mediados del siglo XXI la temperatura media del planeta habrá subido 1,5 ºC comparada con la de 1950, y que a finales del siglo este incremento será de 3 ºC en un escenario medio de emisiones. De confirmarse tales cifras, representarán alteraciones muy severas para todos los ecosistemas, tanto terrestres como acuáticos y, por supuesto, directa e indirectamente, para las sociedades humanas.

Conviene no olvidar, como ya se ha indicado, que los últimos 2000 años han experimentado pequeñas fluctuaciones climáticas, empezando por el periodo cálido romano, el periodo frío de las llamadas Edades Oscuras (desde el siglo V hasta el siglo IX), la Anomalía Climática Medieval, un periodo cálido entre los siglos X y XIII, y la Pequeña Edad del Hielo entre los siglos XIV y XIX, un periodo relativamente frío con fases más acusadas coincidiendo con una menor actividad de las manchas solares, sobre todo durante el Mínimo de Maunder entre 1675 y 1715 (Oliva *et al.*, 2018). Parte del calentamiento global reciente debería atribuirse al incremento térmico natural inmediatamente posterior al final de la Pequeña Edad del Hielo. Aunque algunos científicos aún discuten si ese proceso de calentamiento continúa en la actualidad (Ortega Gironés *et al.*, 2024), muy probablemente ha sido superado ya en importancia por el incremento térmico provocado por la creciente concentración de gases de efecto invernadero en la atmósfera.

No necesitamos insistir mucho en la marcada tendencia al calentamiento global desde mediados del siglo XX. Así, los estudios realizados en los Alpes reflejan un incremento de temperatura de algo más de 1 ºC a lo largo del siglo XX, con aceleración desde 1960

(Klein, 2018). En los Pirineos, los registros de temperatura indican un aumento de 0,25 ºC por década desde 1960 (García-Ruiz *et al.*, 2015a) y de 0,8 ºC por década en el periodo 1981-2010 (Beguería *et al.*, 2022). Por lo que respecta a las precipitaciones, no existe tendencia estadísticamente significativa y los modelos reflejan una incertidumbre muy alta para las tendencias futuras, aunque algunos autores, no obstante, han registrado un descenso de precipitación en invierno y primavera en el Pirineo (López-Moreno *et al.*, 2010). Un estudio más reciente sobre la evolución de la precipitación desde 1872 en la región mediterránea indica que muestra una marcada estabilidad con oscilaciones que no presentan una tendencia regresiva (Vicente Serrano *et al.*, 2025). La consecuencia más evidente del aumento de temperatura es el consiguiente incremento de la demanda evaporativa de la atmósfera, que en el Pirineo se ha estimado entre 120 y 125 mm para finales del siglo XXI (Beguería *et al.*, 2022). Ese incremento de la evapotranspiración es responsable de una mayor severidad de las sequías en el sur de Europa y particularmente en la Península Ibérica (Vicente-Serrano *et al.*, 2014), como también se ha detectado en Australia, Sudáfrica y el Sahel. Estos autores argumentan que las sequías, más intensas y prolongadas a medida que aumenta la temperatura media del planeta, comprometen la disponibilidad de los recursos hídricos y causarán tensiones políticas, sociales y económicas.

5.2. Algunas consecuencias relevantes del incremento de temperatura

Una vez aceptado este hecho, es muy importante incidir en los efectos del calentamiento global por su importancia crítica en una cadena de procesos hidrológicos y biológicos.

Una de las secuelas más destacadas es el descenso de la precipitación en forma de nieve en invierno y primavera y de la acumulación de nieve al final de la estación fría. Es evidente que, con el aumento de la temperatura, las áreas de montaña media registran un número menor de días de nieve, mientras en alta montaña los cambios no son todavía muy aparentes. En todo caso, lo que se observa es un descenso estadísticamente significativo de la duración y de la acumulación de nieve en el Pirineo (como también en otras montañas europeas). La Figura 5.2 muestra un descenso en torno a diez días en la duración del manto de nieve y una pérdida de espesor de unos 20 centímetros. En ambos casos la información se refiere a una altitud de 2100 m s.n.m. (López-Moreno *et al.*, 2020). En los Alpes, Beniston (2019) calculó que un aumento de temperatura de 1 ºC tiene como consecuencia un ascenso del límite altitudinal de la nieve en unos 150 m. El retroceso de la presencia de nieve es también evidente en la Cordillera Cantábrica, con una reducción en el número de días de nieve de hasta 5,8 días por década por encima de 2000 m (Melón-Nava y Gómez-Villar, 2025). La tendencia proyectada para la temperatura refleja una acusada reducción del manto nival en las próximas décadas y, lo que es igualmente importante, una anticipación de la fusión de la nieve (López-Moreno *et al.*, 2020), de efectos muy importantes sobre el régimen de los ríos y sobre la gestión de los recursos hídricos, como veremos en el Capítulo 7. Y no debemos olvidar la función protectora del manto de nieve frente al impacto de las gotas de lluvia y la escorrentía superficial, o los cambios biogeográficos que tienen lugar si el manto de nieve funde más temprano, dando lugar a una mayor frecuencia de heladas en el suelo que afectan a la mortalidad de brinzales.

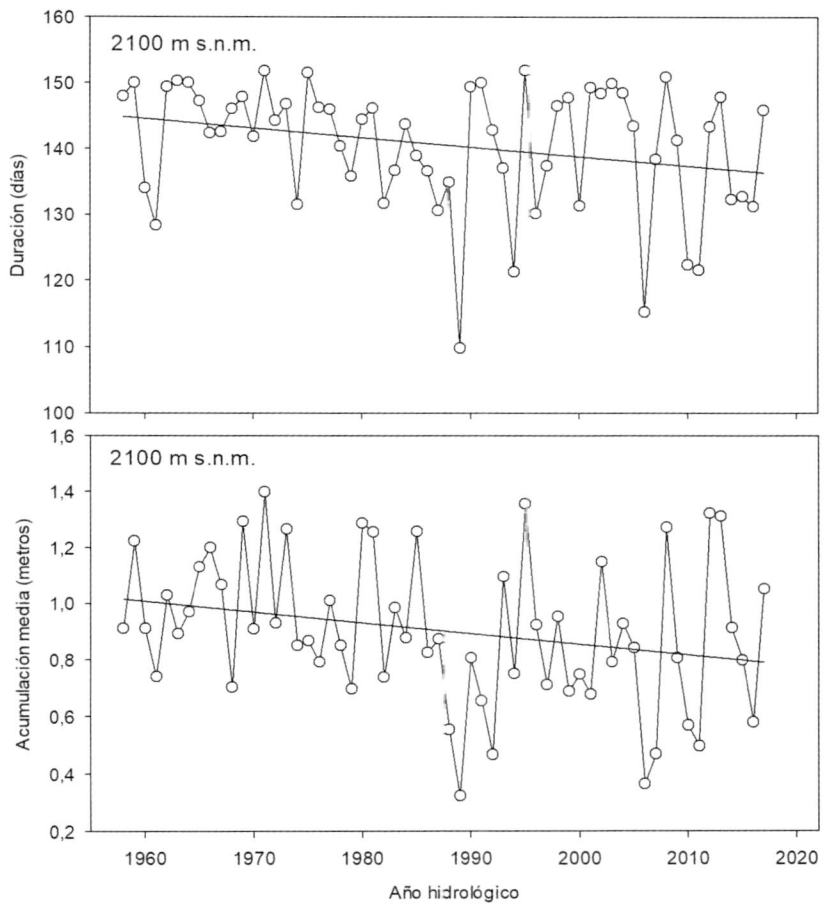

Figura 5.2. Evolución de la duración y el espesor del manto de nieve en el Pirineo Central español a 2100 m s.n.m. Fuente: López-Moreno et al. (2020).

Uno de los temas prioritarios de estudio de los ecólogos, en los que los geógrafos han intervenido solo muy marginalmente, es la evidencia de que el calentamiento global está afectando a la distribución de las especies de plantas. Varios estudios han demostrado que, al incrementarse la temperatura, las plantas tienden a ascender en altitud al ser desplazadas por plantas más termófilas y buscar los ambientes en los que se reduce la competencia con otras más opor-tunistas. Esto plantea severos problemas para la conservación de especies de alta montaña, generalmente muy adaptadas a ambientes extremos, puesto que a medida que se asciende en altitud se reduce la superficie ocupada por cada piso bioclimático y, por lo tanto, el área que puede ser colonizada por las plantas. De hecho, Körner (2007) demostró que, por encima del límite superior del bosque, la superficie se reduce a la mitad cada 167 metros de ascenso en las montañas del mundo (cada 150 metros en los Alpes y cada 178 metros en los Andes). Un número reducido de plantas de gran valor ecológico se refugian en lugares con poco suelo, en grietas rocosas expuestas al sol y es difícil que puedan desplazarse fácilmente y a corto plazo a otras áreas próximas, como es el caso de *Andro-sace cylindrica* (García *et al.*, 2020). En cambio, los geógrafos han tenido una mayor participación en los estudios realizados sobre el límite superior del bosque en las regiones de montaña, con especial énfasis a partir de los trabajos de Troll (1966), que consideraba ese límite como una verdadera frontera geoecológica (González Trueba, 2012). En el Pirineo se ha demostrado que la *timberline* está ascen-diendo después de haber descendido unos 150 metros durante la Pequeña Edad del Hielo. Durante este periodo, un elevado número de ejemplares de *Pinus uncinata* murió coincidiendo con el Mínimo de Maunder. La recuperación se está produciendo en estas últimas décadas a gran velocidad (Camarero *et al.*, 2015).

Por supuesto, el aumento de la temperatura afecta muy directa-mente a la evolución de los glaciares, que, con muy pocas excepcio-nes, están retrocediendo en todas las montañas del mundo. De ahí se derivan importantes consecuencias para el caudal de los ríos y el abastecimiento de agua a regadíos y núcleos urbanos. A corto plazo, lo más probable es que aumenten los aportes de agua a los ríos desde los glaciares, debido a una intensificación de la fusión (Viviroli *et al.*, 2011), pero a medio o largo plazo los problemas se acentuarán a medida que se reduzca la extensión de las masas de hielo, como se ha previsto en los Alpes meridionales (Fatichi *et al.*, 2014).

Otros problemas relacionados con el calentamiento global también tienen un interés plenamente geográfico, como el caso de la fusión del permafrost en Alaska, Canadá y norte de Escandinavia y de Rusia, con el consiguiente aumento en las emisiones de metano que contribuirán aún más al incremento de temperatura (Biskahorn *et al.*, 2019). Las consecuencias de este proceso son también dramáticas para la estabilidad de oleoductos y carreteras e incluso de asentamientos humanos.

La elevación de la temperatura en la superficie terrestre desata todo un conjunto de procesos capaces de retroalimentar la actual tendencia climática: si inicialmente el calentamiento global se vinculó a los gases de efecto invernadero, con el paso del tiempo se verá reforzado por el descenso del albedo al fundir extensas superficies ocupadas hasta ahora por el hielo, a la elevación de la temperatura del mar o a la desestabilización del bosque tropical, tal como se observa en la Figura 5.3. Una amplia gama de temas para ser abordadas desde la geografía.

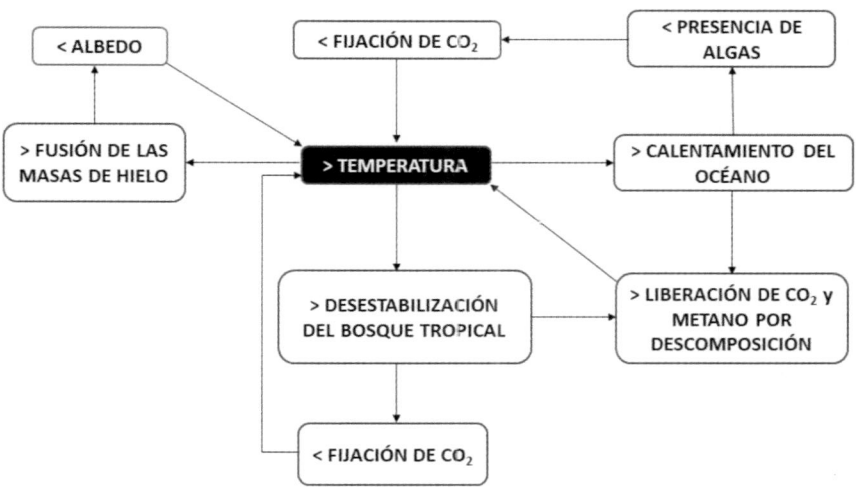

Figura 5.3. Procesos de retroalimentación en la tendencia climática actual (calentamiento global), en el que interviene la fusión de masas de hielo, el aumento de temperatura en los océanos y la desestabilización del bosque tropical.

5.3. Los eventos climáticos extremos

Algunos autores subrayan el eventual aumento en la frecuencia y magnitud de eventos pluviométricos e hidrológicos extremos como consecuencia del calentamiento de las masas de agua oceánicas, el aumento de la evaporación y la inestabilización de las masas de aire, que reaccionarían más violentamente frente a invasiones de aire o depresiones aisladas en niveles altos de la atmósfera (DANAs y medicanes en el Mediterráneo, huracanes en el Caribe). En estos momentos, no hay todavía evidencias estadísticamente significativas de que esto esté ocurriendo, dado el carácter espacial y temporalmente aleatorio con que se producen tales eventos, aunque la lógica sugiere que en las próximas décadas podemos asistir a fenómenos climáticos más violentos. Un estudio reciente de Peña-Angulo *et al.* (2025, p. 117) demuestra que «el número de eventos diarios máximos mensuales superiores a 100 mm no ha aumentado en la península ibérica entre 1916 y 2022».

En cualquier caso, tanto si aumenta o se mantiene la ocurrencia de eventos extremos, seguirán siendo una de las principales preocupaciones científicas de los geógrafos. La razón es muy sencilla: son muy relevantes para el estudio de probabilidades y para detectar a largo plazo los lugares con mayor probabilidad de lluvias más intensas debido a la orografía, la proximidad al mar o los movimientos de la atmósfera. Pero, además, los eventos extremos tienen una gran influencia en la evolución de los cauces, la erosión en las laderas, las afecciones a campos de cultivo y los riesgos a que se enfrentan numerosas poblaciones. Una vez más, la complejidad de los fenómenos naturales aumenta cuando interactúan con diferentes aspectos humanos. ¿Quién más puede estudiar la intensidad de un evento pluviométrico de gran magnitud, situarlo en un contexto temporal amplio, analizar los factores que lo han ocasionado, estudiar las características de los cauces implicados, explicar las razones por las que se han visto afectadas determinadas zonas y no otras, y exponer la capacidad (o irresponsabilidad) de las sociedades humanas para protegerse? La respuesta es sencilla, y por eso existen tantos estudios sobre catástrofes hidrológicas realizados por geógrafos (por ej., López-Bermúdez y Romero-Díaz, 1993; Poesen y Hooke, 1997; White et al., 1997; Camarasa Belmonte y Segura Beltrán, 2001; González-Hidalgo et al., 2009; Serrano-Muela et al., 2015; Camarasa-Belmonte, 2016). Varios estudios de geógrafos están encaminados a tratar de explicar las relaciones entre la magnitud de las catástrofes y las actividades humanas en cauces y cuencas. Entre esas actividades se cuentan la reducción de la llanura aluvial parcialmente ocupada por cultivos, industrias y hasta barrios urbanos, o la construcción de obras de control de los cauces que pueden, en determinados momentos, aumentar la dimensión de la catástrofe, como la canalización, la construcción de presas y las motas (National Research Council, 2010).

En España hay numerosos estudios que ponen de relieve la fragilidad de los sistemas hidrológicos en momentos de precipitaciones extremas, debido sobre todo a la ocupación de buena parte del cauce o a errores en el diseño de las obras de seguridad. Algunos ejemplos muy conocidos en España han sido la catástrofe de Biescas, Pirineo central (7 de agosto de 1996), y la gran avenida que se inició el 29 de octubre de 2024 en el Levante español. En el primer caso, el barranco de Arás, en la cuenca alta del río Gállego, experimentó una súbita crecida estimada entre 300 y 400 metros cúbicos por segundo como consecuencia de una irrupción de aire frío sobre una masa de aire muy cálida y húmeda. Ni la reforestación de gran parte de la cuenca, realizada a mediados del siglo xx, pudo minimizar las consecuencias del evento: destrucción de casi 40 presas de retención de sedimento, colapso del cauce y la destrucción de un camping localizado a la salida del torrente (White et al., 1997). En el segundo caso, una depresión aislada en niveles altos de la atmósfera (DANA) en el Mediterráneo occidental provocó lluvias superiores a 600 mm en 24 horas en algunos sectores de cabecera (Pérez Cueva et al., 2025), dando lugar a avenidas en varios torrentes considerados de alto riesgo y en cuyas proximidades se habían construido industrias, centros comerciales y numerosas viviendas en varios pueblos situados al sur de la ciudad de

Valencia. No son ejemplos aislados: tanto la Comunidad Valenciana como Murcia, Cataluña y Andalucía han experimentado avenidas de este tipo con resultados catastróficos relacionados con una mala planificación hidrológica y urbanística.

En Estados Unidos, un ejemplo de evento de baja frecuencia fue el huracán Katrina (29 de agosto de 2005), que afectó directamente a la ciudad de Nueva Orleans después de que la crecida del río Misisipí destruyera motas y se expandiera por una llanura aluvial con una intensa ocupación humana (Groen y Polivka, 2008). También allí, la ocurrencia de un evento pluviométrico e hidrológico extremo, en un contexto de transformaciones profundas de la llanura aluvial para facilitar el desarrollo de la agricultura y permitir el asentamiento de pueblos y ciudades, es lo que mejor explica la multiplicación de sus efectos negativos.

5.4. Otros asuntos climáticos relevantes entre los geógrafos

Hay más cuestiones climáticas sujetas a cambios temporales. Algunas están siendo ya estudiadas por los geógrafos, como es el caso de la organización espacial de las temperaturas en las ciudades, es decir, el clima urbano, donde existen contribuciones muy relevantes (por ej., Cuadrat Prat *et al.*, 2005; Martín-Vide *et al.*, 2015). Pero hay otros campos igualmente interesantes en los que nuestra aportación ha sido muy pequeña, como en la evolución temporal de los tipos de tiempo y su asociación con los cambios que pudiera provocar el calentamiento global sobre la circulación general atmosférica, las advecciones de polvo sahariano o la distribución altitudinal de las precipitaciones en las áreas de montaña. Este último asunto reviste un notable interés: el incremento de la precipitación a medida que aumenta la altitud no es lineal, lo que tiene implicaciones muy importantes para el cálculo del volumen de agua equivalente en el manto nival. Este dato es imprescindible para estimar las reservas de agua en invierno y primavera, con el fin de gestionar de la mejor manera posible los recursos hídricos (manejo de embalses, distribución del agua entre diferentes usos). En esta misma línea, el comportamiento de la nieve (acumulación y fusión) bajo el dosel forestal tiene también un notable interés. ¿Qué proporción de la nieve precipitada permanece en las ramas y qué parte alcanza el suelo? ¿Cómo afecta a la sublimación? ¿Cómo se ve condicionada la fusión y sus consecuencias hidrológicas? Teniendo en cuenta que el piso subalpino en la mayor parte de las montañas europeas está en un proceso de recuperación del bosque (por el incremento de temperatura y, sobre todo, por el descenso de la presión ganadera), el ritmo e intensidad de la acumulación y fusión de la nieve van a cambiar notablemente a lo largo del siglo XXI (Sanmiguel-Vallelado *et al.*, 2022).

***

Los estudios climáticos han formado parte indisoluble de la Geografía desde la primera mitad del siglo XIX, con las investigaciones experimentales de Kant y Humboldt (Olcina, 2014, 2020a). Desde entonces, las tesis y estudios regionales han contado con un capítulo más o menos convencional dedicado al clima, hasta que acabó convirtiéndose en una rama muy dinámica, de gran relevancia para otros estudios ambientales y humanos. El aspecto más positivo de la climatología es su facilidad para interrelacionarse con los cambios en la distribución de la vegetación a distintas escalas temporales, con los procesos estudiados en la Geomorfología Climática, y con su influencia decisiva sobre la Hidrología. Pero ¿cómo no contar con la climatología para explicar los cambios de uso de suelo, la influencia de la evapotranspiración, la evolución de las costas en función del ascenso del nivel del mar, su influencia en las actividades turísticas, y la geografía del comportamiento en las ciudades? En todos estos aspectos, y en muchos otros, intervienen los geógrafos, y la gran variedad de problemas derivados del calentamiento global ha puesto a su disposición un amplio abanico de oportunidades que nos debe hacer imprescindibles.

6

La revolución de la geomorfología

La geomorfología es una de las ramas más dinámicas y productivas entre los geógrafos, a pesar de que algunos de ellos han sido particularmente agresivos o negativos con ella. Se ha llegado a afirmar que

> un buen número de geógrafos que se dedican a la geomorfología son plenamente conscientes de que su trabajo corresponde en realidad a la geología, pero que al ser rechazados por los geólogos se ven obligados a permanecer dentro de los departamentos de geografía. (Capel, 2012, pp. 239-240)

No conocemos ningún caso de geógrafo que se corresponda con ese relato y sí, en cambio, tenemos claro que la geomorfología ha contribuido a mejorar la imagen de la geografía entre las ciencias ambientales en España y en organismos internacionales, como la Asociación Internacional de Geomorfología. No tenemos claro cuál es la razón por la que alguien, desde la propia geografía, puede mostrarse tan despectivo, quizás sin pretenderlo, por una rama de nuestra disciplina. Hemos comenzado así este capítulo para transmitir la importancia de que los propios geógrafos creamos en lo que hacemos, que lo valoremos de una manera razonable y sobre todo que lo respetemos. Si hemos de discutir sobre algo que hacemos, que sea con argumentos científicos. No revalorizaremos la geografía si los climatólogos critican a los geógrafos rurales o si los geomorfólogos desacreditan a los geógrafos urbanos solamente por el hecho de serlo.

Queremos explicar en este capítulo por qué la geomorfología ha progresado tanto en las últimas décadas y cuál es la razón por la que se ha hecho cada vez más necesaria para geógrafos, tanto físicos como humanos. Cuando estudiábamos Geografía en la Universidad de Zaragoza tuvimos la suerte de contar con dos profesores excepcionales, Salvador Mensua y María Jesús Ibáñez. Ambos nos enseñaron que las formas de relieve son el resultado de una larga historia en la que se enfrentaban la estructura geológica, que necesitábamos entender en sus principios básicos, y los procesos dinámicos que actúan a diferentes escalas espaciales y temporales. Estos procesos, se nos decía, actúan sobre la estructura y ponen de manifiesto la erosión diferencial y la sucesión de climas que han ocurrido en un territorio concreto. Mensua e Ibáñez eran herederos de una escuela clásica muy interesada en la interpretación del paisaje rural y lo que entonces se denominaba paisaje natural. En aquel momento, esa interpretación estaba dominada por el efecto conjunto del relieve, la vegetación y la morfología de los campos de cultivo.

En las dos asignaturas de Geomorfología que impartía Salvador Mensua aprendimos que en un paisaje hay múltiples formas de relieve, algunas heredadas del pasado (como las superficies de erosión o los cañones fluviales), otras evolucionando a gran velocidad en el presente (como las laderas de cárcavas), que había unas formas principales (generalmente estructurales) y otras más secundarias; también comprobamos la importancia de la red fluvial en la organización general del relieve sobre una determinada estructura, y conocimos el resultado del paso de los glaciares por una zona de cumbres o en valles. De Salvador Mensua y de María Jesús Ibáñez recibimos la idea de cómo construir y cómo interpretar los mapas geomorfológicos, que ambos habían perfeccionado por sus contactos con la escuela francesa liderada por Jean Tricart y por Pierre Barrère. No fueron geólogos los que se enfrentaron a la dificultad de construir mapas geomorfológicos. Ellos estaban más interesados en la forma en que se disponía y había evolucionado el sustrato rocoso y la influencia de las fuerzas tectónicas en los grandes pliegues y en las estructuras de primer orden (fosas tectónicas, cabalgamientos, escudos, fracturas). Geógrafos como Mensua e Ibáñez fueron los primeros en realizar una cartografía geomorfológica asombrosamente sencilla de interpretar, pero muy difícil de ejecutar. Unos años después, los trabajos cartográficos de Peña Monné (1997) y Peña Monné *et al.* (2002), a los que han seguido otros muchos, vinieron a confirmar su importancia en la organización de los paisajes y para la gestión del territorio.

Sin embargo, esa evolución no fue suficiente. Algunos geógrafos fueron conscientes de que la geomorfología podía dar otros pasos para interpretar no solo las formas de relieve sino sobre todo su dinámica; para explicar de forma cada vez más compleja los paisajes de la Tierra en coordinación con factores igualmente decisivos, como el clima, la hidrología, la cubierta vegetal y, de manera cada vez más acusada, las actividades humanas. De pronto se descubrió que la geomorfología podía ser necesaria y que tenía una gran capacidad integradora (García-Ruiz, 2015) porque es capaz de informar sobre los cambios en la dinámica fluvial como consecuencia de los cambios en el conjunto de la cuenca; porque la evolución de las laderas está relacionada con la forma en que se compartimenta la precipitación en los diferentes elementos del ciclo hidrológico; porque las actividades humanas tienen mucho que ver con la producción de sedimentos; y porque estos últimos afectan a todo un conjunto variado de procesos y consecuencias aguas abajo. Una auténtica revolución epistemológica que ha revitalizado a la hidrología y a la biogeografía y ha ayudado a revalorizar la vertiente medioambiental de la geografía. El papel de los geomorfólogos es desvelar la complejidad del relieve a partir de los restos de depósitos y de formas, utilizando de manera creciente sensores remotos y técnicas SIG a la vez que se interrelacionan más y más factores de otros campos de la ciencia. La colaboración ocasional con ecólogos ha ampliado la vertiente ambiental de los estudios geomorfológicos.

Veamos a continuación algunas líneas de investigación en geomorfología que más han contribuido a un cambio de perspectiva en el estudio de la evolución de las formas de relieve.

6.1. El «descubrimiento» del Holoceno

Cuando estudiábamos, nadie nos hablaba del Holoceno. Era como si no existiera. Se nos decía que el Cuaternario se dividía en dos periodos bien diferenciados, el Pleistoceno y el Holoceno, pero este último era una especie de añadido en el que no había pasado nada importante. Se daba por hecho que los últimos 10.000 años se habían caracterizado por la estabilidad climática y ambiental. De vez en cuando ocurrían eventos excepcionales (avenidas fluviales, aludes de nieve, erupciones volcánicas) que, a pesar de su magnitud, entraban dentro de lo esperable. Los depósitos generados por alguno de esos eventos (un cono de avalanchas, un relleno de fondo de valle, una colada de lava) carecían de especial importancia y se consideraban normales en un contexto sin cambios climáticos, morfogenéticos o de vegetación. Por otra parte, los glaciares de montaña alcanzaron su máxima extensión hacía miles de años y después retrocedieron rápidamente hasta la situación actual. En fotografías aéreas veíamos morrenas frontales muy bien marcadas topográficamente, a corta distancia de los frentes actuales de hielo, y llegábamos a la conclusión de que podían ser tardiglaciares, un concepto que englobaba muchas cosas todavía mal definidas. En definitiva, el Holoceno era un periodo en el que no había pasado nada importante, porque además se creía que las modificaciones en el relieve ocurrían a muy largo plazo, mientras que el Holoceno solo llevaba unos cuantos miles de años.

Pronto se dieron algunos cambios importantes, sobre todo desde el inicio del último tercio del siglo xx. Distinta información documental permitió confirmar la ocurrencia de un periodo más fresco de lo normal centrado cronológicamente entre el final de la Edad Media y el comienzo de la Edad Contemporánea al que se denominó Pequeña Edad del Hielo. En los Alpes, el avance glaciar había sido tan evidente que algunas aldeas fueron arrasadas por la progresión del hielo en la primera mitad del siglo xvii (Zumbühl y Nussbaumer, 2018). En los Pirineos, toda una serie de morrenas se atribuyeron a la Pequeña Edad del Hielo, demostrando que, durante un corto periodo de tiempo, los glaciares habían movilizado enormes cantidades de materiales. Más tarde se descubrió que otras cordilleras españolas (en el entorno de Picos de Europa y en la cara norte del Pico Veleta) también habían experimentado la reconstrucción de pequeñas masas de hielo con sus correspondientes morrenas. Previamente, en otras regiones europeas (Alpes y Escandinavia, especialmente) se habían detectado otras morrenas de envergadura, muy alejadas de cualquier frente glaciar) que se atribuyeron a dos periodos conocidos como Dryas Antiguo (*Oldest Dryas*) y Dryas Reciente (*Younger Dryas*), por la presencia de abundante polen de *Dryas octopetala* en sedimentos glaciolacustres. Desde la década de 1940 se podían datar sedimentos que contuvieran materia orgánica: restos de hojas, ramas, piñas, cenizas y polen, en este último caso, mediante espectrometría de masas con aceleradores (AMS por sus siglas en inglés, *Accelerator Mass Spectrometry*). Esto supuso una primera gran transformación en los estudios geomorfológicos y arqueológicos, aunque limitaba las dataciones a los últimos 50.000 años. Después llegaron otros sistemas de datación que ayudaron mucho en la revolución metodológica y conceptual de la Geomorfología: U/Th (para la datación de espeleotemas y depósitos con costras carbonatadas), óptico-luminicencia estimulada (datación de lentejones arenosos en terrazas fluviales, conos de deyección y morrenas glaciares), exposición a rayos cósmicos y medidas de meteorización superficial con el martillo Schmidt (en estos dos últimos casos para datar bloques morrénicos o superficies pulidas por el paso de glaciares), y liquenometría (para datar superficies colonizadas por líquenes).

Estos procedimientos de datación y estudios más detallados de campo permitieron comprobar que el Holoceno ha sido un periodo menos homogéneo de lo que se pensaba y, además, que habían ocurrido muchas cosas desde un punto de vista geomorfológico, como consecuencia de cambios en la precipitación, la temperatura y las perturbaciones en la cubierta vegetal. Se descubrió también que existía una relación muy directa entre actividades humanas y cambios geomorfológicos. Por otro lado, se comprobó que pequeños cambios en los parámetros climáticos eran suficientes para provocar la colonización vegetal o, por el contrario, dar lugar a una apertura de los bosques y matorrales y desproteger el suelo. Un descenso en la temperatura media de 1 ºC o menos provocaba el crecimiento de los glaciares de montaña.

Hoy se conocen bastante bien las pequeñas fluctuaciones climáticas que han ocurrido durante el Holoceno, aunque todavía quedan bastantes incertidumbres en torno a hace 6000-3000 años antes del presente. Se sabe, por ejemplo, que hace 8200 años hubo un periodo frío y seco muy corto (el llamado evento 8.2) que pudo haber contribuido al desplazamiento de poblaciones hacia lugares más benignos (González-Sampériz *et al.*, 2009). Después, (i) el Óptimo Térmico se alcanzó en torno a 7500 años antes del presente, (ii) seguido de un enfriamiento en el Neolítico medio, hace unos 5500 años, cuando se inicia el periodo conocido por los paleoclimatólogos como Neoglaciar, que se extiende hasta el final de la Edad de Hierro, (iii) el Periodo Cálido Romano, que persiste hasta el final del siglo IV de nuestra era, (v) el periodo frío de las llamadas Edades Oscuras, entre los siglos V y IX, (vi) la Anomalía Climática Medieval, un periodo cálido entre los siglos X y XIII, (vii) la Pequeña Edad del Hielo entre los siglos XIV y mediados del siglo XIX, y (viii) el Calentamiento Global, que se inicia tras el final de la Pequeña Edad del Hielo y se acentúa desde 1950 y aún más desde 1970. A estas fluctuaciones climáticas se une, desde el Neolítico, una presencia humana cada vez más activa y con mayor capacidad para cambiar el paisaje. El Neolítico se remonta en algunas regiones (el Creciente Fértil y Mesopotamia) hasta unos 9000 años antes del presente, mientras que en el Mediterráneo occidental el inicio de la domesticación que dio lugar a la ganadería y la agricultura no llega hasta hace unos 7000-6500 años. El Neolítico representó, por supuesto, una auténtica revolución social y económica y condujo a la sedentarización progresiva de la población, con la creación de los primeros asentamientos permanentes, aunque distintas formas de nomadismo todavía han llegado vivas hasta nuestros días. También representó el inicio de una gran transformación ambiental, dado que tanto la agricultura como la ganadería estuvieron indisolublemente asociadas con la deforestación progresiva de los territorios donde se asentaban.

Lo cierto es que el Holoceno ha sido el escenario de numerosos cambios geomorfológicos, algunos de ellos relacionados en mayor o menor medida con las actividades humanas, de manera que no puede decirse que haya sido un periodo tranquilo. Hay muchos ejemplos de eventos geomorfológicos que han dejado profundas huellas en el relieve durante los últimos 11.000 años. Los fenómenos más visibles están relacionados con movimientos en masa (avalanchas rocosas, deslizamientos profundos), que funcionan asociados con ocasionales movimientos sísmicos (particularmente en el Himalaya, pero también las Cordilleras Béticas se han visto afectadas en tiempos recientes). Requieren además un sustrato rocoso tectonizado, fuertes pendientes y grandes desniveles. En el Pirineo, la avalancha rocosa de Escarrilla, alto valle del río Gállego, está datada en torno a 1900-2000 años antes del presente, y muestra el desmoronamiento de las areniscas, cuarcitas y pizarras de Punta Cochata, dando lugar a una lengua de grandes bloques dispuestos de forma caótica a lo largo de algo más de un kilómetro de longitud en la vertiente oriental del pico. La vertiente septentrional, en cambio, muestra un gran deslizamiento profundo afectado por ondulaciones que llegan hasta la presa del embalse de Escarra, pero se desconoce el momento en que se inició el movimiento (Figura 6.1).

Figura 6.1. Deslizamiento profundo en la cara norte de Punta Cochata, cabecera del valle del Gállego, Pirineo aragonés. Las pizarras, muy meteorizadas, se han desplazado masivamente, dando lugar a un relieve ondulado. Foto: J.M.G.R.

Hay muchos más ejemplos en montañas tectónicamente activas, como los Andes, el Himalaya, los Alpes, Sicilia o Etiopía. Así, la existencia de fracturas, la inestabilidad de un diapiro de grandes dimensiones y la ocurrencia de un seísmo de magnitud 6.5-7 hace 5400 años causó una avalancha de rocas que ocupa una superficie de 32 kilómetros cuadrados con un desplazamiento de más de 10 kilómetros en los Montes Zagros, Irán (Gutiérrez *et al.*, 2023). Caine (1974) describió la gigantesca avalancha rocosa de Huascarán, Perú, que enterró la ciudad de Yungay el 31 de mayo de 1970, y que mató a más de 50.000 personas. También este evento se relacionó con un seísmo, de magnitud 7,7, que provocó el desprendimiento de un bloque de hielo de más de 50 metros de espesor en la parte alta del pico Huascarán (6768 m s.n.m.), arrastrando un enorme volumen de materiales de una pared fracturada y de una morrena glaciar. La mezcla de agua, hielo y material rocoso viajó a una velocidad de 280 kilómetros por hora en una distancia de 12 kilómetros. Está considerado el movimiento en masa más destructivo del siglo xx (Caine, 1974; Janke y Price, 2013). En las montañas deglaciadas recientemente, la formación de deslizamientos profundos se atribuye más a la inestabilidad creada por el retroceso y desaparición de las lenguas glaciares y la consiguiente relajación de las laderas (fenómeno conocido como *debutressing*) (ver, por ejemplo, Ivy-Ochs *et al.*, 2009; Ballantyne *et al.*, 2014). Resulta interesante señalar que, en áreas afectadas por una deglaciación más temprana, estos deslizamientos ocurren en pleno Pleistoceno, como sucede en el Pirineo (por ej., Guerrero *et al.*, 2017). Los numerosos casos que se han descrito en la literatura científica reflejan los peligros relacionados con la dinámica de vertientes en zonas de montaña, incluso en laderas estables que pueden ponerse súbitamente en movimiento tras la deglaciación.

No solo la tectónica ha favorecido procesos geomorfológicos en el Holoceno. La fusión de las grandes masas de hielo acumuladas en las latitudes más septentrionales del hemisferio norte (inlandsis Escandinavo y Laurentino) provocó, entre 18.000 y 6.000 años antes del presente, la elevación del nivel del mar, afectando a la configuración de las líneas de costa. También causó la desaparición de islas y creo nuevos paisajes a escala planetaria. La fusión del hielo provocó también grandes inundaciones, como la ocasionada por el desbordamiento del lago Agassiz hace entre 12.000 y 13.000 años antes del presente. Este lago de origen yuxtaglaciar, situado en el borde meridional del inlandsis Laurentino, con una extensión de 1,5 millones de kilómetros cuadrados, se formó a medida que el frente glaciar fue retrocediendo. Finalmente, las aguas del lago vertieron hacia el Atlántico norte unos 20.000 kilómetros cúbicos de agua a lo largo de nueve meses, provocando cambios geomorfológicos, climáticos y oceanográficos (Norris *et al.*, 2021).

6.2. Geomorfología estructural y geomorfología dinámica: la función de los geógrafos

La evolución de la geomorfología se ha compartido entre geógrafos y geólogos, aunque estos se han ido interesando cada vez más en la investigación del relieve y en su dinámica, a medida que los estudios geomorfológicos mostraron su eficiencia para explicar la evolución de procesos medioambientales o contribuían a explicar eventos extremos con graves riesgos para la población. De hecho, salvo excepciones, para la mayor parte de los geólogos la geomorfología afectaba a la superficie, algo que no ofrecía mucho interés para explicar sedimentología, tectónica o mineralogía. Hubo, claro está, algunas excepciones, como Luis Solé Sabarís y, ocasionalmente, Noel Llopis Lladó, pero los que se autodefinían como geólogos *serios* (fundamentalmente los geofísicos) solían menospreciar el Cuaternario porque solo estaba representado por una capa muy superficial sin demasiada trascendencia en un contexto de millones o cientos de millones de años de movimientos tectónicos y sedimentación. Para los geógrafos, en cambio, con menos conocimientos de partida, las formas de relieve eran muy importantes, porque formaban parte del paisaje y porque condicionaban la ocupación humana y las comunicaciones, entre otros aspectos no menos interesantes. En la actualidad, después de décadas de colaboración, siguen existiendo diferencias entre la perspectiva geomorfológica de geógrafos y geólogos, aunque la colaboración entre expertos de ambas disciplinas es muy habitual. Es cierto que muchos geólogos viven al margen del Cuaternario y de los procesos que ocurren en la superficie terrestre; y también que para muchos geógrafos el conocimiento de la estructura interna de la Tierra no solo es ajeno a su formación, sino que procuran no profundizar al alejarse del foco de otros problemas de mayor trascendencia geográfica.

Aun así, hay una geomorfología estructural que ha tenido mucha aceptación entre los geógrafos. Debemos destacar las aportaciones de Martínez de Pisón (por ej., Martínez de Pisón, 1990), en cuyos trabajos la parte estructural adquiría un peso y una profundidad muy relevantes, la Tesis Doctoral de Higueras Arnal (1961) sobre el Alto Guadalquivir, en la que la geomorfología estructural ocupó una proporción que podría definirse como desequilibrada, o el libro sobre geomorfología estructural de García Fernández (2006), que es un trabajo ejemplar difícilmente superable por su rigor.

Lo habitual es que tradicionalmente los geógrafos se hayan centrado sobre todo en las formas de relieve relacionadas con la estructura (evolución de pliegues en relieves en cuesta y el vaciado de anticlinales, formas de relieve de plataformas estructurales y sus derivados, y relieve kárstico) y en las acumulaciones cuaternarias correlativas a la erosión de esas formas estructurales (depósitos glaciares, depósitos fluviales, glacis, conos de deyección, depósitos de ladera). Más aún, los geógrafos, con la brevedad que se exige en la descripción del área de estudio en cualquiera de los artículos que se envían a revistas internacionales, tienden a pasar de puntillas sobre los aspectos estructurales, incluso si tratan algún tema de geomorfología. Para los geólogos que se dedican a la geomorfología, esta es una cuestión todavía importante y es el objetivo de muchos de sus trabajos, junto con la influencia de aspectos relacionados con la tectónica para explicar la evolución del relieve (basculamiento de superficies de erosión, fracturas escalonadas, cabalgamientos superpuestos).

La década de 1980 marca un cambio de orientación (al menos parcial) en los estudios de geomorfología en España. Siguiendo la evolución que habían experimentado los geógrafos ingleses, norteamericanos y de otros países europeos, los procesos geomorfológicos pasaron a primera línea en las investigaciones. Las formas de relieve podían seguir siendo importantes en algunos estudios de geografía rural o en trabajos sobre paisaje, pero en los congresos de geomorfología, tanto internacionales como nacionales, los trabajos sobre procesos tenían una presencia creciente, a la que también se sumaron geólogos, muchos de los cuales vieron en esta vertiente ambiental de la Geomorfología una manera de compensar el menor interés social que ofrecían otras orientaciones más puramente geológicas. De hecho, se comprobó muy pronto cómo crecía la inclinación por los procesos

129

de erosión, el funcionamiento hidrológico de laderas, la criosfera y su relación con el cambio climático. Llama la atención el hecho de que tanto la International Association of Geomorphology (IAG) como la Sociedad Española de Geomorfología (SEG) mantienen un gran equilibrio entre geógrafos y geólogos de manera muy natural, sin prevalencias ni complejos, aunque sus orientaciones son algo diferentes.

6.3. La geomorfología actual: temas de interés

Con el paso del tiempo el estudio de los procesos geomorfológicos ha conducido a una geomorfología más experimental, más ambiental y también más actualista, centrada en el presente funcionamiento de laderas, cuencas y cauces. Entre los temas más destacados que abordan los geógrafos españoles en la actualidad destacan los siguientes:

i. Los geógrafos siguen trabajando con gran eficacia en estudios sobre glaciarismo en la Península Ibérica, la Antártida, Sudamérica e Islandia, entre otros lugares, reflejando que esa es una línea que todavía tiene un amplio campo de actuación y que con ella se contribuye a reconstruir los grandes cambios climáticos que han afectado a la Tierra desde el Pleistoceno Medio hasta nuestros días. A ello ha contribuido de manera decisiva la datación de depósitos morrénicos y de superficies pulidas por el paso de glaciares. En los trabajos sobre evolución glaciar durante la deglaciación, tras el Último Máximo Glaciar, se aprecia, una vez más, el necesario carácter multidisciplinar de los estudios geomorfológicos y la existencia de numerosos factores que interaccionan para ofrecer respuestas basadas en propuestas complejas, un escenario cómodo para los geógrafos. Así, tales estudios se han enriquecido con el análisis de depósitos glaciolacustres en turberas y lagos en los que se registra la evolución de la sedimentación desde el retroceso del frente glaciar hacia la cabecera. El análisis de polen, de la microfauna y de los rasgos físico-químicos del sedimento permiten reconstruir la evolución de la vegetación y sus fluctuaciones, así como los cambios en el clima, y las variaciones en el ritmo de sedimentación en los lagos (lo que a su vez informa sobre la mayor o menor intensidad de los aportes por parte de los ríos proglaciares). Son oportunidades en las que los geógrafos no pueden dejar de participar porque pueden vivir la reconstrucción de paleoambientes y de paisajes que nos ayudan a entender procesos actuales y los vínculos que existen entre elementos diferentes de la naturaleza (por ej., González-Sampériz *et al.,* 2017). Los glaciares actuales son también objeto de estudio y de seguimiento desde finales de la Pequeña Edad de Hielo, en el Pirineo especialmente, como también en la Cordillera Cantábrica y Sierra Nevada y en glaciares actuales de Sudamérica. En esos glaciares no solo se estudia con mucho detalle la evolución de las masas glaciares; también se entra de lleno en los balances de masa y en la aplicación de modelos para predecir su futuro. En el glaciar de Monte Perdido se ha datado la columna de hielo y se ha comprobado que en la base del glaciar hay hielo formado durante el Periodo Romano; en cambio, todo el posible hielo acumulado durante la Pequeña Edad de Hielo ha fundido durante el calentamiento de los siglos xx y xxi (Moreno *et al.,* 2021).

Uno de los campos de mayor interés tiene que ver con el retroceso de los frentes glaciares o incluso con la completa desaparición de las masas de hielo: el inicio de procesos periglaciares que muestran la dinámica de suelos poligonales y estriados, el inicio de la formación, aunque sea muy incipiente, de suelos, los procesos de *triage* debidos al hielo-deshielo, la transformación de morrenas en glaciares rocosos o la evolución de estos últimos en un contexto de cambio global (por ej., Oliva *et al.,* 2016).

ii. También han seguido vigentes los estudios sobre terrazas fluviales y conos aluviales, aunque han pasado a un plano más secundario. Geomorfología glacial y fluvial se han beneficiado de la mejoría en la datación de los avances y retrocesos glaciares o de los procesos de sedimentación e incisión que dan lugar a las terrazas fluviales. Pero el interés que despertaban estos temas hasta la década de 1980 se ha diluido entre los geógrafos. No es el caso de las terrazas holocenas en valles secundarios, que han ayudado a desvelar la influencia de cambios climáticos y actividades humanas en los procesos de sedimentación e incisión. En conos aluviales interesa la distribución de los sedimentos y los cambios de localización de los cauces durante las avenidas de baja recurrencia, así como los factores que explican su formación y la influencia de sus aportes sobre la dinámica de la red fluvial principal (por ej., Gómez Villar, 1996).

iii. En geomorfología fluvial ha habido una renovación drástica de los temas de investigación, empezando por analizar la dinámica de los cauces en relación con la actividad de las laderas. Especial interés despiertan los cauces trenzados y sus cambios morfológicos y morfométricos en relación con los aportes de los tributarios y los posibles procesos de incisión como consecuencia de una creciente desconexión de las laderas. O, por el contrario, la llegada de grandes volúmenes de sedimento a los cauces debido a la ocurrencia de deslizamientos o de la ruptura de presas morrénicas que retenían grandes volúmenes de agua en lagos proglaciares. La evolución de tramos de meandros en ríos principales sigue teniendo una notable representación en la geomorfología española, por su gran influencia en el trazado de los cauces, por sus efectos sobre los cambios en la llanura aluvial y sus posibles afecciones a campos de cultivo, núcleos de población e infraestructuras (por ej., Ollero, 2010). Nuevas líneas se han abierto para analizar los efectos de la eliminación de pequeñas presas sobre el transporte de sedimento y la morfología del cauce (Ibisate et al., 2016), como continuación de otros estudios iniciados en la década de 1980 sobre las consecuencias de la construcción de presas de retención de sedimento en cauces torrenciales. Algunos estudios se centran en los resultados de la extracción de gravas y hay un creciente número de trabajos sobre restauración fluvial, aunque en este último tema los geógrafos comparten responsabilidad con geólogos y ecólogos. Conviene señalar, no obstante, que la restauración fluvial no suele estar bien contextualizada ni en el tiempo ni en el espacio, dado que no queda claro qué tipo de restauración se busca, ni es evidente de qué forma se va a alcanzar la restauración. Queremos decir que la degradación en la dinámica de un río depende, entre otros factores, (i) de la importancia y ubicación de las fuentes de sedimento y (ii) de la conectividad entre laderas y cauce. Si no se tienen en cuenta factores muy globales que ocurren en el conjunto de la cuenca, lo más probable es que toda inversión en restauración sea insuficiente o, peor aún, inútil.

iv. Los geomorfólogos han sido siempre conscientes de los riesgos provocados por la ocurrencia de avenidas fluviales, el funcionamiento de torrentes muy activos y con gran transporte de materiales gruesos, la frecuencia con que se producen los aludes de nieve y las condiciones de su formación, o el desencadenamiento de deslizamientos profundos y superficiales. Sin embargo, ha sido en estas últimas décadas cuando el estudio de los riesgos naturales ha pasado a primer plano, debido a la creciente disponibilidad de técnicas innovadoras y de recursos más sofisticados, incluyendo sensores remotos, sistemas de información geográfica y modelización. Estudios más complejos con seguimiento de alta resolución de movimientos en masa están sobre todo al alcance de los geólogos e ingenieros de minas y quedan fuera del ámbito de los geógrafos, al menos de momento.

v. Una de las líneas más actuales en geomorfología tiene que ver con las consecuencias del calentamiento global sobre los procesos geomorfológicos. Es evidente que tales consecuencias van a ser muy relevantes en la criosfera, donde una reducción en la frecuencia y/o magnitud de las heladas y un aumento de la temperatura media de la atmósfera pueden alterar profundamente los procesos de crioclastia, la actividad de los procesos de gelifluxión (evolución de las terracillas, por ejemplo) y acelerar la fusión del permafrost. Este último aspecto es de especial importancia por la extensa superficie que ocupa el suelo helado en el hemisferio norte y por las consecuencias que tendrá en el medio ambiente y en el cambio climático. El aumento de temperatura también incentivará a su vez la evapotranspiración y puede introducir importantes perturbaciones en la vegetación a corto plazo. Si, finalmente, los eventos extremos se ven incentivados, también se alterará la generación de escorrentía y la respuesta hidrológica. Este es un mundo nuevo en el que los geógrafos están interviniendo con mucha eficacia, conscientes de que los antecedentes que aportan los estudios de geoarqueología son claramente indicadores de que cualquier cambio en la partición de la precipitación o en la organización espacial de las formaciones vegetales puede tener grandes repercusiones en los procesos geomorfológicos. En general, los estudios paleoambientales, a veces tan poco apreciados en ciencias sociales, son fundamentales para entender cómo ha reaccionado la naturaleza a un cambio de temperatura y/o precipitación y los ajustes que se producen a diferentes escalas temporales. A este respecto es muy importante investigar sobre los signos de alarma temprana para detectar el inicio de un cambio de tendencia. Esto requiere la monitorización continua y a largo plazo de ciertos procesos, de manera que se puedan identificar umbrales en su evolución.

vi. Sigue siendo fundamental explorar las transformaciones que tienen lugar en la naturaleza como consecuencia de intervenciones humanas que alteran profundamente los rasgos de la cubierta vegetal. En este asunto hay que poner de nuevo la mirada en el pasado, para comprobar qué ha ocurrido ante graves perturbaciones de origen antropogénico. Un ejemplo muy típico es la gran deforestación que afectó al piso subalpino de las montañas europeas para favorecer el desarrollo de la trashumancia, principalmente entre los siglos XII y XIV. Hoy sabemos que el cambio de una densa cubierta forestal por pastos representó un descenso del límite inferior de la solifluxión (Höllermann, 1985; García-Ruiz *et al.*, 2010, 2017a), el desarrollo de incisiones paralelas en laderas rectilíneas y la formación de deslizamientos superficiales que redistribuyeron el suelo de la alta montaña. También afectó, de alguna manera, a los procesos de fusión de la nieve y al régimen de escorrentía. En la actualidad los geógrafos se plantean qué está sucediendo, a medida que el descenso de la presión ganadera permite un rápido ascenso en altitud de las masas forestales, recuperando parte de la superficie deforestada varios siglos atrás (por ej., Sanjuán *et al.*, 2018).

vii. Algunos geógrafos, no muchos ciertamente, se han convertido en audaces representantes de las interacciones entre la evolución paleoambiental y los cambios en las actividades humanas, a través de la geoarqueología. Esta es una línea de trabajo relativamente reciente, con expansión desde la década de 1990. Varios factores han influido positivamente en su impulso: el interés de arqueólogos por situar los resultados de sus excavaciones en un contexto ambiental, y la ampliación de las escalas de trabajo gracias a la disponibilidad de nuevas técnicas, lo que ha permitido dar mayor protagonismo a la forma de las laderas y a sus relaciones entre ellas. Según Peña Monné (2025), el cambio más importante se ha producido con la generalización en el uso de vehículos aéreos no tripulados (drones), que desde la década de 2010 facilitan el trabajo con escalas entre 1:300 y 1:500 y además producen modelos digitales de elevación muy precisos. Es cierto que ya antes habían ocurrido cambios en este sentido y que se había llegado a resultados de gran calidad con el estudio de los rellenos de valles de fondo plano, especialmente en el centro de la Depresión del Ebro (por ej., Constante *et al.*, 2010; Peña-Monné *et al.*, 2023). Esos rellenos contienen información sobre asentamientos humanos desde el Neolítico, aunque predominan los de la Edad del Bronce y posteriores, y a la vez sugieren la existencia de cambios en la cubierta vegetal que han estado inducidos por actividades humanas y por pequeñas fluctuaciones climáticas. Ya desde el estudio del cerro de Alfambra en Teruel (Burillo *et al.*, 1981) se descubrió la importancia de las laderas al descubrirse varias secuencias de vertientes a diferente distancia del cerro, y que tales laderas contenían fragmentos de cerámica y otros signos de poblamiento antiguo en la parte superior. Desde entonces, tanto las laderas como los fondos de valle han servido para reconstruir la evolución del relieve y de las actividades humanas.

La Figura 6.2 reconstruye la evolución del relieve en la zona conocida como Los Pedregales Sur, en el sureste de Monegros, centro de la Depresión del Ebro. A comienzos de la Edad del Bronce el relieve estaba dominado por un glacis pleistoceno con una topografía llana y delimitado por una ladera (S3) con una pendiente en torno a 35°. Por debajo del glacis la litología es arcillosa con algunos estratos alternantes de areniscas y calizas. Durante la Edad del Bronce el cerro estuvo ocupado por un poblado en un momento en que el cerro se había reducido en extensión y estaba rodeado por una nueva ladera (S2) que se había independizado de S3. Después de la Edad del Bronce la cumbre del cerro desapareció dejando restos aislados de S2. Finalmente, durante la Pequeña Edad del Hielo el cerro siguió evolucionando y reduciéndose en extensión, dando lugar así a una nueva ladera (S1). Es decir, aquí como en otros lugares de Monegros, se identifican tres etapas en la formación de laderas, la primera (S3) de finales del Pleistoceno Superior, la segunda (S2) contemporánea o inmediatamente posterior a la Edad del Bronce, y la tercera (S1) correspondiente a la Pequeña Edad de Hielo (Peña Monné, 2025). Estas fases, que el autor atribuye a momentos de estabilización, aparecen separadas por etapas dominadas por una intensa erosión, reflejando la rapidez con que evoluciona el relieve en ambientes semiáridos con rocas blandas y a la vez afectados por una presencia humana que, sin duda, contribuyó a la degradación de la cubierta vegetal. La fase correspondiente a S2 coincidiría con la Fase Fría de la Edad del Hierro, mientras que S1 también se habría formado en otra oscilación fría, la Pequeña Edad de Hielo (siglos XIV-XIX).

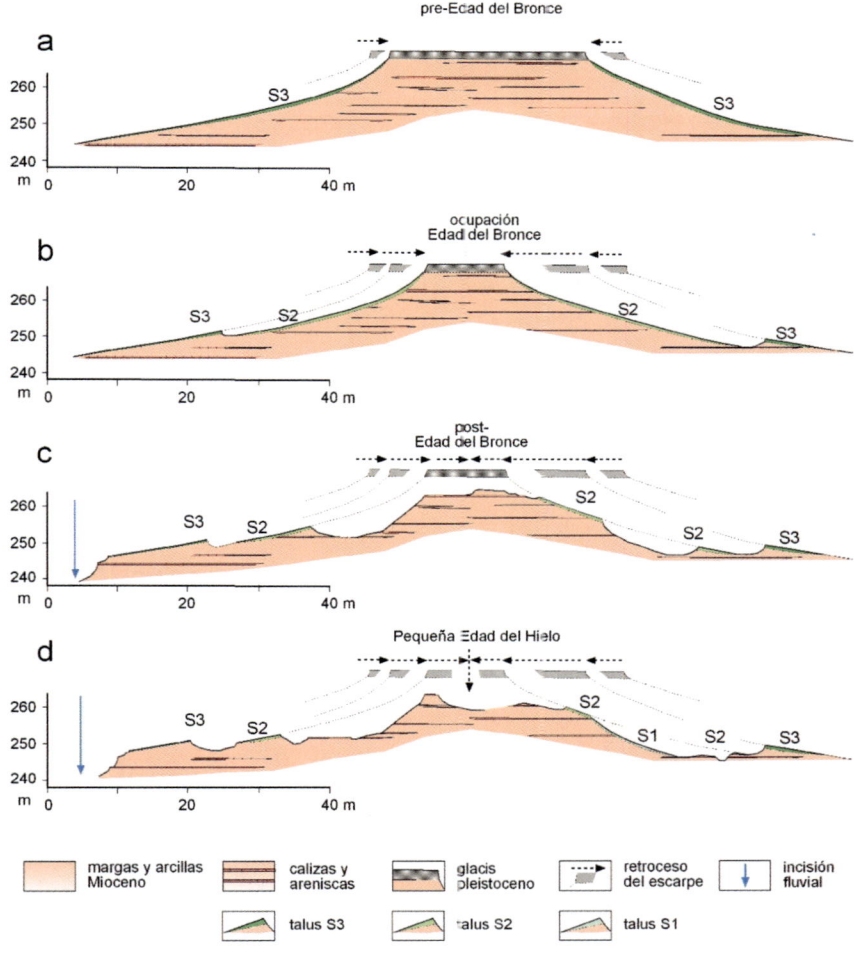

Figura 6.2. Reconstrucción de la evolución de vertientes en Los Pedregales (Sierra de Alcubierre-Jubierre), en el centro de la Depresión del Ebro. Fuente: Peña Monné (2025).

Otras investigaciones con participación de historiadores y geógrafos también han demostrado la utilidad de este tipo de aproximaciones en áreas de montaña. Así, Montes *et al.* (2020) estudiaron la distribución espacial de los megalitos (dólmenes y círculos de piedras) en el Pirineo central y observaron la existencia de dos localizaciones preferentes, una en el piso montano, entre 1250 y 1400 m s.n.m. y otra en el límite superior del bosque, entre 1750 y 1900 m s.n.m. De ahí pudo deducirse que los pastores que ascendían en verano a la montaña con sus rebaños en el Neolítico y la Edad del Bronce aprovechaban las zonas bajas en primavera y otoño y ascendían a la parte más alta del piso subalpino en pleno verano, evitando, muy probablemente, la zona forestal intermedia. Los geógrafos también han participado con éxito en estudios sobre la frecuencia de incendios en montaña desde el Neolítico, reflejando una frecuencia relativamente elevada entre el Neolítico y la Edad del Bronce y un incremento en el último milenio (Carracedo *et al.*, 2018). La transformación del piso forestal subalpino en pastos de aprovechamiento estival se produjo también mediante incendios en el Sistema Ibérico y en el Pirineo desde al menos el final del Neolítico hasta la Edad Media (Bal *et al.*, 2011; García-Ruiz *et al.*, 2016).

***

Hay otros temas geomorfológicos también muy activos entre los geógrafos españoles, como los estudios sobre la erosión del suelo y otros asuntos derivados, que veremos a continuación.

En cambio, al igual que ha sucedido con la geomorfología estructural, los trabajos sobre relieve kárstico por parte de los geógrafos han perdido mucha de su vigencia anterior. Sigue habiéndolos, pero son cada vez más asunto de geólogos. También se han ido dejando progresivamente a un lado los estudios sobre medios áridos, incluyendo la investigación sobre el origen del endorreísmo, que tuvo su momento de expansión en la década de 1970 (por ej., Ibáñez Marcellán, 1975).

6.4. Los geógrafos agitan los estudios sobre la erosión del suelo

La erosión del suelo no ha sido un problema realmente importante para los geógrafos hasta décadas recientes. Los geomorfólogos clásicos estuvieron más pendientes de estudiar los relieves estructurales, formas y depósitos glaciares, terrazas fluviales y pedimentos, pero la erosión del suelo era casi en exclusiva un asunto de agrónomos y de ingenieros de montes. Los primeros se centraron en la erosión en campos de cultivo, sobre todo en Estados Unidos tras las décadas de 1920 y 1930, que resultaron catastróficas en las llanuras del centro oeste de Estados Unidos por las graves tormentas de polvo que llegaron incluso a las ciudades del este. Por su parte, los ingenieros de montes se preocuparon más por la erosión del suelo en ambientes no agrícolas, por sus consecuencias sobre la dinámica de torrentes y el deterioro de paisajes. Ellos fueron los primeros en hablar de la corrección de torrentes, incluyendo no solo encauzamientos o presas de retención de sedimento, sino sobre todo la recuperación de bosques mediante reforestaciones artificiales.

Sin embargo, desde la década de 1970 los estudios sobre erosión del suelo cobran una nueva dimensión debido a la Comisión de Experimentos en Geomorfología de la Unión Geográfica Internacional. Diferentes geógrafos británicos, alemanes, belgas, neerlandeses, suecos, italianos, y algunos sudamericanos estuvieron muy interesados en estudiar los procesos relacionados con precipitación, infiltración, generación de escorrentía superficial y la función protectora de la vegetación, especialmente en un contexto más bien hidrológico. Era, insistimos, una visión hidrológica que, de manera muy natural, condujo al estudio de los mecanismos de arranque de partículas del suelo y de su arrastre. Es un momento en el que los geógrafos son cada vez más conscientes de la degradación del suelo y de que se trata de un recurso no renovable o, mejor dicho, que no se renueva a una escala temporal humana (Figura 6.3).

Figura 6.3. Erosión del suelo en una viña joven de La Rioja. La ausencia de cubierta vegetal ha propiciado la erosión del suelo durante un solo evento, con eliminación de materiales finos y formación de incisiones Foto: J.A.V.

Para que se forme un suelo capaz de soportar cultivos año tras año o formaciones de bosque y matorral, pueden pasar miles de años, mientras que la velocidad a la que se destruye es muy rápida, particularmente si se altera la cubierta vegetal. Además de los geógrafos, otros científicos fueron conscientes de que el incremento de la población mundial y la ocupación de muchas tierras de excelente calidad por la expansión urbana e industrial implicaban forzar más a los suelos para incrementar su productividad. En la mayor parte de los casos, el crecimiento demográfico en los países pobres representa la ocupación de tierras marginales, en laderas con fuertes pendientes, que se enfrentan a riesgos elevados de erosión a corto plazo, aumentando así la incertidumbre. En esos campos la erosión es pronto bien visible, con la formación de incisiones y cárcavas y el aclareo del color en superficie debido a la pérdida del matillo donde se concentra la materia orgánica. También es visible en algunos campos marginales de los países desarrollados, donde la demanda de productos agrícolas por parte de mercados nacionales e internacionales favorece la recuperación de parcelas en laderas pendientes que se erosionan fácilmente (Nadal-Romero y García-Ruiz, 2025). Sin embargo, en muchas regiones españolas y del resto de Europa la erosión del suelo no se percibe tan fácilmente, dado que lo que dominan son procesos de erosión difusa que apenas dejan señales en la superficie. Es lo que llamamos la erosión silenciosa, que se deja sentir progresivamente mediante una pérdida de productividad que es necesario compensar con la adición de más fertilizantes. A pesar de ello es un problema crítico que se manifiesta a largo plazo y que requiere soluciones tempranas.

En la actualidad, se considera tolerable una pérdida máxima de 2 t/ha/año, mientras que a partir de 11 t/ha/año se califica como erosión severa (Bernatek-Jakiel y Poesen, 2018), muy por encima de la tasa de formación de suelo. Geógrafos y geólogos fueron también conscientes de los problemas que causaba la erosión del suelo en los cambios en la morfología y dinámica de los cauces, el aterramiento de embalses y la acumulación de materiales finos en la parte baja de las laderas, donde favorecía la impermeabilización del terreno. Estos efectos, que dan lugar a problemas fuera de las áreas donde se produce la erosión, obligan a la búsqueda de soluciones con costes muy elevados. Por el contrario, los suelos con sus correspondientes horizontes y un espesor superior a 35-40 centímetros tienen una mayor capacidad de almacenamiento de agua, mejoran los rendimientos en campos de cultivo, reducen la erosión y la magnitud de las avenidas y favorecen una mayor diversidad de plantas y animales. La observación de paisajes extremadamente degradados en la región mediterránea (evolución rápida de cárcavas en campos de cultivo, gran producción de sedimentos en áreas de *badlands*) contribuyó a incentivar los estudios sobre erosión del suelo (por ej., García Ruiz y López Bermúdez, 2009; García-Ruiz *et al.*, 2013), sobre todo cuando se dispuso de las primeras medidas de la erosión, con tasas de pérdidas anuales de cientos de toneladas por kilómetro cuadrado (por ej., Llena *et al.*, 2024).

Este conjunto de circunstancias dio lugar a una etapa de experimentación con pioneros británicos, neerlandeses, alemanes e israelíes, a los que se añadieron en la década de 1980 geógrafos españoles de distintas universidades y del Consejo Superior de Investigaciones Científicas, que activaron y revolucionaron los estudios sobre erosión del suelo, junto con geólogos y ecólogos y la continuidad de ingenieros de montes. La experimentación fue muy sencilla en un principio (pequeñas parcelas experimentales con registro de la escorrentía y la erosión mediante colectores, piquetas de erosión, simuladores de lluvia), pero se hicieron más complejas en un plazo relativamente corto, con la incorporación de parcelas de mayores dimensiones que contaban con registro continuo de la escorrentía y la acumulación de sedimentos, estaciones experimentales con varias parcelas en las que se analizaba la escorrentía y la erosión bajo diferentes usos del suelo, pequeñas cuencas de drenaje con divisores de la escorrentía, y cuencas experimentales con decenas o centenares de hectáreas de superficie, en las que se medían varios parámetros climáticos e hidrológicos de manera continua (precipitación temperatura, humedad del aire, caudal, sedimento en suspensión y, en algunos casos, la carga de fondo).

La década de 1990 es un momento efervescente para los estudios de la erosión del suelo en España, con la participación de geólogos, algunos biólogos e ingenieros de montes, aunque por su número la participación de los geógrafos fue muy mayoritaria. Desde entonces, los trabajos de erosión del suelo han ocupado proporciones muy elevadas en los congresos de la Sociedad Española de Geomorfología y han favorecido la expansión de los estudios de erosión del suelo publicados por geógrafos españoles en revistas como *Catena, Geomorphology, Land Degradation & Development* y *Earth Surface Processes and Landforms*, entre muchas otras. Entre los trabajos publicados se observan varias líneas preferentes de investigación: (i) la influencia de la intensidad de la precipitación en la generación de escorrentía y erosión (por ej., González-Hidalgo *et al.*, 2007, 2009); (ii) la estructura de la organización espacial de la vegetación para explicar la infiltración y la erosión del suelo (por ej., Puigdefábregas, 2005); (iii) la evolución de las superficies erosionadas y de incisiones y cárcavas mediante piquetas de erosión y microperfiladores (Sancho *et al.*, 1991); (iv) la influencia erosiva de los incendios (por ej., Cerdà y Lasanta, 2005); (v) las consecuencias del abandono de tierras de cultivo sobre la erosión del suelo y la producción de escorrentía (por ej., García-Ruiz y Lana-Renault, 2011; Lasanta *et al.*, 2017); (vi) la importancia de las escalas de trabajo en la captación de información (de Vente *et al.*, 2011); (vii) la conectividad entre laderas y cauces y sus consecuencias para la dinámica de estos últimos (por ej., López-Vicente *et al.*, 2017); (viii) la localización de las fuentes de sedimento a escala de cuenca y su variabilidad a lo largo de eventos pluviométricos de diferente intensidad y duración (por ej., Lana-Renault *et al.*, 2007); (ix) la dinámica de ambientes extremos como los *badlands* y su variabilidad temporal en función de los contrastes de temperatura y humedad (por ej., Nadal-Romero, 2007); (x) erosión en diferentes cultivos (por ej., García-Ruiz, 2010, Arnáez *et al.*, 2007); (xi) sistemas de corrección de la erosión e incremento de la infiltración en campos de cultivo, mediante diferentes sistemas de laboreo y, rotación de cultivos y protección del suelo, incluyendo distintos tipos de cubierta vegetal entre hileras de cultivos arbóreos y arbustivos (por ej., Prosdocimi *et al.*, 2016); (xii) la erosión durante eventos hidrológicos extremos (por ej., Camarasa Belmonte y Segura Beltrán, 2001); (xiii) estudio de sistemas indirectos de medición de la erosión a largo plazo; (xiv) modelización de la erosión (por ej., Alatorre y Beguería, 2009); y (xv) estudios sobre los efectos de la renaturalización (*rewilding*) sobre la erosión y la conectividad.

Los estudios sobre erosión del suelo en España avanzaron muy rápidamente, y cada vez se tuvo mayor seguridad acerca de los factores más negativos. Sin embargo, esta rapidez fue también la causa de numerosos problemas que eran en parte una repetición de los que habían surgido en otros países. No estaba claro qué se entendía por erosión y cuál es la distancia a la que deben desplazarse las partículas del suelo para poder hablar de erosión. Con frecuencia se confundía la erosión del suelo propiamente dicha y la erosión del sustrato, sobre todo cuando este último está compuesto de rocas fácilmente erosionables. En otras palabras, cuando se medía la erosión y se obtenían tasas de pérdida de suelo por unidad de superficie, se daban cifras que incluían, en general, suelo y sustrato. Por eso, con acierto, se ha acabado distinguiendo entre erosión y entrega o producción de sedimento (García-Ruiz *et al.*, 2017b). Esta última (en inglés, *sediment delivery* o *sediment yield*) engloba todo lo que se mide a la salida de una cuenca, cualquiera que sea su tamaño. Para eso se monitorizaron las cuencas experimentales, donde lo importante es identificar las fuentes de sedimento. Es en esas cuencas donde pueden integrarse factores muy diferentes, incluyendo la importancia de la lluvia antecedente, el estado de humedad del suelo y la evolución de la capa freática, para explicar la respuesta hidrológica y sus efectos sobre la erosión. No obstante, una de las limitaciones de las cuencas experimentales es el escollo de medir el transporte de sedimento en forma de carga de fondo, muy difícil de controlar, más cuanto mayor es el tamaño de la cuenca.

La madurez de los estudios sobre la erosión ha permitido elaborar síntesis a distintas escalas espaciales. Recientemente, un equipo de geógrafos españoles (García-Ruiz *et al.*, 2015b) elaboró un estudio sobre la erosión del suelo en el mundo utilizando las tasas de erosión publicadas por varias instituciones internacionales, como el Departamento de Agricultura de Estados Unidos, el Servicio Geológico de los Estados Unidos, el Servicio Hidrológico de Canadá, además de numerosos artículos, con un total de más de 4000 lugares de medición. Los resultados obtenidos han demostrado, en primer lugar, que hay una serie de factores generales con influencia directa sobre la erosión, como la pendiente y la cantidad total de precipitación. En segundo lugar, se comprobó que, aparte de las áreas de *badlands*, las tasas más elevadas de erosión se registran en las tierras agrícolas, y las más bajas en áreas de bosque y matorrales. En tercer lugar, se comprobó que la utilización de diferentes metodologías y escalas para medir la erosión produce tasas muy diferentes de exportación de materiales, que no pueden compararse entre sí y que, por lo tanto, no son extrapolables a otras escalas. Se demostró que existe una correlación negativa entre la tasa de erosión y el tamaño del área estudiada, fundamentalmente porque las cuencas experimentales disponen de una mayor variedad topográfica y, por lo tanto, de una mayor proporción de sectores en los que puede almacenarse el sedimento producido en las laderas. Los métodos empleados también tienen una notable influencia en los resultados, de manera que las tasas más altas se obtienen mediante batimetría en embalses, radioisótopos y modelización. Se comprobó también que la duración de la toma de datos (desde unos cuantos minutos con simulación de lluvia a varias décadas en parcelas y cuencas experimentales) también afectaba a los resultados, de manera que cuanto más largo es el tiempo de medición, más elevadas son las tasas de erosión. Esto es así porque en los estudios a largo plazo hay más posibilidades de que ocurran eventos extremos, que son los que aportan un mayor volumen de sedimento. El problema es que muchos de los estudios se basan en mediciones de corta duración por falta de recursos financieros y por la propia inestabilidad de los grupos de trabajo.

En todo caso, esta línea de investigación se enfrenta a notables incertidumbres relacionadas con los sistemas de medición, lo que sugiere que se deben hacer grandes esfuerzos de confluencia entre los distintos equipos de investigación y que los propios científicos tienen que ser conscientes de que cada una de las escalas de trabajo y los métodos empleados sirven para objetivos muy concretos. El camino recorrido ha contribuido a reactivar los estudios sobre geomorfología en España y a valorar jerárquicamente la importancia de los diferentes factores que intervienen en la erosión y en la evolución del relieve a más largo plazo. Los estudios de larga duración son imprescindibles para entender e interpretar adecuadamente el funcionamiento hidromorfológico del territorio, integrar laderas y cauces, identificar las fuentes y sumideros de sedimento, comprender los procesos geomórficos que dan lugar a la erosión del suelo y del sustrato. La experiencia en esta línea de trabajo ha servido también para confirmar el carácter global de la geomorfología, al integrar los usos del suelo, las condiciones climáticas, las características edáficas y los factores que explican la variabilidad espacial y temporal de la generación de escorrentía superficial, es decir, todo un conjunto de problemas científicos esencial para descifrar las complejas interacciones que se producen en el medio ambiente. Es ahí, como se ha demostrado en los últimos años, donde los geógrafos españoles han dado un gran salto metodológico y conceptual.

6.5. La geomorfología, componente básico del patrimonio cultural y ambiental

Hay un concepto del que los geógrafos han hablado muy poco, pero que debería tener un peso relevante a la hora de promocionar los estudios geográficos. Nos referimos a la geodiversidad, entendida como la gran variedad de formas de relieve que son el soporte de la biodiversidad. Esta última recibe, por razones evidentes, una gran atención por parte de conservacionistas y de organizaciones nacionales e internacionales de protección de la naturaleza, pero debemos ser conscientes de que los endemismos están íntimamente relacionados con la existencia de refugios que, en la mayor parte de los casos, tienen una base geomorfológica. Los geógrafos, que conocen bien los factores bióticos y abióticos que confluyen en el territorio, deben ser conscientes de hasta qué punto las formas de relieve y su diversidad, basada en la topografía, la litología, el clima y los procesos geomorfológicos (entre los que destacan la erosión, la disolución, la circulación del agua y el hielo-deshielo), propician la diversidad biológica. Por lo tanto, los análisis geomorfológicos deberían estar a la altura de los biológicos en el momento en que se contemple la biodiversidad como eje de la conservación del territorio.

Sin embargo, aunque las formas de relieve suelen ser la base principal de los grandes espacios protegidos, no suelen ser el elemento por el que se justifica la declaración de un Parque Nacional o de otras figuras destinadas a la protección y conservación del territorio. Lo habitual es que tal declaración se apoye en las condiciones biológicas de la zona afectada, incluyendo sobre todo la existencia de plantas y animales especialmente interesantes por su función en las cadenas tróficas, por su escasez o por tratarse de especies endémicas. El relieve pasa a ser un elemento secundario del que se destaca su grandiosidad, pero como soporte del funcionamiento ecológico del espacio que se pretende proteger. Y, sin embargo, las cosas funcionan de una manera muy diferente en la realidad. Las personas que visitan el Parque Nacional de Ordesa y Monte Perdido, en el Pirineo central (unas 600.000 al año), no lo hacen para observar a determinados animales (que, muy probablemente, no están a la vista o pueden verse mejor en otros valles pirenaicos) o plantas endémicas (a veces localizadas en lugares poco accesibles), sino por la espectacularidad de los escarpes, cañones fluviales y cascadas, por los grandes desniveles y por las formas derivadas de la acción de los glaciares. Lo mismo sucede en los parques nacionales de Aigües Tortes i Sant Maurici en el Pirineo centro-oriental, en el Parque Nacional de los Picos de Europa, Cordillera Cantábrica (Serrano y González, 2005), en el Parque Nacional de Guadarrama (Martínez de Pisón, 2016) y, por supuesto, en la mayoría de los espacios protegidos de las zonas templada y fría. O qué decir del Parque Nacional de Timanfaya, en Lanzarote, donde las formas de relieve de origen volcánico lo dominan todo. En esos parques, la conjunción de factores geomorfológicos y ecológicos es lo que hace imprescindibles los espacios naturales protegidos al nivel más alto posible. Otros parques son humedales de alto valor ecológico, como es el caso de Doñana, aunque su funcionamiento hidrológico y sedimentológico es la razón de tanta riqueza biológica.

Pero además hay otros lugares de menor extensión que admiten un nivel inferior de protección, pero que por su belleza o por otro tipo de valores deben formar parte del patrimonio cultural de un país. En su identificación y estudio deben intervenir geógrafos y geólogos, con capacidad para resaltar la importancia, por ejemplo, de las áreas de *badlands* por su relieve de barrancos activos y por ser auténticos laboratorios naturales en los que el visitante se aproxima al funcionamiento hidromorfológico de la naturaleza en condiciones extremas (Zglobicki *et al.*, 2019). Lugares tan llamativos como el Campo de Tabernas en Almería, la cuenca de Guadix en Granada, Las Bardenas en Navarra, la Sierra de Jubierre en Monegros, la Conca de Tremp en Lérida o los abarrancamientos de Petrel en la provincia de Alicante. Los berrocales y domos graníticos del Sistema Central ofrecen paisajes de relieves graníticos, a veces con la incorporación de yacimientos arqueológicos de gran valor (Ruiz-Pedrosa y Serrano, 2023).

También sucede con cañones fluviales que además suelen ser el refugio o lugar de nidificación de aves rapaces y necrófagas, además de ofrecer un paisaje vegetal organizado en función de la insolación y de la fuerza del viento (por ej., Serrano Cañadas *et al.*, 2020). Los Mallos de Riglos, en la provincia de Huesca, el valle del Río Martín, en la provincia de Teruel, Las Médulas, en la provincia de León, con su inimaginable paisaje de explotación aurífera de época romana, las marmitas de gigante en la cabecera del río Jerte, Sierra de Gredos, el circo de Mencilla en la Sierra de la Demanda burgalesa, la Sierra de Tramuntana en Mallorca y cientos o miles de lugares más son bien conocidos por su potencial geoturístico. Todos ellos son el espacio idóneo para transmitir no solo belleza, sino también cultura geomorfológica, la naturaleza en evolución a distintas escalas temporales. Una ventana más, abierta a los geógrafos, de manera especial porque todo territorio es paisaje, más aún en los parques nacionales, parques naturales y lugares de interés, donde la conjunción de factores bióticos y abióticos crea espacios únicos, referentes de las lecciones que nos ofrece la naturaleza de manera sencilla y que dan un significado especial a su propia protección.

7

La evolución de los recursos hídricos y los factores condicionantes

Los estudios de hidrología ambiental no han sido prioritarios en la geografía española hasta la década de 1980. Hasta entonces se habían publicado algunos trabajos excelentes centrados en el análisis de los regímenes fluviales que analizaban la evolución mensual de los caudales en relación con el régimen de precipitaciones y con la mayor o menor importancia de la nieve. Tales trabajos hacían alusión más bien intuitiva a la influencia de la vegetación, pero sin información cuantitativa, y a la evaporación, que podría acentuar la debilidad de los caudales de verano. Esos trabajos daban idea de la importancia integradora del agua como reflejo de la confluencia de factores que actúan en una cuenca, pero faltaba mucha información para explicar con detalle las diferencias existentes entre unas cuencas y otras. Por otro lado, se trabajaba siempre con información procedente de las confederaciones hidrográficas, que en general disponían de aforos en cuencas de primer y segundo orden, demasiado complejas en cuanto a litología, clima o vegetación. Esos estudios permitieron conocer bien los regímenes fluviales de la península ibérica (con mayor detalle en la cuenca del río Ebro) y fueron un punto de partida básico para aproximaciones posteriores. Se establecieron clasificaciones elementales que distinguían entre regímenes pluviales, pluvionivales, nivopluviales o nivales en función del peso que pudieran tener los procesos de acumulación y fusión de la nieve. Además de los trabajos clásicos de

Maurice Pardé y Masachs Alavedra, debe citarse el trabajo de Floristán (1976) sobre el régimen del Ebro medio y otros trabajos posteriores que procuraban integrar la evolución de los recursos hídricos y de los regímenes fluviales en un contexto de cambios (por ej., García Ruiz *et al.*, 2001). Posteriormente, la hidrología ambiental se ha hecho fuerte relacionando los cambios en la evolución de los caudales con las características de las cuencas y sus transformaciones debidas a la evolución climática y a los cambios en los usos del suelo, lo que conocemos como cambio global. Lo que nos interesa es resaltar que en ese progreso han intervenido decisivamente los geógrafos. También, no lo olvidemos, lo han hecho algunos geólogos, con decisivas contribuciones.

7.1. La importancia del agua en la organización del territorio

Una de las ideas más destacadas de la hidrología ambiental es la consideración de que el caudal de un río, cualquiera que sea la escala de análisis, acumula información de toda su cuenca. Por lo tanto, si cambia alguno de los elementos de esa cuenca, también se producen cambios en el caudal. La hidrología ambiental tiene la ventaja de que es esencialmente integradora. No se conforma con aportar información sobre la cantidad de agua que sale de una cuenca y su variación temporal en función de la precipitación y muy secundariamente de la temperatura. Sobre todo, se preocupa por entender el ciclo del agua desde las entradas (en forma de precipitaciones) hasta la salida (en forma de caudal), analizando y cuantificando todos los elementos que intervienen en ese ciclo. Este tipo de estudios se han hecho más y más necesarios a medida que se ha comprendido que el conocimiento del ciclo hidrológico es fundamental para entender la diversidad de la superficie terrestre e incluso para el bienestar de las sociedades humanas (Beguería, 2024).

El agua interviene en mayor o menor medida en todos los procesos que tienen lugar en la superficie terrestre: la meteorización de las rocas, la erosión del suelo y del sustrato rocoso y el transporte de sedimento hacia los océanos. Es determinante en todas las formas de vida que podamos imaginar. También participa en las actividades humanas, a través de la producción industrial, los cultivos y la calidad de vida de los asentamientos, desde las aldeas a las grandes ciudades. Es, sin duda, el elemento más integrador que existe en nuestro planeta, el que explica la vida y el que lo hace diferente de cualquier otro planeta del Sistema Solar. Tal es su importancia que, según Haggett (1988), el desarrollo de las sociedades humanas tuvo como punto principal de partida a grandes valles fluviales: Tigris-Éufrates, Indo, Nilo y Huang He en el norte de China. En ellos, la abundancia de agua y la capacidad para organizar sistemas de regadío exigieron una organización comunitaria de las actividades agrícolas y de las infraestructuras necesarias, con capacidad para regular la distribución del agua y el mantenimiento de todo el sistema.

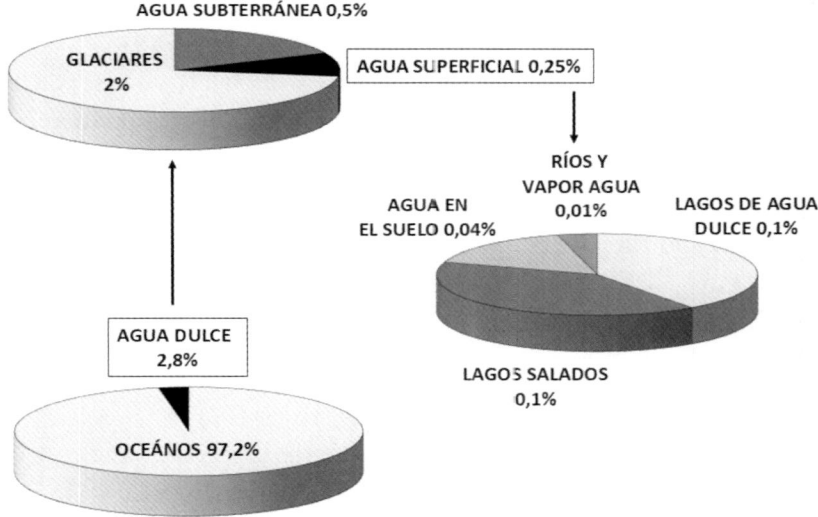

Figura 7.1. Distribución del agua en la Tierra. A pesar de contar con importantes volúmenes de agua en estado líquido, sólido y gaseoso, solamente un bajo porcentaje es accesible para los usos humanos.

Como ocurre con casi todo en la Tierra, el agua es una consecuencia de un cúmulo de casualidades casi inexplicables: la llegada del agua desde el espacio exterior, la retención en la superficie gracias a la fuerza de la gravedad, impidiendo su progresiva escapada hacia el espacio exterior, y su mantenimiento en forma líquida en gran parte del planeta dada la adecuada distancia de la Tierra al Sol. Insistimos: una casualidad que permite que el 70% de la superficie de la Tierra esté cubierto de agua, que se distribuye entre los océanos, glaciares, lagos, ríos, agua subterránea, agua en el suelo y vapor de agua en la atmósfera (Figura 7.1). Los océanos concentran el 97,2% de toda el agua de la Tierra. El agua marina reúne unas características específicas en cuanto a temperatura, densidad y salinidad y, sin duda, este último aspecto es el más definitorio de las aguas de los océanos: cada litro de agua contiene 34 gramos de sales. El 2,8% restante del agua terrestre puede calificarse de dulce al carecer de esa elevada concentración salina. En una altísima proporción está almacenada en forma de hielo (2%). Las aguas superficiales, directamente utilizables por los seres humanos con poco o ningún tratamiento, representan muy poco del conjunto total: 0,01% en los ríos y 0,1% en los lagos de agua dulce. Por su parte, la atmósfera contiene valores muy pequeños en forma de vapor de agua, pero cumple una función muy importante en el ciclo del agua, hasta el punto de que se considera el motor principal del ciclo hidrológico (Beguería, 2024).

7.2. Una sencilla explicación del ciclo hidrológico

La Figura 7.2 muestra que los elementos que componen el ciclo hidrológico son muy fáciles de identificar, aunque muy difíciles de cuantificar, debido a su gran variabilidad espacial y temporal y a que puede haber muchos compartimentos en los que el agua puede permanecer mucho tiempo. La insolación aporta la energía suficiente como para evaporar el agua, tanto más cuanto mayor es la energía incidente. Una vez en la atmósfera el vapor de agua se desplaza con el viento siguiendo la circulación general y a partir de ahí puede condensarse y precipitar mediante diversos mecanismos, a condición de que se produzca un descenso de temperatura. Tales mecanismos pueden ser dinámicos o térmicos. En el primer caso, las masas de aire se ven obligadas a ascender en una baja presión, dando lugar a un enfriamiento y a la consiguiente precipitación en forma líquida o sólida, como sucede en las típicas borrascas de la zona templada y subpolar, a lo largo de la confluencia intertropical y en los huracanes. En el segundo caso, una insolación muy fuerte provoca el calentamiento de la superficie del suelo y lo transmite a la masa de aire que está por encima, provocando un ascenso y la formación de tormentas estivales. El desplazamiento y ascenso de una masa de aire con el consiguiente enfriamiento se puede ver forzado por efecto orográfico, es decir, al chocar con una cordillera, en cuyo caso, si la masa de aire es muy húmeda, tenemos las llamadas lluvias orográficas o nieblas que depositan la humedad en las hojas de árboles y matorrales y en el sustrato rocoso desnudo. También hay precipitación en forma de rocío o escarcha cuando la temperatura desciende lo suficiente en invierno como para forzar la condensación de una masa de aire húmeda sobre el suelo y la vegetación. Por lo tanto, en todos los casos la precipitación requiere un descenso de la temperatura del aire, lo que a su vez exige la ocurrencia de movimientos horizontales y verticales de las masas de aire.

Las principales fuentes de humedad son, por supuesto, los océanos, lo que hace que las áreas próximas a estos últimos sean, con algunas excepciones, más húmedas que el resto de las zonas continentales. Lagos, embalses, humedales y ríos son también fuentes de humedad, aunque muy secundarias. La humedad atmosférica también puede proceder de las superficies nevadas y de los glaciares mediante la sublimación, que permite el paso directo de hielo a vapor de agua sin mediar la fusión, aunque normalmente la capacidad de absorción de las masas de aire que están por encima de la nieve y el hielo es relativamente pequeña debido a la baja temperatura del aire. Estos conceptos son bien conocidos por los geógrafos, que pueden explicar las diferencias de humedad atmosférica y precipitación en toda la Tierra atendiendo a las fuentes de humedad y al desplazamiento de las masas de aire, la presencia de cordilleras, el predominio de determinados centros de acción, y la proximidad o alejamiento respecto de los océanos.

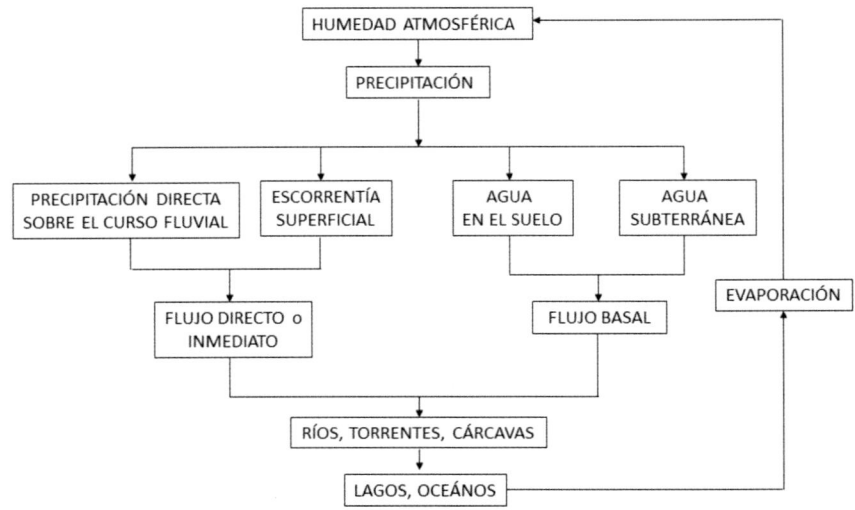

Figura 7.2. Esquema del ciclo hidrológico a partir de la evaporación en océanos, lagos y superficies húmedas, y la precipitación. La distribución de la precipitación en diferentes compartimentos es fundamental para explicar la respuesta hidrológica a diferentes escalas temporales.

Una vez se ha producido la precipitación, el agua caída puede permanecer un tiempo sobre la superficie (i) si ha precipitado en forma de nieve, pudiendo convertirse en agua en unos días o semanas mediante la fusión o (ii) si ha caído sobre un glaciar, en cuyo caso el tiempo de permanencia puede llevar cientos de años o incluso miles de años en el caso extremo de los grandes inlandsis de Groenlandia y Antártida. Si la lluvia ha tenido lugar sobre una superficie continental, cubierta o no por vegetación, se inicia un proceso de compartimentación del agua, dado que puede seguir varios caminos:

i.   El primero de ellos es el almacenamiento del agua en el suelo, que depende de su estado de humedad previo a la precipita-

154

ción, del espesor del suelo y de la llamada capacidad de campo (es decir, de la retención del agua en el suelo en función de su textura y estructura).

ii. Si la lluvia es suficientemente abundante, una parte penetrará hacia el interior del sustrato rocoso si lo permiten las condiciones estructurales. Rocas con una densa red de fracturas permiten la penetración del agua en profundidad, convirtiéndose en agua subterránea, que puede almacenarse en depósitos permanentes, aprovechando rocas permeables, como las areniscas, o con muchas fisuras, como las pizarras. Las calizas también suelen favorecer el avance hasta niveles profundos gracias a las diaclasas y, sobre todo, a la existencia de una red formada por la disolución de los carbonatos que dirigen al agua hacia el interior. En cualquiera de estos casos, tanto la circulación como el almacenamiento pueden tener lugar a cientos o miles de metros por debajo de la superficie y permanecer allí durante miles de años. En muchos casos, no obstante, el agua sale de nuevo al exterior en un plazo más o menos corto (de unos días a unos pocos años) si hay algún nivel impermeable que obligue a circular subhorizontalmente al agua hasta que fluye al exterior por medio de manantiales. Las acumulaciones de agua en el sustrato rocoso se conocen como acuíferos, que pueden ser explotados mediante la construcción de pozos y sondeos profundos. En otros sustratos rocosos, por el contrario, la capacidad para penetrar hacia el interior es muy limitada, debido a su impermeabilidad. En ese caso están las lutitas y las margas.

iii. Una proporción del agua de lluvia circula, como escorrentía, sobre la superficie del suelo. La generación de escorrentía implica procesos complejos que están relacionados con el volumen de lluvia y con su intensidad, así como con las características que ya se han mencionado acerca del suelo. Sobre suelos permeables y con lluvias moderadamente intensas y prolongadas se acaba alcanzando la saturación y a partir de ese momento la lluvia cae sobre una superficie que no admite más agua, momento a partir del cual se inicia la escorrentía superficial (*runoff* u *overland flow*). Sobre suelos delgados la saturación se alcanza muy rápidamente. Una situación especial se produce cuando la precipitación es muy intensa, de manera que se genera escorrentía incluso aunque el suelo no se haya saturado. Eso puede ocurrir en casi todo el territorio en condiciones extremas de intensidad de la lluvia, pero especialmente si son suelos delgados y con estructura y textura poco favorables a la infiltración. Este proceso recibe el nombre de escorrentía por exceso de precipitación, y se manifiesta de manera muy heterogénea en una cuenca, donde puede haber una notable variabilidad en las características de los suelos y del sustrato. Es importante tener esto en cuenta, porque el científico debe ser capaz de cartografiar los sectores donde la escorrentía se genera de forma rápida, porque son las principales áreas contribuyentes al caudal de torrentes y ríos, y es allí donde conviene actuar mediante la gestión de la vegetación u otros procedimientos que permitan controlar el flujo del agua.

iv. La escorrentía superficial fluye de manera muy variada. En su inicio caben tres posibilidades. La primera es mediante erosión laminar difusa: el agua circula en superficie, sobre formaciones herbosas o sorteando la vegetación, sin concentrarse en incisiones. Su capacidad erosiva es todavía limitada, aunque arrastra partículas de tamaño reducido. La segunda es en incisiones que se han ido formando con el tiempo a medida que el flujo se va agrupando, a veces favorecido por troncos de árboles, matorrales dispersos y bloques rocosos. La tercera tiene lugar directamente en cabeceras de torrentes, donde la pendiente acelera la velocidad de las aguas y donde la concentración de los flujos superficiales puede arrastrar grandes volúmenes de materiales, de manera que se consolidan las cabeceras activas, cuya cuenca de recepción termina en el inicio de un canal de desagüe.

v. Desde el momento en que la escorrentía superficial fluye concentrada en incisiones, cárcavas, torrentes y ríos, el agua es conducida hacia cuencas endorreicas (lagos y lagunas) sin conexión directa con el mar o, lo que es más común, hacia el mar. Allí es donde se cierra el ciclo, que continúa permanentemente con más evaporación. Las redes fluviales, que transportan agua y sedimento, acaban organizándose de manera muy compleja a lo largo de millones de años.

La eficiencia de este sistema de generación de escorrentía y su desplazamiento en cursos fluviales depende, además, de lo que se ha dado en llamar «conectividad», es decir, el acoplamiento existente entre las laderas y los cauces. En ausencia de vegetación o con suelos poco permeables, la conectividad es muy rápida, mientras que con una cubierta densa y suelos profundos esa conectividad es mucho más lenta. Esto nos lleva al concepto de «tiempo de concentración», que se ha definido como el tiempo teórico que tarda en llegar una gota de lluvia hasta el extremo más bajo de la cuenca y que sirve para delatar la velocidad con que se generan las avenidas en una determinada cuenca. El control de la magnitud y velocidad con que se forman las avenidas pasa, pues, por la reducción de la conectividad, generalmente por medio de la vegetación y, en ocasiones, de infraestructuras que retienen agua o frenan la rapidez con que esta se desplaza.

7.3. El cambio global y la evolución de los recursos hídricos

El total de agua disponible en la Tierra permanece constante en el tiempo. Sin embargo, la cuantía de cada uno de los compartimentos en que se estructura el ciclo hidrológico varía mucho a corto y largo plazo. Los cambios climáticos, que son quizás los que mejor definen a nuestro planeta, provocan enormes cambios en ese ciclo. Durante el Último Máximo Glaciar (hace entre 29.000 y 19.000 años), por ejemplo, una extensa masa de hielo permanente cubría el norte de Europa, desde el sur de las Islas Británicas hasta el mar de Barents, Europa central, el norte de Rusia europea y el sector occidental de Siberia. El océano Atlántico norte también estuvo permanentemente helado en esa época.

Esto implicó un fuerte descenso de la capacidad de evaporación y una marcada tendencia a la aridez en un contexto de temperaturas muy bajas. Una consecuencia similar se desprende de la presencia de la gran masa de hielo en Norteamérica, que llegaba hasta el sur de los Grandes Lagos e incluso la actual Nueva York. Por supuesto, la mayor parte de las montañas de la Tierra estuvieron afectadas por la formación de glaciares de dimensiones variadas. Esta evolución debió representar una reducción del volumen y la actividad en los diferentes compartimentos del ciclo hidrológico.

La reducción de la superficie ocupada por las masas de hielo desde hace 19.000 años (con interrupciones durante el proceso de deglaciación: Dryas Antiguo y Dryas Reciente) propició, sin duda, una reactivación del ciclo hidrológico. El aumento de la evaporación en los océanos repercutiría de inmediato en las precipitaciones y en la generación de escorrentía superficial y subterránea. También se incrementaría la evapotranspiración, debido a la progresiva expansión de los bosques, que ya al inicio del Holoceno ocuparían de manera casi general toda Europa Central y Oriental, así como las Islas Británicas y la Europa Mediterránea, en sustitución de las superficies de hielo, de roca desnuda y de estepas (Carrión *et al.*, 2010). Desde entonces, como ya hemos visto, el clima de la Tierra ha experimentado pequeñas variaciones que han tenido repercusiones relativamente importantes en el tamaño de los glaciares de montaña, en la ocurrencia de eventos extremos y en el caudal de los ríos. Desde mediados del siglo XIX se ha dejado atrás el periodo fresco de la Pequeña Edad de Hielo y se ha entrado en una fase de calentamiento global, aunque las precipitaciones no han experimentado cambios importantes (Vicente-Serrano *et al.*, 2025). Esta evolución climática se ha visto acompañada por una actividad humana sin precedentes en cuanto a intensidad y extensión, afectando a la mayor parte de las regiones de la Tierra. Quizás lo más importante de estos cambios, integrados en lo que se ha dado en llamar cambio global, tiene que ver con la expansión de la agricultura en regiones que hasta no hace mucho permanecían incultivadas (el centro-oeste de Estados Unidos, Australia, las llanuras semiáridas de Kazajistán y Uzbekistán, buena parte de Amazonia) y la ocupación de tierras marginales en zonas de montaña impulsada por el crecimiento demográfico. En otras regiones, en cambio, la despoblación ha propiciado una recolonización por parte de bosque y matorrales. A ello debe añadirse la creación de nuevas áreas de regadío, la expansión urbana, los grandes complejos industriales y la contaminación de la atmósfera y la mayor parte de los ríos. Este cambio global es lo suficientemente intenso como para provocar alteraciones importantes en el ciclo hidrológico. Un libro reciente (Oliva *et al.*, 2024: *Cambio global. Crisis ecosocial y perspectivas futuras*) demuestra que para los geógrafos este es un asunto crítico en el que pueden realizar grandes aportaciones.

Ya hemos indicado muy sumariamente algunos aspectos destacados acerca del calentamiento global de las últimas décadas. Solo vamos a aludir al aumento de la evapotranspiración como consecuencia del incremento de temperatura, y a los cambios derivados de la fusión de la nieve, que ya han sido citados más arriba. La nieve, que es un elemento fundamental del ciclo hidrológico, soporta en la actualidad la ocurrencia de periodos benignos durante el invierno y la primavera temprana, acelerando su fusión y el volumen de agua equivalente. Esto hace que la fusión alcance antes su momento de máxima intensidad y que el caudal de los ríos procedentes de las montañas se adelante en torno a un mes. Una de las principales consecuencias es que el periodo de estiaje o aguas bajas, propio del verano, se adelante y sea más profundo (López-Moreno y García-Ruiz, 2004; López-Moreno, 2005; López-Moreno *et al.*, 2020). Además, los caudales de invierno tienden a mostrar una notable irregularidad debido a la ocurrencia de periodos más templados que aceleran la fusión de la nieve. Esta evolución invernal rompe con la evolución clásica de los ríos de montaña que, dominados o condicionados por la nieve, presentaban unos caudales invernales muy constantes, al quedar retenida el agua en forma de nieve, a la espera de su fusión en primavera.

Con los glaciares el factor inicial es el mismo, pero los efectos son diferentes. Hay que tener en cuenta que los glaciares constituyen reservas de agua a largo plazo, que han visto acelerada su fusión durante los últimos 150 años. Para los glaciares más extensos, el aumento de temperatura está representando un importante retroceso que ha incrementado las aportaciones de agua hacia los ríos, y así seguirá sucediendo hasta que se alcance un umbral en el tamaño de los glaciares que dé lugar a una reducción en la disponibilidad hídrica, como se espera en los Alpes de no cambiar la actual tendencia en la temperatura. En los glaciares más pequeños el calentamiento global representa una rápida pérdida en extensión y, en muchos casos, su desaparición, pero, desde un punto de vista hidrológico, no cambia prácticamente nada.

Cuando se analiza con cierto detalle el cambio global acabamos siendo conscientes de que los ríos son los elementos más afectados por perturbaciones de gran calado, tanto desde el punto de vista hidrológico propiamente dicho, como geomorfológico y de gestión de los recursos hídricos. Esto es así porque, como se ha indicado previamente, los ríos reciben «información» de toda la cuenca y si en esta cambian algunos parámetros, también lo hacen los ríos, es decir, se producen alteraciones en el caudal y en el régimen fluvial, y se modifica el transporte de sedimento y la morfología del cauce. Por otro lado, el agua es un factor esencial en el bienestar de las sociedades humanas, en la producción de alimentos en sistemas de regadío, y su uso es objeto de una gran competencia entre diversas actividades.

Vayamos por orden. Hablaremos primero de los cambios de caudal y de régimen fluvial; en segundo lugar, de las alteraciones provocadas por la construcción de embalses y extracción de agua; y, en tercer lugar, de los problemas derivados de una competencia creciente por los recursos hídricos. Nos centraremos, sobre todo, aunque no exclusivamente, en la región mediterránea, por conocerla con mayor detalle y por tratarse de uno de los llamados *puntos calientes* del cambio global.

7.4. La cubierta vegetal y la evolución del caudal de los ríos

En la región mediterránea, la precipitación no muestra ninguna tendencia, es decir, «ha permanecido estacionaria entre 1871 y 2020, aunque con significativa variabilidad multidecadal e interanual» (Vicente-Serrano *et al.*, 2025, p. 1). Por el contrario, los recursos hídricos, como vamos a comentar a continuación, se ven afectados por un marcado descenso que no puede estar relacionado con la evolución de la precipitación. Es cierto que el calentamiento global debe distorsionar la cantidad de agua que se genera en una cuenca, debido al incremento de la demanda evaporativa de la atmósfera, pero solo debe de alcanzar cierta relevancia durante periodos prolongados de sequía y, muy probablemente contribuye a reducir los caudales de estiaje y a limitar la respuesta de los ríos durante tormentas de verano. Existe, pues, otro factor también variable en el tiempo que está influyendo decisivamente en la tendencia del caudal. Ese factor no puede ser otro más que la evolución de los usos del suelo y de la cubierta vegetal.

A comienzos del siglo XXI se publicó un libro sobre los recursos hídricos superficiales del Pirineo aragonés (García Ruiz *et al.*, 2001) y en él se confirmaba lo que algunos geógrafos habíamos sugerido en la década anterior a tenor de los resultados obtenidos en parcelas experimentales: los caudales anuales de los ríos pirenaicos estaban ya entonces en claro retroceso, mientras que la evolución de la precipitación no mostraba tendencias estadísticamente significativas. La Figura 7.3 muestra la marcada tendencia negativa en los caudales de cabecera de los ríos del Pirineos aragonés, aunque en esa tendencia hay importantes fluctuaciones positivas. La comparación del caudal medio de dos periodos distintos (entre 1947 y 1976 y entre 1964 y 1996) en los aforos pirenaicos refleja valores muy inferiores en el segundo de esos periodos: por ejemplo, el río Cinca en Escalona 33,1 m³/s y 28 m³/s, respectivamente, y el río Ésera en Graus 21,4 m³/s y 18,2 m³/s, respectivamente. En la Figura 7.4 se compara el índice de evolución del caudal de todos los ríos pirenaicos con el caudal predicho a partir de la precipitación y la temperatura. Ambas curvas circulan de manera paralela, reflejando el aumento de caudal de las décadas de 1960 y 1970 y el retroceso posterior de los caudales. Pero hay un aspecto muy interesante en el que conviene detenerse: el caudal observado está por encima del caudal predicho hasta 1975-1980, mientras que desde entonces el caudal predicho está por encima. ¿Qué significa esto? Que conforme avanzamos en el tiempo el modelo predice que los caudales fluviales deberían ser mayores que los que se han registrado y eso solo puede ser el resultado de la expansión general de la vegetación tras el proceso general de abandono de tierras en áreas de montaña. La tendencia regresiva del caudal se manifiesta en todos los meses del año, aunque solo es estadísticamente significativa entre febrero y junio y en septiembre, incluso aunque la precipitación de abril presente tendencia positiva (Beguería *et al.*, 2003). Un estudio que abarca 187 subcuencas en toda la península ibérica entre 1945 y 2005 coincide en que se registra un marcado descenso en los caudales anuales, invernales y primaverales en la mayoría de los ríos ibéricos, especialmente en los meridionales (Lorenzo-Lacruz *et al.*, 2012). Estos autores señalan que esta tendencia negativa se acentuará en las próximas décadas, ya que las proyecciones climáticas muestran un aumento de la evapotranspiración inducido por temperaturas más elevadas.

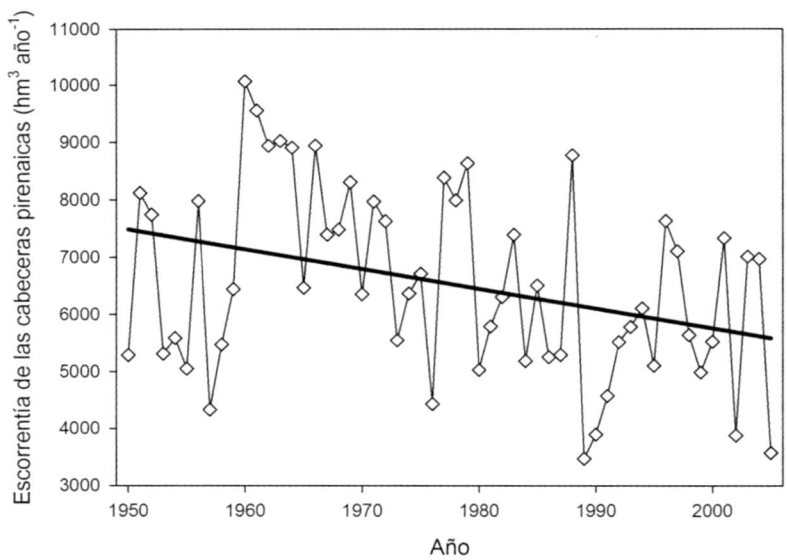

Figura 7.3. Evolución de los caudales de los ríos del Pirineo aragonés en los aforos de cabecera. Tales aforos se encuentran situados antes de las extracciones de agua para regadío u otros usos.

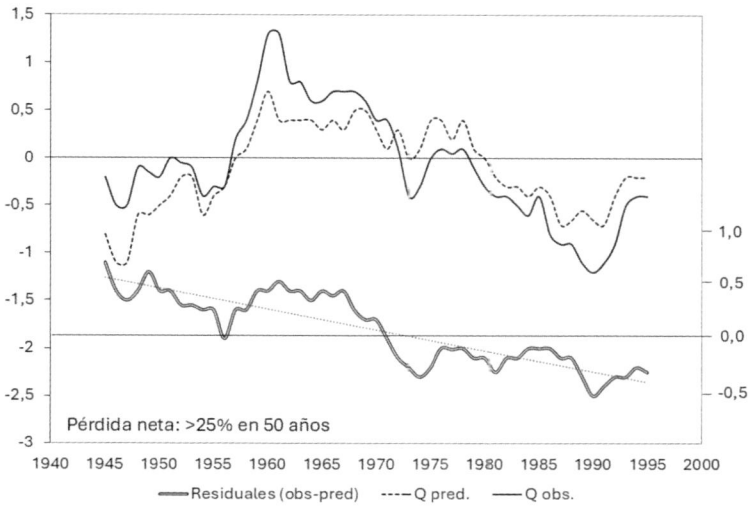

Figura 7.4. El caudal de los ríos pirenaicos comparado con el caudal predicho a partir de los datos de precipitación y temperatura. Se comprueba que a partir de 1970 el caudal predicho se sitúa por encima del caudal observado, lo que sugiere que hay factores variables en el tiempo (la vegetación y los usos del suelo) que reducen el caudal esperable. El gráfico también permite deducir que los residuales entre caudales observados y predichos tienen una tendencia marcadamente negativa, reflejando un progresivo aumento de la influencia de la cubierta vegetal sobre la evolución del caudal. Fuente: Beguería et al. (2004).

¿Cómo hemos llegado a esta situación? ¿Cómo se explica la expansión general de la vegetación en las montañas ibéricas, especialmente en el Pirineo? El crecimiento demográfico, que experimentó un notable impulso desde la Edad Media, alcanzó sus valores más elevados a mediados del siglo XIX en todos los pueblos pirenaicos. Debe tenerse en cuenta, además, que desde el siglo XVIII gran parte de la actividad económica había entrado en crisis, incluyendo la trashumancia, cuyo peso en la economía de montaña había comenzado a decrecer, mientras las artesanías locales perdían importancia. Para superar este binomio crecimiento demográfico/crisis económica, parte de la población local se empeñó en una ampliación de la superficie cultivada, ocupando laderas cada vez más pendientes y alejadas de los núcleos de población, sobre suelos pobres y pedregosos. La desesperación llevó a muchos agricultores a cultivar mediante sistemas nómadas, es decir, cultivos basados en el desbroce de una parcela, la quema de los productos de ese desbroce y la posterior utilización de las cenizas como abono. La pobreza de los suelos solo permitía el cultivo durante dos-tres años. La necesidad de tierra obligó a ocupar el límite superior del piso montano, en el contacto con el piso subalpino, entre 1600 y 1700 m s.n.m., allí donde la temperatura y la duración del manto nival solo permitían el cultivo de centeno en un ciclo de trece meses (García-Ruiz y Lasanta, 2018). Las estimaciones de Lasanta (1989) reflejan que, en la mayor parte de los valles pirenaicos, por debajo de 1600 m s.n.m. se llegó a cultivar entre el 25 y el 30% de la superficie total, teniendo en cuenta que las umbrías apenas fueron cultivadas. Desde finales del siglo XIX la despoblación se ha ido acelerando hasta la década de 1980. Desde entonces el retroceso ha sido mucho más lento debido no tanto a la emigración cuanto a la evolución natural relacionada con el envejecimiento de la población. Esto ha hecho que en los valles pirenaicos se cultive tan solo el 3% de la superficie total y que solo se mantengan como áreas de cultivo permanente los sectores más llanos y fértiles: terrazas fluviales, conos de deyección parcialmente estables y, más excepcionalmente, rellanos de obturación glaciar. Procesos muy similares se han vivido en el Sistema Ibérico, donde el desmoronamiento de la trashumancia y de la industria textil forzó también a ocupar cualquier ladera que fuera mínimamente cultivable y donde el proceso de despoblación dio lugar a numerosos pueblos abandonados, en una proporción similar a la del Pirineo (García-Ruiz *et al.*, 2017c).

La consecuencia más destacada en este proceso de despoblación es el desmantelamiento del paisaje cultivado, que ha sido recolonizado por formaciones más o menos densas de matorrales y bosque, siguiendo un proceso bien conocido. Solo los peores campos, abandonados a comienzos del siglo XX y/o sujetos a frecuentes incendios, muestran signos de estancamiento en fases iniciales de colonización por matorrales espinosos debido al escaso espesor de los suelos. Lo mismo ha sucedido en otras regiones de montaña españolas y europeas. De hecho, Kaplan *et al.* (2009) han dado por sentado que la historia de los usos del suelo en Europa se identifica con una deforestación continua, separada por periodos de abandono de tierras, como han confirmado varios autores en distintas áreas: en la cuenca del Duero (Morán-Tejeda *et al.*, 2010), la cuenca del Ebro (López-Moreno *et al.*, 2011), los Prealpes franceses (Taillefumier y Piégay, 2003), y Grecia (Kizos y Koulouri, 2006). En los valles de los Alpes el crecimiento de los bosques se ha incrementado entre el 30 y el 40%, con casos extremos de más del 300% entre 1820 y 2015 (Hohensinner *et al.*, 2021). En el Pirineo, el valle de Borau ha visto cómo la superficie ocupada por el bosque denso ha aumentado en un 131% y la del bosque abierto en un 30,7% entre 1957 y 2000 (Vicente Serrano *et al.*, 2000), mientras que en el valle de Aísa el bosque denso ha ampliado su área en un 181% entre 1956 y 2017 (Errea *et al.*, 2023). En la cabecera del río Llobregat (Pirineo catalán), los bosques densos aumentaron del 16,9% al 45,3% de la superficie total entre 1957 y 1996 (Poyatos *et al.*, 2003). Una revisión más detallada de este problema puede encontrarse en García-Ruiz y Lana-Renault (2011) y en Lasanta *et al.* (2015).

Algo parecido ha ocurrido en el piso subalpino, que fue deforestado muy moderadamente desde el Neolítico (González-Sampériz *et al.*, 2019) y de manera más general desde el siglo XII en el Pirineo (García-Ruiz *et al.*, 2020a). Este mismo proceso probablemente también afectó al Sistema Ibérico y a la Cordillera Cantábrica (García-Ruiz *et al.*, 2016; Sanjuán *et al.*, 2018; Carracedo *et al.*, 2018). La deforestación tuvo por objeto favorecer el pastoreo en alta montaña durante el verano. Sin embargo, la crisis de la trashumancia a partir del siglo XVIII y el descenso generalizado de la ganadería ovina en la mayoría de las montañas europeas a lo largo del siglo XX explica el descenso de la presión ganadera en la mayor parte de las laderas y la recuperación progresiva de los bosques. Lo cierto es que la superficie ocupada por los pastos subalpinos se está reduciendo a gran velocidad, como se ha comprobado en algunos valles pirenaicos. Así, en el Valle del río Ijuez (afluente del río Aragón, Pirineo centro-occidental) la superficie ocupada por los pastos subalpinos ha pasado de representar el 33,9% al 19,9%, mientras que el bosque denso ha pasado del 2,8% al 45,3% (Sanjuán *et al.*, 2016). Así, pues, el bosque se ha expandido a costa de los pastos del piso subalpino y de los campos abandonados en el piso montano. Un proceso similar está teniendo lugar en las Montañas Rocosas, en el oeste de Estados Unidos, donde la superficie de pastoreo se ha reducido a menos de la mitad del área pastada a comienzos del siglo xx debido a la expansión de árboles y matorrales y a la política proteccionista del Servicio Forestal frente a la erosión de los pastos alpinos (Huntsinger *et al.*, 2010; Cunha y Price, 2013).

En otros lugares de la Tierra, sin embargo, la evolución de los usos del suelo es muy diferente. Las regiones más pobres han seguido creciendo desde un punto de vista demográfico y eso ha obligado a ocupar más tierras marginales para el cultivo, con pendientes muy fuertes que favorecen la erosión del suelo. Esto es así en gran parte del Himalaya, los Andes, Etiopía y las montañas del centro de África, y más secundariamente en Taiwán e Indonesia. En la cordillera del Atlas es difícil que se pueda ampliar la superficie cultivada porque, en general, ese límite se alcanzó hace en torno a cuatro décadas. En cambio, la pérdida de áreas de bosque es extremadamente importante en la Amazonia, aunque el origen está en invasores, muchas veces ilegales, relacionados con la industria maderera, la minería y la creación de plantaciones agrícolas y ganaderas. Por lo tanto, en los países pobres tiende a reducirse el espacio forestal, aunque la situación puede revertirse en parte a medio plazo: hay indicios de que se ha iniciado ya el abandono de algunas tierras, cuya causa está en la emigración hacia zonas con niveles de vida muy superiores, como es el caso del desplazamiento de varones nepalíes y del norte de la India hacia países del Golfo Pérsico, o las migraciones desde Perú y Ecuador hacia Estados Unidos y España, entre otros ejemplos. En todo caso, se trata de un proceso muy incipiente que apenas tiene efectos sobre la recuperación de los bosques.

¿Qué representan estos cambios para el ciclo hidrológico? Como hemos indicado, los datos de que disponemos indican que la presencia o no de bosques y matorrales tiene una notable influencia en la generación de escorrentía y en el funcionamiento hidrológico de los suelos. Los bosques condicionan la cantidad de agua que llega al suelo durante un evento pluviométrico y también modifican sus características. A veces no se ha tenido en cuenta que en el ciclo hidrológico la interceptación de la lluvia por parte de la vegetación es un elemento muy destacado. La densidad de la cubierta vegetal influye directamente en la forma en que la precipitación se distribuye entre diferentes compartimentos: interceptación, trascolación, infiltración y escorrentía superficial. Los estudios que se han hecho sobre interceptación de la lluvia demuestran que entre el 14 y el 30% de la misma queda atrapado entre las hojas y las ramas de árboles y matorrales y es evaporada directamente sin alcanzar el suelo (Llorens y Domingo, 2007). La variabilidad es, no obstante, muy grande, dependiendo del volumen e intensidad de la precipitación, de las características de las hojas y de la época del año. Está claro, pues, que la sustitución de antiguos campos de cultivo o de áreas de pastos por formaciones densas de matorral o de árboles introduce cambios hidrológicos importantes, el primero de los cuales tiene que ver con el hecho de que al suelo llega menos precipitación que la registrada en los pluviómetros. Por otro lado, no puede olvidarse que la presencia de bosques asegura una mayor capacidad de infiltración relacionada con la elevada densidad de raíces y con la mayor presencia de materia orgánica en la capa superior del suelo. Incluso aunque el bosque se haya instalado en antiguos campos de cultivo, al cabo de pocos años se observan notables mejoras en la infiltración y cambios en su comportamiento hidrológico. Por último, una densa cubierta forestal o de matorral exige un elevado consumo de agua en sus funciones vitales.

7.5. La gestión del agua en embalses y sus consecuencias hidrológicas

En muchas áreas del planeta se observan desequilibrios notables entre la disponibilidad de recursos hídricos y su demanda. Las estrategias diseñadas para reducir en la medida de los posible esta tensión hídrica han sido variadas y todas ellas parten de la puesta en práctica de diversas técnicas que buscan extraer (aguas subterráneas, lluvia artificial, desalinización de agua del mar), almacenar (embalses) o derivar agua (trasvases a través de tuberías y canales). Estos métodos alteran el ciclo natural del agua, obligándola a pasar de su estado natural al estado de recurso. En muchos casos, la puesta en práctica de estas técnicas no ha estado exenta de polémica y de disputas territoriales a lo largo de la historia.

Algunas civilizaciones desarrollaron técnicas complejas para almacenar agua y distribuirla en los momentos más adecuados. La presa más antigua conocida es la de Marib (Hill, 1996), en el Reino de Saba (actual Yemen), que inicialmente tuvo 580 metros de longitud. Su construcción data muy probablemente de hace casi 4000 años. Los romanos también dominaron la técnica de construir presas en ríos secundarios, frecuentemente con más de 20 metros de altura, muchas de las cuales han perdurado hasta la actualidad, aunque solo muy excepcionalmente siguen teniendo alguna funcionalidad. Recordemos, por ejemplo, las presas de Muel y de Almonacid de la Cuba en la provincia de Zaragoza o la de Proserpina en Mérida (provincia de Badajoz), esta última con una longitud de 427 metros y una altura de 21,6 metros. Desde entonces el número de presas ha aumentado progresivamente, para hacerlo de forma exponencial desde comienzos del siglo XX. En la actualidad, la mayor parte de los grandes ríos del mundo disponen de presas con capacidad para almacenar miles de hectómetros cúbicos con el fin de atender a la demanda de agua para regar campos de cultivo, producir energía eléctrica y abastecer a centros urbanos. La Figura 7.5 muestra la gran capacidad de embalsado de agua en Egipto, gracias a la presa de Asuán en el río Nilo, y también la relevante posición de España y Turquía, que aprovechan intensamente los caudales de ríos procedentes de áreas montañosas. La Presa de las Tres Gargantas en el río Yangtsé (China) da lugar al mayor embalse del mundo, con un volumen de 39.300 hm^3 y una superficie de 1084 km^2, afectando a un tramo fluvial 632 km.

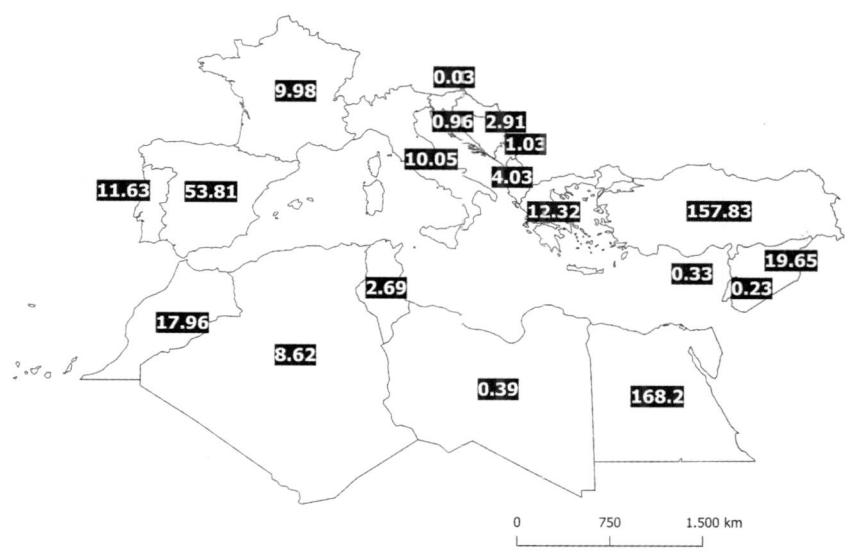

Figura 7.5. Capacidad total de los embalses en los países mediterráneos (kilómetros cúbicos) (Fuente: Aquastat-FAO).

Gran parte de las presas se localizan en áreas de montaña, donde la diversidad litológica y geomorfológica favorece la existencia de tramos fluviales estrechos (asociados a rocas duras donde es más sencilla la construcción de las presas) alternando con tramos más amplios, correspondientes a litologías más blandas, en donde pueden almacenarse mayores volúmenes de agua, a condición de que el sustrato sea impermeable.

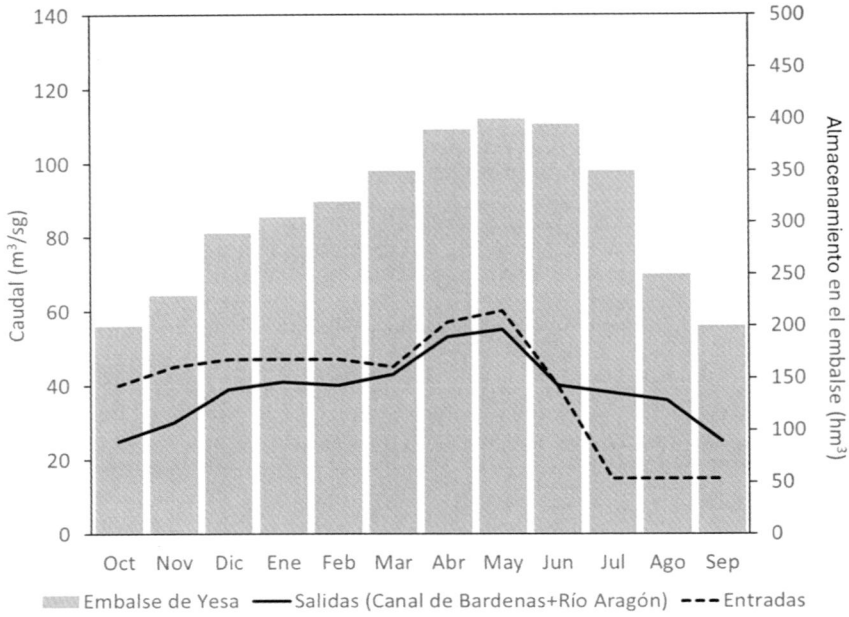

Figura 7.6. Evolución del volumen de agua almacenado en el embalse de Yesa (río Aragón, Pirineo centro-occidental), mostrando además las entradas al embalse y las salidas, que incluyen el caudal del río Aragón aguas abajo del embalse y el Canal de Bardenas. Fuente: López-Moreno et al. (2002).

Es bien conocido el hecho de que los embalses afectan al régimen fluvial al dar lugar a la redistribución de los caudales en el tiempo (López Moreno, 2006). También influyen en los procesos de sedimentación y erosión en el cauce y alteran la vegetación de ribera. En general, con más o menos matices, los embalses almacenan el agua durante los periodos de aguas altas y, más aún, durante avenidas, y la liberan durante los periodos de estiaje. Este sería un esquema normal para embalses destinados a proporcionar agua a regadíos. La Figura 7.6 muestra el régimen de llenado del embalse de Yesa y las entradas (caudal del río Aragón) y salidas de agua (suma del Canal de Bardenas y del caudal del río Aragón aguas abajo del embalse). Se trata de un ejemplo de embalse destinado exclusivamente a regadío, con un incremento constante del volumen almacenado desde el mes de octubre hasta mayo. En junio hay ya un ligero descenso, coincidiendo con una reducción de caudal y con el aumento de la demanda de agua en los regadíos de Bardenas. Después, el descenso de volumen se acelera, aumentando especialmente en el mes de agosto, continúa en septiembre y se mantiene estable en octubre, cuando finaliza la temporada de riego. La figura también nos muestra que desde octubre a mayo las entradas de agua al embalse son mayores que las salidas, un proceso que se invierte en verano, cuando las salidas son muy superiores a las entradas. Esto da lugar a un cambio radical en el régimen del río Aragón aguas abajo de la presa, puesto que se reduce el caudal invernal y desaparece completamente el pico de aguas altas de primavera (López Moreno *et al.*, 2006).

En el caso de los embalses cuyo principal destino es la producción hidroeléctrica, el régimen de almacenamiento y desembalsado es más complejo, puesto que atiende a la demanda de electricidad y, en cada momento, a las relaciones entre los diferentes sistemas de producción eléctrica. Lo normal es que la demanda eléctrica aumente en invierno, liberando agua desde noviembre a marzo, lo que exige mantener un volumen alto de llenado en primavera. Si además deben atender a la demanda de agua para riego, lo que es habitual en la región mediterránea, hay un desembalsado en verano y otro en invierno.

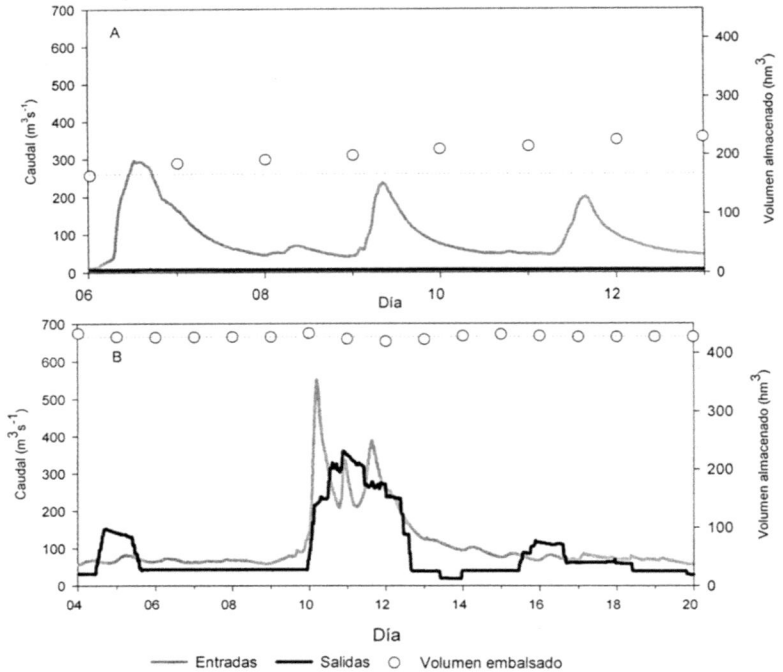

Figura 7.7. Entradas, salidas y variación del volumen de agua en el embalse de Yesa durante dos periodos de avenida.

El régimen de avenidas también se ve profundamente alterado, aunque el impacto sobre cada crecida en concreto depende de muchos factores: sobre todo del estado de llenado del embalse en el momento en que se produce la avenida y de la capacidad del embalse en relación con las dimensiones de la cuenca. La Figura 7.7 confirma que cuando el embalse cuenta con un volumen embalsado bajo, todas las avenidas que entran son retenidas en su totalidad, de manera que aguas abajo el hidrograma es plano, mientras que el volumen de agua almacenado en el embalse aumenta progresivamente. Por el contrario, cuando el embalse está lleno, las entradas y las salidas coinciden en el tiempo. Por otro lado, es evidente que los grandes embalses pueden admitir avenidas de gran envergadura si no se encuentran completamente llenos, frente a los embalses de pequeñas dimensiones cuya función de laminación de avenidas puede ser poco menos que nula. López-Moreno *et al.* (2002) demostraron que las avenidas acaban siendo muy bien controladas cuando el embalse está por debajo del 50 % de su capacidad, y que cuando se encuentra entre el 50 y el 70 % de su capacidad solo se controlan las grandes avenidas, correspondientes a un periodo de retorno de más de 10 años.

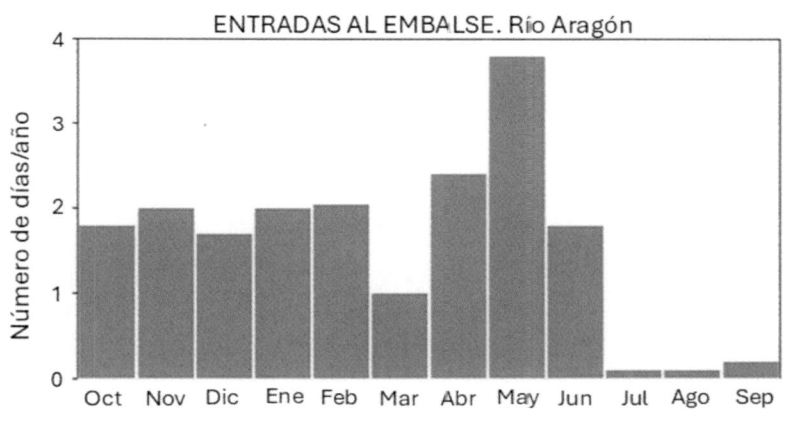

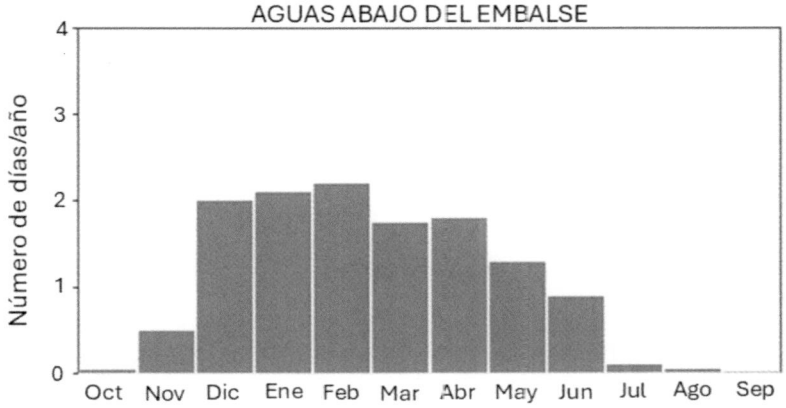

Figura 7.8 Número de días con avenidas en el río Aragón aguas arriba y aguas abajo del embalse de Yesa. Fuente: López-Moreno et al. (2002).

Cuando se analiza la ocurrencia de avenidas aguas arriba y aguas abajo de un embalse se comprueba su eficacia para reducir el número de avenidas. Tomando de nuevo el ejemplo del embalse de Yesa, la Figura 7.8 ilustra sobre la distribución mensual del número de crecidas registradas aguas arriba y aguas abajo del embalse, considerando los picos de caudal que multiplican por tres veces el caudal medio anual. A la entrada del embalse el río Aragón presenta un elevado número de crecidas durante toda la estación fría, especialmente a lo largo del mes de mayo cuando las lluvias de primavera coinciden en parte con la fusión nival. En verano el registro de crecidas es muy bajo porque las lluvias son más bien tormentas que afectan a superficies pequeñas. Aguas abajo del embalse las avenidas de octubre desaparecen, porque se aprovechan para reiniciar el llenado del embalse. Lo mismo sucede con las de noviembre. Sin embargo, durante el invierno el número de crecidas aguas abajo del embalse es similar al de entradas porque, por cuestiones de seguridad, se prefiere dejar todavía una cierta capacidad de embalsado en previsión de los caudales producidos por las lluvias y la fusión de la primavera. Eso sí, a partir de abril ya se vuelven a retener algunas crecidas, especialmente en el mes de mayo, que es el momento en que se aprovecha para alcanzar el máximo volumen posible de embalsado. En junio también se retienen algunas crecidas, mientras que las pocas que ocurren en verano se frenan en gran medida, sobre todo en septiembre.

7.6. La competencia por el uso del agua

Uno de los problemas hidrológicos de mayor trascendencia en el mundo y, más particularmente, en las regiones mediterráneas, está relacionado con los conflictos por el uso del agua. Es notorio el hecho de que en muchas regiones la capacidad de generación de escorrentía se está viendo desbordada por el incremento del consumo. Como ya hemos comentado, en muchos casos la razón se debe a un aumento de la interceptación de las lluvias y de la evapotranspiración, fenómenos vinculados a la expansión de la cubierta vegetal y al incremento de la demanda evaporativa de la atmósfera por el incremento de la temperatura. Sin embargo, en otros muchos casos, los conflictos surgen simplemente por una demanda creciente de agua que puede explicarse por el propio crecimiento demográfico (como sucede, por ejemplo, en la cuenca del lago Chad) o bien por el aumento de las tierras dedicadas al regadío para atender a la demanda de productos en mercados nacionales e internacionales (como se observa en los regadíos de Monegros). Al mismo tiempo, hay una progresiva demanda de agua para otros usos (ciudades, polígonos industriales, turismo y minería). Llega un momento en que tienen que tomarse decisiones que priorizan unos usos sobre otros y que son el motivo de numerosos problemas de asignación que a su vez pueden ser el origen de otros problemas (Sanchís-Ibor *et al.*, 2020).

Esto es muy claro en las regiones mediterráneas, donde el análisis de tales conflictos es una gran oportunidad para los geógrafos. La razón es muy sencilla: los problemas del agua aúnan como pocos las consecuencias de procesos ambientales complejos, espacialmente distribuidos y temporalmente organizados, en un escenario de uso creciente de recursos hídricos para una determinada gestión del territorio. Es ese un campo amigable para los geógrafos. Vamos a describirlo brevemente.

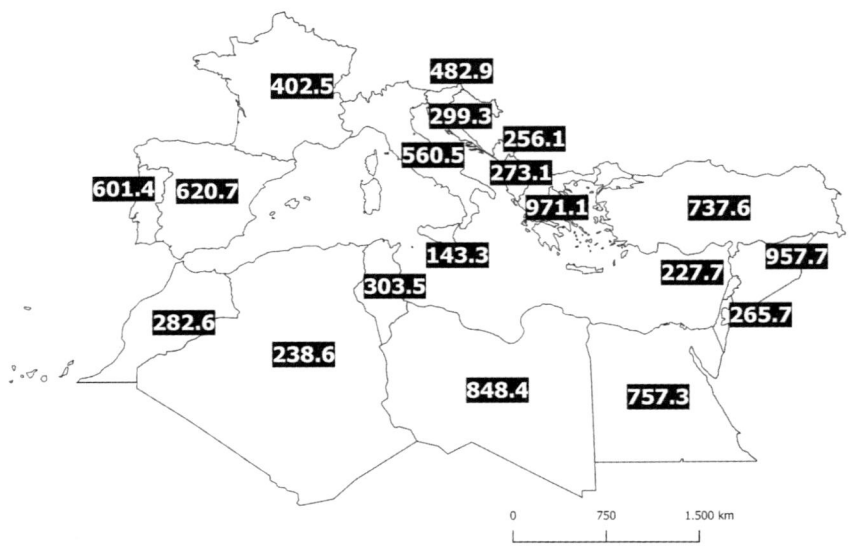

Figura 7.9. Extracción total de agua per cápita en la región mediterránea en 2020 (m³/ha/año). Fuente Aquastat-FAO.

Quizás lo que mejor define al uso del agua en el Mediterráneo es la oposición entre la tendencia decreciente de los recursos hídricos frente al robustecimiento de la demanda en un contexto de acelerado crecimiento económico y expansión de los mercados, que ha estimulado la tendencia a ampliar la superficie destinada a cultivos de regadío. El desarrollo de la horticultura y la fruticultura, el crecimiento de los cultivos subtropicales, el cultivo de alfalfa (en parte destinado a la exportación a Oriente Próximo) o la gran propagación del cultivo de maíz (por la demanda de la ganadería intensiva) han hecho de la agricultura de regadío el objetivo preferente de gobiernos nacionales y regionales y, por supuesto, de los agricultores que quieren vencer la irregularidad y limitaciones productivas de los cultivos de secano. Eso explica la construcción de numerosos embalses, sobre todo en las regiones de montaña, lo que ha creado grandes problemas de organización territorial en las tierras altas (Beguería *et al.*, 2022). La Figura 7.9 informa sobre las diferencias en la extracción de agua *per cápita* en los países ribereños del Mediterráneo, destacando Libia y Siria, por su relativamente baja población y por el desarrollo reciente de la explotación de aguas subterráneas, seguidas por España, Turquía y Egipto.

Además, el crecimiento urbano, vinculado inicialmente con la Revolución Industrial y con las oportunidades de empleo, ha convertido a las ciudades mediterráneas en grandes consumidoras de agua, con cifras de más de 300 litros por habitante y día y esfuerzos técnicos y financieros por tejer redes de captación de agua desde distancias cada vez mayores. En España son conocidas las complejas estrategias para asegurar el abastecimiento de agua en Madrid y Barcelona, pero a otra escala también sucede en Roma, Atenas, Estambul, Rabat o Marrakech. El consumo urbano aumenta, aunque la mejora de la distribución en las ciudades y las campañas de concienciación han reducido mucho el consumo por habitante en las últimas tres décadas. Aun así, algunas ciudades en regiones de clima mediterráneo, como Los Ángeles, California, con asignaciones muy altas por habitante, se ven obligadas a recurrir a fuentes de suministro distanciadas hasta 900 kilómetros.

Se da la circunstancia de que existe una notable coincidencia espacial entre el uso intensivo del agua para cultivos de regadío, el crecimiento urbano y un gran crecimiento turístico, precisamente en áreas de clima benigno, pero con recursos hídricos muy limitados. En España, es el caso de la costa levantina y andaluza, donde la agricultura ha llegado a recurrir a la utilización de laderas muy pendientes para el cultivo de nísperos, caqui persimon, aguacates y mangos, a condición de que los agricultores puedan disponer de agua suficiente. Se siguen utilizando muy buenas tierras, pero la competencia aumenta por parte de complejos turísticos, centros comerciales y urbanizaciones y algunos fruticultores deben ocupar tierras marginales. Pero la demanda de agua es creciente y la escasez amenaza a los cultivos de exportación en años de lluvias escasas. En el Magreb, el problema es que el crecimiento del regadío se hace a costa de recursos hídricos claramente no renovables, es decir, localizados en capas freáticas profundas que no se recargan y que se agotan en pocos años (Ouassanouan *et al.*, 2022; Martínez Valderrama, 2024). De la importancia del agua en la agricultura son indicativos los porcentajes de su consumo respecto al total de los usos en España (85 %) (Serrano *et al.*, 2024) y en Italia (50 %) (Bazzani *et al.*, 2004).

El uso intensivo de los recursos hídricos en toda la región mediterránea ha conducido a severos problemas ambientales para los humedales, que todavía desempeñan una función fundamental para la conservación de flora y fauna. Hay numerosos ejemplos que aluden al deterioro de zonas húmedas y al acoso que han sufrido por la extracción de agua para la agricultura. El Parque Nacional de Doñana se inundaba anualmente entre noviembre y junio, dando lugar a lagunas temporales frecuentadas por numerosas especies de aves. Sin embargo, en las tres últimas décadas se ha producido una expansión de cultivos de arroz, girasol, y más recientemente, fresas, frambuesas y arándanos en los alrededores del Parque, a veces en invernaderos ilegales que ocupan más de 600 hectáreas (Green *et al.*, 2017). A la vez, un fuerte desarrollo turístico centrado en la urbanización de Matalascañas se ha instalado en los límites del Parque, favoreciendo una elevada extracción de agua. Esto ha conducido a una brusca caída de la capa freática (más de 6 metros en algunas áreas) y a un deterioro de la calidad del agua por la elevada concentración de nitratos. La mayoría de las lagunas temporales permanecen secas durante la mayor parte del año, excepto en periodos excepcionalmente húmedos (De Felipe *et al.*, 2023). A problemas muy similares se enfrenta el Parque Nacional de Daimiel, cuya área húmeda se ha reducido a la mínima expresión.

Los deltas mediterráneos, con una elevada complejidad de ambientes, también han visto muy reducida la extensión de marjales y su funcionalidad, como es el caso del delta del Nilo. Este río ha reducido su caudal en un 90 %, desde 2700 m^3/s hasta aproximadamente 150 m^3/s, debido al aumento de la superficie de regadío y a su intensificación (Masria *et al.*, 2017). Por otro lado, el delta no guarda ya ningún espacio para los ambientes naturales al encontrarse totalmente cultivado. Otros deltas mediterráneos se enfrentan también a un progresivo deterioro. La construcción de embalses en los ríos Po, Ebro y Ródano ha reducido muy notablemente la llegada de sedimento hasta los deltas, de manera que se enfrentan a una notable reducción en su extensión. El delta del río Ebro, por ejemplo, ha visto reducida la llegada de sedimento en un 97 % en comparación con las cifras de transferencia de principios del siglo xx (Vericat y Batalla, 2006). En el caso del delta del río Ródano, el aporte de sedimentos se ha reducido en un 90 % en el mismo periodo (Mikhailova e Isupova, 2006). Todos están además afectados por intrusiones salinas y la elevación del nivel del mar. Estos tres deltas se han construido en épocas históricas con los aportes de sedimento, coincidiendo con el crecimiento demográfico, la ampliación de áreas de cultivo y deforestaciones generales para favorecer la ganadería extensiva en diferentes sectores de las respectivas cuencas.

7.7. La contribución de los geógrafos a la experimentación en hidrología ambiental

Ya se ha comentado que la hidrología es un excelente campo para la investigación geográfica, pues en esta materia se aúnan muchos de los temas que sustentan nuestra disciplina: interrelación de factores ambientales, territorialidad y relaciones entre las actividades humanas y un recurso natural como es el agua. En las siguientes líneas y, a modo de referencia, comentamos algunas experiencias que en hidrología ambiental se han llevado a cabo en el Pirineo por equipos de investigación integrados principalmente por geógrafos.

En 1986, con la monitorización de la cuenca de Izas, se iniciaron los estudios del funcionamiento hidrológico y el transporte de sedimento en cuencas experimentales del Pirineo. La cuenca de Izas, afluente del río Gállego en su cabecera cuenta con un ambiente subalpino de transición al piso subalpino (33 hectáreas entre 2000 y 2250 m s.n.m.). La cubierta vegetal está dominada por pastos y áreas de suelo desnudo con sustrato de pizarras carboníferas. A partir de 1994 se monitorizaron cuatro cuencas más en ambiente submediterráneo. La primera de ellas fue la cuenca de Arnás, en la cabecera del valle de Borau, entre 900 y 1340 m s.n.m. Con 280 hectáreas, fue cultivada en toda su extensión hasta finales de la década de 1950 y después abandonada. Actualmente se encuentra en fase avanzada de recolonización vegetal. La segunda fue la cuenca de San Salvador, que se sitúa entre 1106 y 1.325 m s.n.m., con una superficie de 92 hectáreas. Está dominada en un 98 % por un bosque denso de *Fagus sylvatica, Pinus sylvestris* y *Quercus gr faginea*. En ambos casos, el sustrato rocoso es flysch eoceno, con estratos alternantes de areniscas y margas. La tercera cuenca, denominada Araguás, se localiza entre 780 y 1105 m s.n.m. Cuenta con una extensión de 45 hectáreas sobre sustrato de margas eocenas en su sector medio e inferior, mientras la cabecera está dominada por flysch. El sector de margas está intensamente erosionado, con una densa red de cárcavas desprovistas de vegetación, mientras la cabecera fue reforestada en la década de 1960 con *Pinus sylvestris* y *Pinus nigra* después de haber sido cultivada durante un tiempo indeterminado. Precisamente esta cabecera se convirtió más tarde en la cuarta cuenca (Araguás-Repoblación: 12 hectáreas, entre 850 y 1105 m s.n.m.) para aportar información sobre la hidrología de una cuenca de repoblación forestal.

En todas las cuencas se instaló una estación meteorológica completa, varios pluviómetros, una estación de aforos y un turbidímetro que mide en continuo la turbidez del suelo y con ella se calcula la concentración de sedimento en suspensión. Además, las cuencas de Arnás y San Salvador disponen de piezómetros para controlar la evolución de la capa freática. Todos los instrumentos están conectados con registradores de datos que se descargan periódicamente. En la cuenca de San Salvador se colocaron también tres estaciones de interceptación de la lluvia, cada una de ellas con 25 pluviómetros. En las cuencas de Arnás y San Salvador se construyó una trampa de sedimento grueso con capacidad para 0,7 y 0,35 m³, respectivamente. La monitorización de estas cuencas da cuenta de la respuesta hidrológica de cinco ambientes representativos del Pirineo, desde los sectores más bajos y extremadamente degradados hasta el mundo subalpino y alpino, pasando por ecosistemas bien conservados por la presencia de un bosque denso, una cuenca que se cultivó durante siglos y se abandonó a mediados del siglo xx y una cabecera reforestada tras haber sido cultivada. Los resultados pueden observarse en las figuras 7.10 y 7.11.

La Figura 7.10 muestra la evolución de precipitación, temperatura, espesor del manto de nieve, caudal y sedimento en suspensión en la cuenca de Izas durante el año hidrológico 2005-2006. Es información muy completa que representa muy ajustadamente el funcionamiento hidrológico de una cuenca muy dominada por los procesos de acumulación y fusión nivales. Las precipitaciones son abundantes y frecuentes a lo largo del año, con una mayor entidad en los meses de otoño, mientras la temperatura se mantiene bajo cero desde mediados de noviembre hasta final de marzo. Por su parte, el espesor de nieve aumenta progresivamente desde principios de noviembre y experimenta algunas fluctuaciones debidas a la ocurrencia de periodos más benignos a lo largo de los meses de febrero y marzo. La fusión concluye rápidamente a mediados de mayo. Quizás lo más interesante es la evolución del caudal, con importantes picos ligados a las lluvias más intensas de septiembre y noviembre, una estación fría con muy pocas variaciones de caudal y una primavera con abundantes descargas relacionadas sobre todo con la fusión de la nieve, mientras el verano presenta pequeños picos coincidiendo con tormentas. También se aprecia que el transporte de sedimento en suspensión se divide en dos periodos, el otoño y la primavera, como consecuencia de los incrementos de caudal. Resulta llamativo que, aunque la lluvia de primavera representa solo en torno al 11-13 % de la lluvia anual, el caudal durante los dos meses de fusión primaveral alcanza el 50 % del total anual, y el transporte de sedimento en suspensión puede llegar a ser más del 30 %, con una gran variabilidad interanual (Lana-Renault *et al.*, 2011).

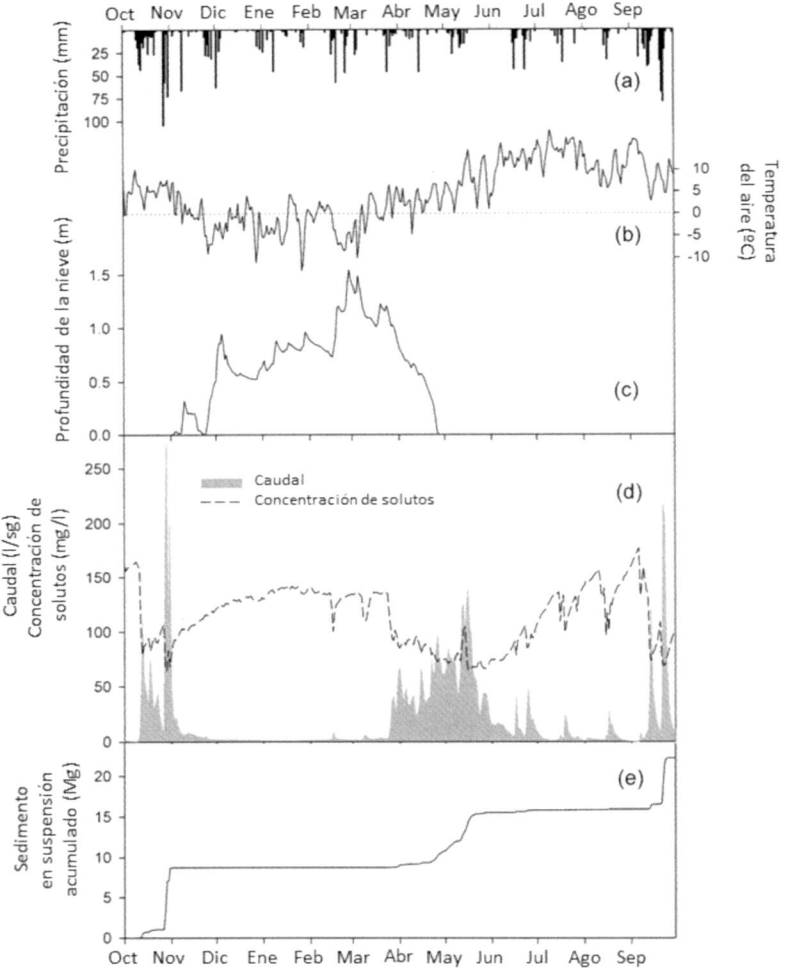

Figura 7.10. *Precipitación diaria (a), temperatura media diaria (b), espesor del manto de nieve (c), caudal y concentración de solutos (d), y producción diaria de sedimento en suspensión en la cuenca experimental de Izas (alto valle del río Gállego, Pirineo aragonés) durante el año hidrológico 2005-2006. Fuente: Lana-Renault et al. (2011).*

En la Figura 7.11 se representa la evolución del caudal en las cuencas de San Salvador, Arnás, Araguás y Araguás-Repoblación durante un evento lluvioso el día 7 de diciembre de 2021. Para una precipitación similar, la respuesta hidrológica es claramente diferente: un pico muy acusado de caudal y un gran volumen de escorrentía en la cuenca de Araguás, con un agotamiento muy rápido debido a la escasa capacidad de las margas para retener el agua; una respuesta todavía elevada en la cuenca de Arnás, en la que no se ha producido una recolonización forestal completa tras el abandono de la agricultura, especialmente en la vertiente solana; una reacción bastante rápida en la cuenca Araguás-Repoblación, aunque muy limitada en su intensidad; y una respuesta muy tardía y casi inapreciable en la cuenca de San Salvador debido a la gran capacidad de infiltración del bosque mientras el suelo no se encuentre saturado. A lo largo del año, esta cuenca forestal responde muy pocas veces a cualquier precipitación, excepto a las lluvias primaverales, cuando la capa freática se encuentra ya muy próxima a la superficie. En el caso opuesto está la cuenca de Araguás, que experimenta picos de diversa envergadura frente a cualquier precipitación (Lana-Renault *et al.*, 2007; García-Ruiz *et al.*, 2008).

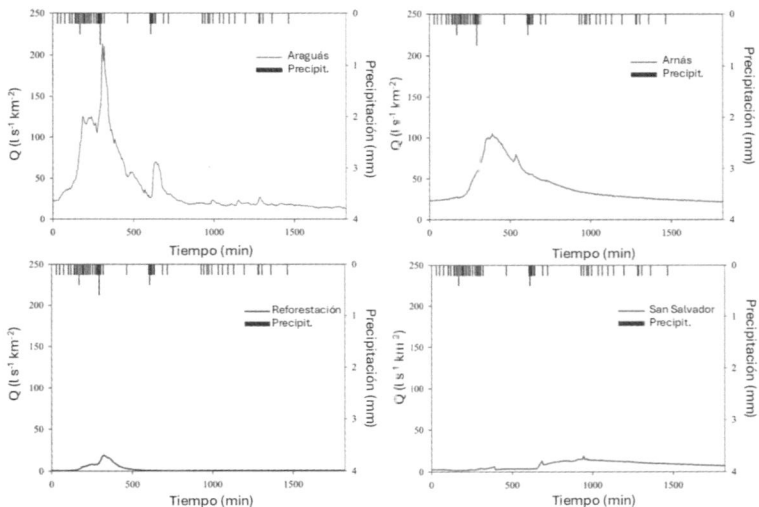

Figura 7.11. Diferente respuesta hidrológica frente a un evento lluvioso de invierno (7 de diciembre de 2021) en cuatro cuencas experimentales del Instituto Pirenaico de Ecología en el Pirineo centro-occidental. Las diferencias reflejan la gran influencia de la cubierta vegetal.

La ocurrencia de un evento pluviométrico e hidrológico extremo los días 19 y 20 de octubre de 2012 permitió observar la respuesta de cada una de las cuencas experimentales (Lana-Renault *et al.*, 2014). La lluvia registrada correspondió al mayor evento reconocido durante dos días desde el año 1950. Todas las cuencas reaccionaron a la intensa y prolongada precipitación, pero la cuenca forestal (San Salvador) esperó hasta el tercer pico de lluvia para aumentar su caudal de forma muy moderada. La cuenca de Arnás (campos abandonados) tuvo pequeños incrementos de caudal desde el principio, pero también esperó al tercer pico de lluvia para registrar una avenida, sensiblemente superior a la de San Salvador. La cuenca de Araguás registró bruscos aumentos de caudal desde el inicio del evento lluvioso, con picos excepcionalmente elevados y paralelos a la intensidad de la lluvia. La cuenca de Izas, con una precipitación total muy superior, también reaccionó a toda la variabilidad de la lluvia. La cuenca Araguás-Repoblación no funcionó en esta ocasión.

Otras cuencas experimentales en España siguen funcionando y aportando información crítica sobre la actividad hidrológica y geomorfológica de ambientes muy diferentes, como las seis existentes en la cuenca del Vallcebre en la cabecera del río Llobregat (Pirineo catalán), gestionadas por el Instituto de Diagnosis Ambiental y Estudios del Agua (IDAEA-CSIC), con superficies entre 0,16 y 4,7 kilómetros cuadrados (ver, por ejemplo, Latron *et al.*, 2008). Otras cuencas experimentales están todavía en pleno funcionamiento o lo han estado hasta no hace mucho tiempo, a cargo, por ejemplo, de los departamentos de Geografía de las universidades de Extremadura (por ej., Schnabel y Gómez-Gutiérrez, 2013) y de Salamanca (por ej., Martínez-Fernández *et al.*, 2005), el Área de Geografía de la Universidad de La Rioja (Lana-Renault *et al.*, 2018) y la Estación Experimental de Zonas Áridas (EEZA-CSIC) (por ej., Cantón *et al.*, 2001), entre otras. En casi todos estos casos las investigaciones están dirigidas por geógrafos.

Los resultados obtenidos en las cuencas experimentales confirman la importancia de la cubierta vegetal desde un punto de vista hidrológico y permite deducir que tanto las reforestaciones artificiales como la recolonización de matorrales y bosques en antiguos campos de cultivo contribuyen a reducir el caudal de los ríos. Sin duda, la mayor interceptación del agua de lluvia y la evapotranspiración influyen en ese sentido. Además, la mayor capacidad de infiltración de los suelos bajo cubierta forestal contribuye a atenuar los hidrogramas de crecida. De todas formas, durante eventos muy excepcionales el efecto de la vegetación es relativamente limitado, como se observó durante la gran avenida del barranco de Arás (conocida como la catástrofe de Biescas) en el valle del río Gállego, Pirineo aragonés, en agosto de 1996. La cuenca de ese barranco estaba casi completamente reforestada desde comienzos del siglo xx y, sin embargo, la intensidad y volumen total de lluvia fueron tan elevados que el bosque apenas fue capaz de amortiguar la brutalidad de la avenida (White *et al.*, 1997).

A la escala de pequeñas parcelas experimentales puede estudiarse también el efecto hidrológico y geomorfológico de diferentes usos del suelo. La Figura 7.12 muestra la escorrentía y la producción de sedimento generados en las parcelas experimentales de la Estación Experimental Valle de Aísa, Pirineo centro-occidental, que se instalaron en 1991 en un campo abandonado con un 32 % de pendiente. La Estación estuvo funcionando hasta el año 2009 y contó con nueve parcelas cerradas de 20 metros cuadrados de superficie, que dispusieron del equipamiento habitual es este tipo de estaciones.

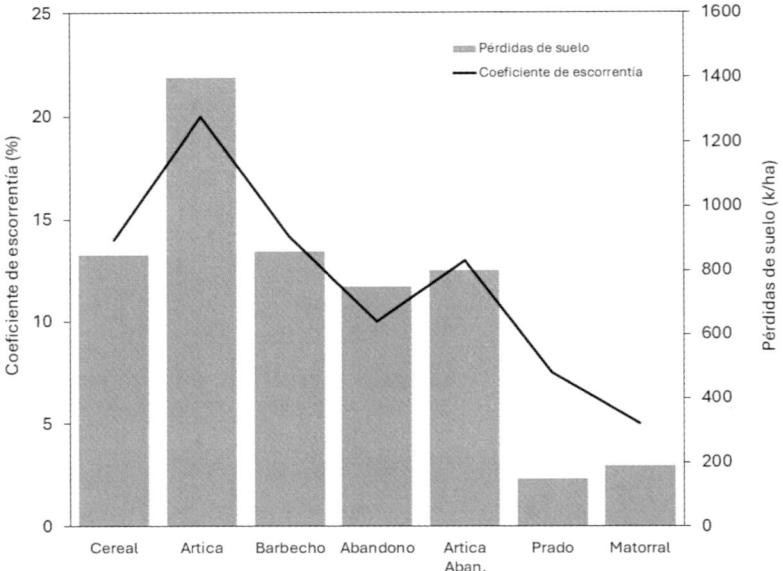

Figura 7.12. Coeficiente de escorrentía (% respecto de la precipitación) y pérdidas anuales de suelo (kilogramos por hectárea) durante el periodo 1992-2009 en varias parcelas de la Estación Experimental Valle de Aísa (Pirineo aragonés). Elaborada a partir de Nadal-Romero et al. (2013).

La Estación Experimental contó con nueve parcelas con usos de suelo o cubiertas vegetales bien diferentes:

i.   Parcela con matorral denso, correspondiente a la vegetación instalada sobre la ladera original después de varias décadas de abandono.

ii.   Parcela con pasto, derivada de la eliminación del matorral.

iii. Parcela con cereal (cebada) abonada con fertilizante químico, típica de campos cultivados en pendiente.

iv.   Parcela en barbecho, que representa a un campo en descanso al año siguiente de haber sido cultivado con cereal; esta parcela alternó año tras año con la parcela anterior.

v.   Parcela abandonada después de dos años de haber sido cultivada de cereal. Después de abandonarse, la parcela entró en una fase de colonización vegetal, primero plantas herbáceas y, a partir de diez años, ejemplares de matorral.

vi. Parcela cultivada mediante sistemas de agricultura nómada, con desbroce del matorral original. quema con combustión lenta y dispersión de las cenizas como abono con un bajo contenido en nutrientes.

vii. Parcela abandonada de agricultura nómada después de cuatro años de cultivo mediante el sistema de la parcela anterior. En esta parcela la evolución de la colonización vegetal fue muy lenta debido a su pobre fertilización.

viii. Parcela en la que el matorral original fue incendiado en 1991 para comprobar las consecuencias del incendio sobre la escorrentía y el sedimento, y la posterior recuperación de la vegetación.

ix. Parcela en la que el matorral original fue incendiado en 1993 y 2001 con el fin de observar las consecuencias de incendios reiterados (Nadal-Romero et al., 2013).

Respecto a la escorrentía, los valores más bajos se registraron en las parcelas (i) y (ii), matorral denso y pastos, respectivamente. El campo abandonado mostró una escorrentía moderada, mientras que las parcelas relacionadas con actividades agrícolas proporcionaron valores más elevados, siendo la parcela de agricultura nómada aún activa la que aportó los valores más altos, seguida por la de cereal, la de barbecho y la de agricultura nómada ya abandonada. Las parcelas quemadas mostraron un brusco incremento de escorrentía en los años posteriores al incendio, aunque la recolonización posterior dio lugar a un comportamiento progresivamente más moderado. La parcela quemada dos veces se recuperó con mayores dificultades.

En cuanto a la producción de sedimento, de nuevo las parcelas de matorral y pastos dieron los valores más bajos, mientras que los más elevados correspondieron a la parcela activa de agricultura nómada y a la dedicada al cultivo de cereal.

Los estudios hidromorfológicos a partir de parcelas experimentales plantean muchos problemas, debido a que alteran el área de drenaje, perturban parte de la ladera por sus límites artificiales, tienden al agotamiento del sedimento a medio plazo y sus resultados son difíciles de extrapolar a áreas más extensas (Boix-Fayos *et al.*, 2006). Pero si se conocen estas limitaciones y se destacan los objetivos planteados en cada estudio, ofrecen muchas ventajas. No proporcionan, evidentemente, valores absolutos de generación de escorrentía o de erosión, pero sí permiten comparar entre distintos usos del suelo y tener una idea de las diferencias en el comportamiento hidrológico frente a eventos de variada magnitud. Las parcelas que hemos presentado más arriba son el reflejo de lo que sucede en la naturaleza cuando se cultiva en laderas de fuertes pendientes, incluyendo el uso de la agricultura nómada, y también cuando se abandonan los campos de cultivo y se inicia la recolonización vegetal. Las diferencias obtenidas entre unas parcelas y otras ilustran sobre muchos de los rasgos de los paisajes actuales: los cultivos en laderas pendientes aceleraron en el pasado la erosión y la generación de avenidas, lo que justifica la formación de conos de deyección, deltas y valles rellenos de sedimento en momentos de fuerte presión demográfica, y explica la existencia de numerosas laderas erosionadas y con impedimentos para que la colonización vegetal avance con rapidez. El abandono de tierras suele contribuir a la reducción de la escorrentía y la producción de sedimento si el suelo no muestra un grave deterioro tras décadas o siglos de cultivo. Finalmente, la colonización de las laderas por matorrales densos o por pastos reducen mucho la producción de escorrentía. Como veremos en el Capítulo 9, el hecho de que pastos y matorrales presenten valores muy similares es un factor muy importante para la gestión del territorio.

8

Los nuevos (y no tan nuevos) problemas sociales

La sociedad y el medio ambiente están cambiando a gran velocidad, como nunca antes lo habían hecho. El dominio de tecnologías que permiten la explotación de los recursos a gran escala, la emisión de gases que contribuyen al calentamiento global, el crecimiento demográfico, las innovaciones en el campo de las comunicaciones, el transporte de materias primas, el desplazamiento de las personas a gran velocidad y distancia, el acceso a la cultura (que está generalizado en los países desarrollados y está cada vez más extendido en los países pobres), las nuevas estrategias de control del territorio y dominación, entre otras cuestiones, tienen consecuencias a diferentes escalas temporales y espaciales e implican la transformación de los comportamientos sociales y de nuestra relación con el medio ambiente. Surgen nuevos problemas sociales que eran impensables hace tan solo unas décadas y nos hacemos preguntas sobre el futuro cuya respuesta depende de nuestra capacidad para resolver cuestiones a escala local y global. La velocidad a la que ocurren los cambios no tiene precedentes, tampoco su intensidad. Cambian los paisajes de la Tierra, desaparecen o están amenazadas especies animales y vegetales por la fragmentación de los hábitats, crecen las megaciudades hasta extremos inimaginables y las relaciones políticas que parecían fiables e inviolables establecen nuevas relaciones y estrategias en solo unas semanas. ¿Estamos preparados para estos cambios? ¿Cómo debemos afrontar los desafíos a que se enfrentan las sociedades, las empresas y los países? ¿Cómo frenar e invertir la tendencia hacia la creación de bolsas de pobreza que cada vez nos parecen más irreversibles? ¿Cómo podrán vivir 10.000 millones de personas en la Tierra si no hay un cambio espectacular en los objetivos y en las prioridades de todos los países? ¿Cómo podemos evitar la gigantesca huella ambiental que estamos creando los humanos? ¿Puede contribuir la geografía a resolver algunos de los problemas más graves que afectan ya a nuestro planeta y que amenazan con incrementarse en el futuro?

8.1. La desigualdad como problema geográfico

Hubo un momento, breve pero fundamentado, en que creímos que todo podía mejorar. El fin de la Guerra Fría sugería que las tensiones políticas se irían reduciendo y que tenderíamos a una economía más amistosa y menos extractiva, más solidaria y menos empeñada en la maximización de los beneficios a corto y largo plazo. Los argumentos para ello eran sólidos: habían desaparecido los grandes bloques permanentemente enfrentados, se habían desmoronado los sistemas totalitarios implantados por el comunismo, y habían caído tiranos en Chile, Argentina o Camboya. Incluso nuevas ideas defendían que la Tierra necesitaba una nueva mirada para entender su funcionamiento y para evitar los graves problemas ambientales relacionados con la erosión del suelo, la explotación excesiva de recursos, el deterioro de los paisajes, la contaminación y el calentamiento global. Se creía también que las innovaciones tecnológicas y la creciente disponibilidad de recursos financieros harían posible una mayor igualdad y un desarrollo más equilibrado. Hoy, casi cuarenta años después, sabemos que no ha sido así y que no será posible, al menos a medio plazo, condicionada como está por el cortoplacismo electoral. No se observa que la ciencia tenga una gran influencia sobre las decisiones políticas, si no es para obtener una rentabilidad publicitaria. Tampoco está claro que las grandes corporaciones económicas estén interesadas en resolver los problemas del mundo si no obtienen una rentabilidad a corto plazo. Cada vez más parece evidente que las grandes decisiones buscan el beneficio económico inmediato más que la solución a los más severos conflictos que amenazan al planeta a distintas escalas espaciales, desde lo local hasta lo global. Intentamos a veces aportar ideas o resolver problemas que parecen meramente locales, pero que son la consecuencia de conflictos más generales.

¿Podemos llegar a entenderlos y, sobre todo, a exponerlos a la sociedad? ¿Seremos capaces de convertir a la geografía en un referente ambiental y social? ¿O veremos cómo otros especialistas —sociólogos, ecólogos, ambientólogos y quizás economistas— se nos anticipan como (casi) siempre? ¿Abordaremos el estudio de los grandes problemas de nuestro planeta con una perspectiva global y no simplemente local? ¿Podremos ser más determinantes en nuestras aportaciones sobre la identificación de las fragilidades y problemas del medio rural, de las ciudades, de regiones enteras o del planeta Tierra?

Se afirma con frecuencia que el mundo de los siglos XX y XXI está en peores condiciones que en siglos anteriores. Esto es muy difícil de medir y bastante complicado de demostrar cuantitativamente. Es cierto que la población se ha multiplicado por cuatro en ese tiempo. Mientras las condiciones ambientales se han deteriorado, la economía mundial ha seguido creciendo y tecnificándose (Marsh y Grossa, 2002), la erosión del suelo en los países pobres se ha acelerado, los desiertos muestran signos de avance por la presión del pastoreo y por los cambios en algunos parámetros climáticos. Los contrastes entre los más ricos y los más pobres se incrementan, tanto a escala individual como de países. Sin embargo, entre 1989 y 2015 se ha conseguido sacar «de la pobreza extrema a mil millones de las personas más pobres del mundo», a pesar de la crisis de 2008-2009 (Morris, 2025, p. 579).

La pregunta de por qué hay tanta pobreza en el mundo carece de respuesta fácil y alejada de la demagogia, pero tenemos que repetirla una y otra vez. ¿Cómo es posible que en un mundo que crece aceleradamente, existan todavía inmensas bolsas de pobreza? ¿Por qué las diferencias entre países ricos y países pobres no hace más que incrementarse? ¿Qué explica el que la brecha entre unos y otros no se estreche, habiendo tantas organizaciones no gubernamentales y tantas ayudas para el desarrollo procedentes de los países desarrollados? ¿Cómo es posible, por ejemplo, que en un país como Estados Unidos, donde todo parece económicamente factible, se haya llegado a extremos anómalos de pobreza, con un creciente número de personas sin expectativas y donde incluso derechos elementales como el acceso a la salud universal son más un privilegio que una prueba de normalidad? ¿Por qué avanza la pauperización en países ricos, donde el acceso a la vivienda se enfrenta a dificultades crecientes?

Desmond (2025) se pregunta por qué hace medio siglo a los hijos estadounidenses les resultaba relativamente sencillo superar económicamente a sus padres con una fácil movilidad social, y por qué ahora eso se ha convertido en una hazaña, algo que también ocurre en la mayor parte de los países occidentales. Este autor plantea que las ayudas públicas contra la pobreza siguen creciendo y, sin embargo, no se acortan las distancias, y que tales ayudas no buscan resolver las dificultades creadas por la macroeconomía y por la política. ¿Hay algún gobierno capacitado para resolver el problema de la vivienda o para organizar las ciudades de manera que sea posible vivir en ellas con la normalización que se exige en un país de los llamados desarrollados? La respuesta es negativa, lo que obliga a identificar las causas profundas de las disparidades económicas y de la marginación de una parte cada vez más importante de la sociedad. Es más, si los Gobiernos de los países desarrollados no son capaces de reducir la segregación y marginación sociales en sus propios países, ¿cómo van a contribuir a limitar la pobreza en los países más pobres? ¿No son esas ayudas una forma de limitar los problemas sin resolverlos?

Por otra parte, ¿cómo se puede acabar con la marginación y la pobreza extremas cuando los regímenes políticos carecen, en un elevado número de países en desarrollo, de garantías democráticas y son nidos de corrupciones alimentadas por sistemas totalitarios en su mayor parte? Algunos de ellos disponen de inmensos recursos, pero son malgastados por brutales dictaduras. Otros, inmersos en graves problemas políticos o religiosos, se encuentran con un escenario sujeto a severos retos ambientales y culturales, como el Sahel. Muchos países solo son vistos como una fuente de recursos mineros de gran valor (por ejemplo, el uranio de Mali), que al ser masivamente explotados conducen a una profunda desorganización social. Incluso hay países que cuentan con recursos y organizaciones político-culturales capaces de organizar una rápida recuperación económica y de integrar a la gran mayoría de la población en economías más prósperas, pero los conflictos internos (guerrillas, narcotráfico, incompetencia política, corrupción) impiden la normalización de la economía y de las relaciones sociales. Mientras esto ocurre, parte de la población, en el medio rural y en las ciudades, permanece en una situación marginal irreversible en las actuales circunstancias.

Se nos dirá, con razón, que no estamos contemplando la extrema pobreza en las grandes ciudades, tanto en los países ricos como en los países más pobres. Ambos casos tienen causas comunes y también muy diferentes. En los países ricos, la desindustrialización y el anquilosamiento de bolsas de pobreza no atajadas en su momento acaban convirtiéndose en un grave problema para el que las soluciones propuestas desde los gobiernos nacionales, regionales o locales son claramente insuficientes: ayudas económicas y distribución de alimentos que ayudan a resolver la inmediatez del conflicto, pero no contribuyen a acabar con los problemas, que acaban enquistándose por la delincuencia, el consumo de drogas, el racismo y la creación de bandas que acaban controlando el funcionamiento de barrios o sectores enteros de las ciudades.

La pobreza urbana en los países del llamado Tercer Mundo es aún más extrema ante la ausencia casi total de ayudas. Las grandes ciudades han experimentado un rápido crecimiento. Delhi (India) en 1950 contaba con 1,4 millones de habitantes; en 2015 ya sumaba 25,9 millones, esperando que se alcancen los 43,3 millones en 2035. En África, Kinshasa (República Democrática del Congo) en 1950 acogía a 200 000 habitantes; en 2015 ya se alcanzaban los 11,6 millones y en 2035 se prevén 26,7 millones. Como consecuencia de este rápido crecimiento, se han creado en torno a estas grandes ciudades barrios inexplicables desde nuestra perspectiva, con viviendas improvisadas e inestables, una elevada densidad, agua no potable o inexistente, saneamientos inadecuados o nulos derechos sobre la propiedad del suelo. En esas condiciones viven millones de personas en todo el mundo: el 31 % de la población urbana total en América Latina y el Caribe, el 57 % en Asia meridional y el 72 % en África subsahariana. En la mayor parte de estos suburbios la economía se improvisa cada día, basada más en el oportunismo que en la planificación, más en actividades al margen de la ley que en la integración, más en la búsqueda que en la continuidad. ¿Cómo se ha llegado a esa situación? ¿En qué momento surgen estos barrios y por qué no hubo una reacción social y política frente a la marginación?

Las economías extractivas en el medio rural o en áreas de montaña forzaron la expulsión de grupos sociales que vivían de la explotación de baja intensidad de recursos naturales. De igual forma, poblaciones locales que vivían del cultivo de superficies mínimas en los Andes, Himalaya o Atlas emigraron masivamente en busca de nuevas oportunidades que no siempre estuvieron a su alcance. A todo ello se unió un crecimiento demográfico explosivo, propio de poblaciones pobres, con poca formación educativa y sin expectativas, que promovió la ocurrencia de movimientos migratorios empujados inconscientemente por un neomaltusianismo. Finalmente, no pocos conflictos bélicos contribuyeron a la emigración masiva de poblaciones que formaron colectivos desarraigados y que ya no pudieron regresar a su lugar de origen, como ha sucedido en la República Democrática del Congo, en Colombia y en algunas regiones de Perú. Es esta una situación explosiva para la que no va a ser fácil encontrar soluciones, puesto que las propias instituciones locales y nacionales tienen dificultades para desarrollar estrategias de integración, además de que para los países pobres las soluciones habitacionales para millones de personas están fuera de su alcance. Pensemos tan solo en las favelas de las mayores ciudades de Brasil, o en los barrios de miseria en Calcuta, Mumbai, Madrás o Delhi, y tantos otros lugares, muy lejos de nosotros, tan cerca de la realidad. Parecen problemas locales, pero forman parte de un planeta cuyos habitantes más privilegiados no son conscientes de lo cerca que están los problemas más acuciantes.

¿Tienen algo que decir los geógrafos sobre los temas comentados? ¿Pueden explicar la distribución de la pobreza y sus causas? ¿Están en condiciones de analizar los resultados del reparto de ayudas sin caer en tópicos periodísticos de los que se echa mano con demasiada frecuencia? ¿Está a su alcance elaborar teorías sobre la marginación y el enquistamiento de la pobreza? Nuestra respuesta es afirmativa. Si la pobreza está ligada a la falta de medios para obtener alimentos, a las sequías y desastres naturales, a los conflictos armados, a la estructura y propiedad de la tierra o a la forma de comercializar los productos agrarios e industriales, los geógrafos tienen mucho que aportar.

Disponemos de herramientas conceptuales, conocemos (o podemos conocer de primera mano) la diversidad y las limitaciones productivas de la Tierra, y también sus enormes posibilidades. No basta con dar las cifras que reflejan la pobreza y la diversidad demográfica, hay que expresarlas cartográficamente, con el mayor detalle posible (a escala de comunidades, si la información disponible lo permite), y hay que señalar los factores limitantes, la localización de las fuentes de agua, los movimientos del ganado, las rutas comerciales, las vías de comunicación y su relación con la extracción de recursos, las dependencias alimentarias, la ubicación de los centros de salud, las áreas donde están presentes las milicias armadas, la tendencia en precipitaciones y temperatura, los indicios de degradación de la vegetación, las fortalezas derivadas de las actividades de las mujeres, y los sectores que están al borde del colapso por una equivocada utilización de los recursos. La capacidad para relacionar todo esto debe servir para identificar estrategias que muevan a la solución de los problemas más graves. Quizás solo los más graves. En algunos casos será imposible, cuando se trate de estados fallidos, como Somalia, donde cualquier análisis y búsqueda de soluciones está fuera del alcance de los científicos. Lamentablemente, el futuro para otros países del Sahel tampoco mueve al optimismo. Tenemos que reforzar nuestros conocimientos sobre los flujos económicos y de energía, los riesgos naturales o la geopolítica de los recursos. Y debemos internacionalizar nuestras investigaciones publicando en revistas de referencia e impacto.

Los geógrafos, sin duda, junto con los sociólogos, pueden tratar de ofrecer un diagnóstico, es decir, la identificación de las causas; deben analizar las características demográficas de las poblaciones más afectadas por la pobreza, su origen y formación. Tendremos que preguntarnos qué se ha hecho mal para que, en las sociedades desarrolladas, con un crecimiento sostenido durante décadas y altamente tecnificadas, aparezcan bolsas de pobreza que afectan a miles de personas y para las que no hay más solución que las políticas de subvenciones. Para los geógrafos no es suficiente con decir que esas bolsas existen y dónde se localizan; tienen que identificar los orígenes y las diferencias entre esas bolsas para que pueda actuarse sobre ellas de manera específica.

8.2. De lo local a lo global en geografía

La geografía es la ciencia del territorio y este puede ser analizado a diferentes escalas. Está claro que el éxito en la solución de problemas ambientales, sociales o económicos es más factible a escalas locales o regionales. Lo local está siempre presente, pero finalmente tenemos que admitir que casi todo forma parte de la globalidad. A los geógrafos se nos ocurren preguntas que parecen elementales, pero que en realidad tienen respuestas complejas, más complejas, si cabe, en la medida en que ampliamos el área de estudio. ¿Por qué unos lugares han tenido más éxito que otros? A veces se debe a las acertadas decisiones de los gestores locales, a la apuesta inexplicable de un emprendedor que decide invertir en ese lugar y no en otro o a condiciones de localización especialmente relevantes: la calidad de los suelos, la disponibilidad de abundantes recursos hídricos, un clima templado que favorece los cultivos, la inexistencia de riesgos naturales. Pero hagamos la misma pregunta tratando de explicar las desigualdades entre naciones o continentes y los análisis serán necesariamente más complejos.

Sin embargo, lo local está muy conectado con lo global. Algunas decisiones de planificación tienen que ver con intereses locales o nacionales, pero en realidad entran dentro de políticas globales, como es el caso de la construcción de grandes embalses para la producción hidroeléctrica o para atender a la demanda de agua en la agricultura y centros urbanos. La competencia internacional por el incremento de la producción agrícola e industrial a costes bajos ha animado durante décadas al levantamiento de presas en un marco mucho más amplio que el local. La instalación de una estación de esquí también tiene impactos locales sobre el empleo, el paisaje y las redes de comunicación, pero responde a la necesidad de promocionar espacios rurales mediante el turismo, como se percibe en las montañas de los países desarrollados. En estos últimos, las iniciativas de cierta entidad acaban enmarcadas en mercados globales, en el sentido de que cada nación o región busca ventajas competitivas para atender a la demanda de consumidores internacionales (National Research Council, 1997). La construcción de nuevas redes de carreteras y ferrocarriles en África, promovidas por el Gobierno de China, tendrán sin duda, consecuencias locales muy relevantes, con desplazamientos de población, reforzamiento de la integración territorial, crecimiento de unos asentamientos respecto de otros, cambios en los sistemas de producción, aunque responden a intereses mucho más amplios, como el control de actividades extractivas que tienen una significación global.

En cambio, la ampliación de la red de ferrocarriles hacia el oeste de Estados Unidos a finales del siglo XIX fue en su momento un fenómeno local relacionado con los intereses del gobierno norteamericano, empresarios y grandes corporaciones económicas por la integración territorial, el dominio del espacio, la colonización a expensas de las poblaciones nativas y el beneficio a medio y largo plazo. No hubo consideraciones más amplias, a pesar de que representó uno de los cambios productivos, paisajísticos, ambientales y de organización territorial más importantes de los últimos siglos, por la rapidez y la intensidad con que tuvieron lugar. No obstante, habría que puntualizar que, aunque a este proceso se le puede catalogar como de carácter local, la amplia extensión del territorio desconocido a ocupar y gestionar le da un matiz de escala global.

Otros procesos globales, como el aumento de la temperatura de la atmósfera o la elevación del nivel del mar, cuyas consecuencias sociales y ambientales no serán pequeñas y se convertirán en un problema planetario, tendrán repercusiones directas en lo local. Si las tendencias climáticas se confirman e incluso se acentúan, tal como sugieren los modelos climáticos, se verán muy afectados algunos lugares, como Bangladesh, Kiribati, Nauru y otros muchos archipiélagos de los océanos Pacífico e Índico.

8.3. La población del mundo y su proyección

La población del mundo no ha dejado de crecer desde el final de la Peste Negra en el siglo XV y, tras el primer impacto de la conquista europea, la población del continente americano se recuperó desde el siglo XVII. Durante la Revolución Industrial (entre mediados del siglo XVIII y mediados del siglo XIX) se registró un fuerte incremento demográfico debido a la transformación general de la sociedad, los avances médicos y la creación de empleo, llegando a duplicarse la población en un siglo. A lo largo del siglo XX la población del mundo pasó de 2000 a 6000 millones, manteniendo un ritmo de crecimiento desconocido hasta entonces, que se explica sobre todo por la mejora de las condiciones sanitarias, la prolongación de la esperanza de vida y el descenso de la mortalidad infantil. En el año 2011 se alcanzó la cifra de 7000 millones de habitantes, llegándose hasta los 8000 millones en el año 2022 (Figura 8.1).

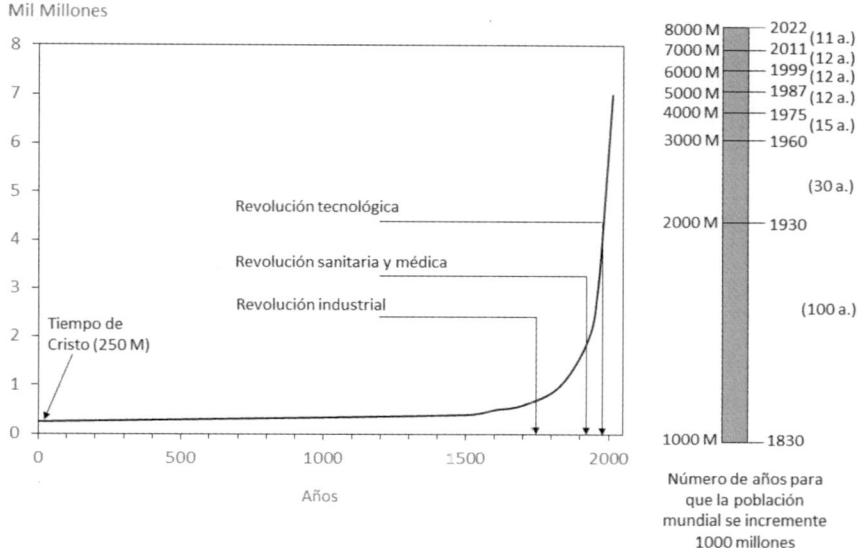

Figura 8.1. Evolución de la población mundial, con el espectacular incremento a partir de la Revolución Industrial. El gráfico también muestra la rapidez con que se incrementa la población en 1000 millones de nuevos habitantes después de 1930.

Aunque la esperanza de vida seguirá aumentando en todo el mundo, el descenso de las tasas de fertilidad explica que las proyecciones del crecimiento demográfico estimen una ralentización a lo largo del siglo XXI, alcanzándose el máximo demográfico a mediados de la década de 2080 (10.300 millones de habitantes) e iniciándose una ligera tendencia al retroceso desde ese momento (10.200 millones de habitantes en el año 2.100). De hecho, según la ONU, varios países han alcanzado ya su máximo demográfico en la década de 2020, destacando China, Rusia, Alemania y Japón. Otros países estarían también entre estos últimos (sobre todo en Europa Occidental), pero es muy probable que los movimientos migratorios mantengan todavía cierto crecimiento.

Según la ONU (2024), por grandes áreas regionales (Figura 8.2) la población de Europa habrá comenzado a disminuir antes de mediados del siglo XXI (704,1 millones de habitantes en 2050 frente a los 745,8 del año 2023) y aún más en 2100 (593,1 millones de habitantes). Por el contrario, la población de África continuará aumentando todavía en 2100 (3807 millones de habitantes frente a los 820 millones del año 2000), lo que significa que seguirá dominada en su comportamiento reproductivo por problemas culturales y religiosos, a la vez que seguirán mejorando la sanidad y probablemente la alimentación, dando lugar así a una mayor tasa de supervivencia infantil y de las mujeres durante el parto. Asia y Latinoamérica seguirán creciendo hasta 2050, pero habrán iniciado ya un retroceso demográfico. Ese retroceso será especialmente acusado en Asia Oriental (incluye, entre otros, a China y Japón), Sudoriental y Meridional (en esta última, se incluye India, Bangladesh o Pakistán). La suma de población esperada en estas tres regiones para 2050 será de 4287 millones y para 2100 de 3949 millones de habitantes. La región menos poblada seguirá siendo Oceanía que en 2100 alcanzará la cifra de 73 millones de habitantes.

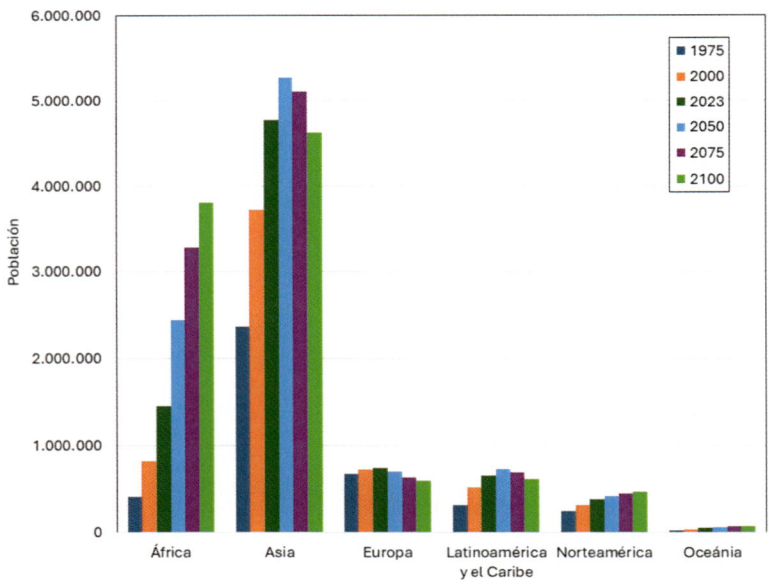

Figura 8.2. Evolución de la población del mundo por grandes áreas continentales, con proyección hasta el año 2100.

A veces dejamos de lado una cuestión trascendental: a comienzos del siglo XXI Europa y África tenían más o menos la misma población (728,1 millones de habitantes en el primer caso y 820,1 millones en el segundo), pero las proyecciones para finales de este siglo sugieren que «podría haber siete africanos por cada europeo» (Kaplan, 2025), debido al fuerte crecimiento demográfico de todo el continente africano y al espectacular descenso de la natalidad en la mayor parte de Europa. Por eso, mientras la actual población de África representa el 18 % de la población mundial, hacia 2100 supondrá el 37 %. Sin ninguna duda, esto tendrá importantes repercusiones sobre los movimientos migratorios a escala mundial y obliga a estar preparados social, económica y culturalmente a corto-medio plazo para que la respuesta de los países desarrollados sea la que se espera de ellos.

Es importante tener en cuenta también que la estructura demográfica del mundo está cambiando a gran velocidad, sobre todo en algunos países, que experimentan una reducción de la fecundidad y una marcada tendencia hacia el envejecimiento. La principal razón es, en primer lugar, una baja fertilidad, cuya tasa, como es bien sabido, se calcula a partir del número de hijos nacidos en un país o región por mujer en edad fértil, teniendo en consideración una ventana de edad entre 15 y 45 años. Los valores más bajos corresponden a países europeos y de Asia Oriental en 2023: Corea del Sur (0,72), Malta (1,10), Singapur (0.94), España (1,12), China (1,0), Albania (1,35), Italia (1,20), Japón (1,21), Polonia (1,30) y Grecia (1,33), entre los más destacados. Los países con las tasas de fertilidad más elevadas se concentran en África, especialmente en el cinturón del Sahel y en la región ecuatorial y subecuatorial: Níger (6,06), Chad (6,12), Somalia (6,13), República Democrática del Congo (6,05), República Centroafricana (6,01), Mali (5,61), Nigeria (4,48) Mauritania (4,70), Costa de Marfil (4,28) y Senegal (3,82). Fuera de África la tasa más elevada corresponde a Afganistán (4,48), mientras que India ha moderado mucho su tasa (1,98). Las tasas también han descendido mucho en Sudamérica (1,41 en Uruguay y 1,17 en Chile).

En segundo lugar, el envejecimiento de la población está relacionado con el aumento de la esperanza de vida, que en varios países supera ya los 83 años, con un número creciente de personas de más de cien años. La esperanza de vida mundial está aumentando de forma constante, de manera que en 1995 era de 64,9 años y en 2023 de 73,2 años, con una estimación de 77 años en 2050 y 81,7 en 2100, según la ONU. Actualmente, las cifras más elevadas de esperanza de vida se dan en Japón (84,7 años), Suiza (84) y España (83,7), mientras las más bajas corresponden a Sierra Leona (61,8 años), República Centroafricana (57,4), Chad (55,1), Nigeria (54,5) y Costa de Marfil (61,9). Una vez más el contraste entre países desarrollados y países en desarrollo encierra un abismo de posibilidades, empezando por un aspecto tan elemental como tener una esperanza de vida relativamente similar en todo el mundo y continuando con graves problemas de atención e infraestructuras sanitarias, calidad de la alimentación, existencia de enfermedades endémicas y elevada contaminación en los centros urbanos y periurbanos, atrapados en un círculo vicioso de pobreza mientras se agotan recursos básicos.

Muchos nacimientos, vidas demasiado cortas y pobreza estructural que incluye bolsas extremas de pobreza dentro de los mismos países pobres explican la existencia de importantes movimientos migratorios, que afectan a la población joven. La tasa de migración neta por mil habitantes es positiva en Norteamérica (4,6), Oceanía (3,2), y Europa (2,0). Sin embargo, es negativa en América Latina-Caribe (-0,6), Asia (-0,5) y África (-0,3). Las previsiones medias de la ONU para 2100 mantienen estas tendencias regionales, con balances positivos en Europa (1,4), Oceanía (2,6) y Norteamérica (3,2) y valores negativos en África (-0,2), Asia (-0,3) y América Latina-Caribe (-0,3). No debemos olvidar que los mayores contrastes en renta per cápita y calidad de vida que se dan en el mundo ocurren entre Europa y el norte y centro de África. Esto explica que la tasa de migración neta en el año 2023 sea de -4,2 en el norte de África mientras que este valor es de 0,8 en el sur de Europa. Es competencia de los geógrafos poner de relieve estos problemas básicos y, en especial, las desigualdades entre unos países y otros, así como las regiones más propensas a la emigración para tratar de actuar en ellas de manera positiva.

Es indudable que el crecimiento demográfico va a continuar hasta finales del siglo XXI con cifras en torno a los 10.000 millones de habitantes. Esta cifra exige conocer cómo se va a distribuir la población en el mundo, qué movimientos demográficos y de qué intensidad se van a producir como consecuencia de ese crecimiento y de la más que probable desigualdad social y económica que todavía persistirá en la Tierra. También, de qué forma afectará a las ciudades y cómo podemos prever sus consecuencias y de qué manera podemos reducir los impactos más negativos.

8.4. De pequeñas a grandes ciudades: los problemas aumentan

Como es lógico, las grandes cuestiones *geográficas* que han afectado a la Tierra han cambiado mucho a lo largo de los últimos milenos. A medida que ha aumentado la población, se han incorporado técnicas más complejas de transformación del territorio, los intereses económicos han revolucionado los métodos de producción, y los medios de comunicación han hecho del planeta un lugar más pequeño. Una perspectiva eurocéntrica de la historia daría especial importancia al Neolítico por sus impresionantes transformaciones productivas, por la sedentarización y por la creación de paisajes que buscaban dirigir los flujos productivos en función de los intereses humanos. El Periodo Romano mostraría la especial importancia de las redes de comunicación y la creación de grandes dominios para controlar territorios más amplios y canalizar así la producción hacia los grandes centros de decisión. El final de la Edad Media intensificaría el impacto de los mercados internacionales (principalmente el mercado de la lana), que contribuirían así a grandes cambios paisajísticos, y al desarrollo de los contactos comerciales con lejanos países del este, acentuando la importancia de las actividades mercantiles y la ampliación de los contactos con otras sociedades. La Edad Moderna se definiría como la época de los descubrimientos, en la que el mundo se amplió de forma espectacular y creó la primera gran globalización, por medio del intercambio de especies ganaderas y de plantas a uno y otro lado del Océano Atlántico y, con posterioridad, al resto del mundo, dando lugar a profundos cambios en el paisaje y en los sistemas de producción. Los siglos XVIII y XIX nos hablarían de la Revolución Industrial, de la transformación radical de los medios de producción y de la extracción masiva de materias primas, así como de la marginación creciente de grandes grupos de trabajadores que, al escapar de la pobreza del medio rural, contribuían a la concentración de capital y a la creación de complejos económicos de influencia mundial.

En los siglos XX y XXI los grandes cambios sociales están relacionados con el crecimiento urbano y el desarrollo de megalópolis que llegan a agrupar a decenas de millones de personas. El National Research Council (1997) ha afirmado que vivimos en el siglo de las ciudades. Hasta el siglo XIX, algunas ciudades del mundo habían crecido más de lo que cabría esperar dadas las dificultades para el abastecimiento de alimentos y de otros recursos fundamentales, como es el caso de Roma o Londres. Pero desde el siglo XIX ese crecimiento se acelera de manera espectacular, dando lugar a crecientes problemas de segregación, desigualdades económicas y gigantescos retos para el abastecimiento de agua y alimentos, el tratamiento de aguas residuales, la contaminación, el tráfico en el interior y la conexión con su área de influencia y con otras ciudades del mundo. En la Tabla 8.1 se muestran las diez áreas urbanas más pobladas y todas ellas superan los 25 millones de habitantes, pero hay 14 más que superan los 15 millones de habitantes (Kolkata, Sao Paulo, Nueva York, Karachi, Dhaka, Bangkok, Pekín, Moscú, Shenzhen, Buenos Aires, Los Ángeles, Johannesburgo, Bangalore y Chengdu).

Ciudad	País	Población
Tokio-Yokohama	Japón	37 785.000
Yakarta	Indonesia	35 386.000
Delhi	India	31.190.000
Guangzhou-Foshan	China	27.119.000
Bombay	India	25.189.000
Manila	Filipinas	24.156.000
Shanghái	China	24.042.000
Seúl	Corea del Sur	23.225.000
El Cairo	Egipto	22.679.000
Ciudad de México	México	21.905.000

Tabla 8.1. Las diez áreas urbanas más pobladas del mundo en 2023 (Fuente: Demographia World Urban Areas - https://www.demographia. com/db-worldua.pdf,

En total, el mundo cuenta con 538 ciudades que superan el millón de habitantes. La tendencia es creciente, tanto por el propio crecimiento vegetativo de las ciudades como por la atracción que ejercen para migrantes del propio país o incluso de otras partes del mundo. Pensemos, por ejemplo, en la emigración desde algunos países iberoamericanos hacia las ciudades españolas o norteamericanas, o los desplazamientos de población desde el Himalaya o el Sureste Asiático hacia las ciudades de Arabia Saudí o Dubái. Debe tenerse en cuenta, además que desde el año 2008 la población que vive en las ciudades supera a la que vive en asentamientos de pequeña entidad o en el medio rural (Figura 8.3). Otro dato para la reflexión: la población urbana del mundo crece a un ritmo cuatro veces más rápido que la población del planeta. Al ritmo actual es seguro que a finales del siglo XXI un número elevado de ciudades superará los 40 o 50 millones de habitantes, que se localizarán en áreas costeras de Asia, Sudamérica y África (Marsh y Grossa, 2002). Estas megalópolis representan un cambio de escala en el funcionamiento de las ciudades e introducen nuevas formas de organización espacial (Hanson, 1997). Las previsiones acerca del crecimiento de las ciudades indican que la población mundial que vive en las ciudades alcanzará los 7000 millones en el año 2050, es decir, más del 70 % de la población mundial (Frankopan, 2024).

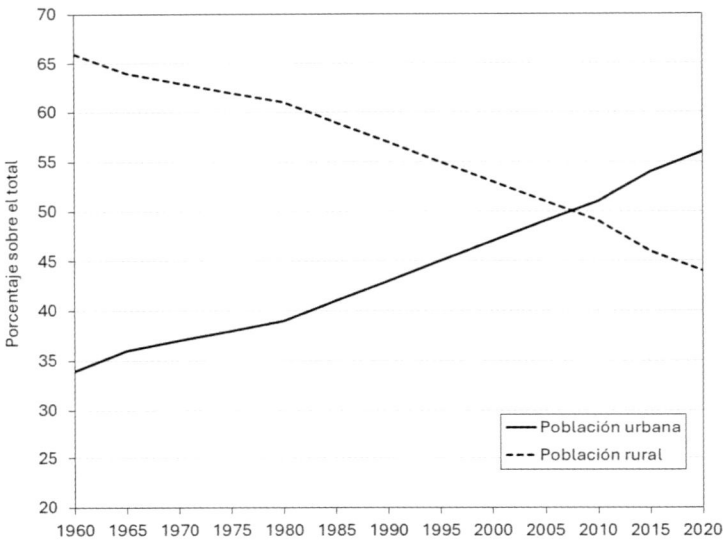

Figura 8.3. Evolución (en % sobre el total) de la población rural y la población urbana del mundo. Fuente: datos.bancomundial.org.

Esto quiere decir que las grandes aglomeraciones urbanas acaban siendo auténticos ecosistemas humanos que difieren de lo que se ha entendido históricamente por ciudades. Los grandes centros urbanos funcionan como organismos que dependen del exterior, y que consumen elevadísimas cantidades de energía para autoorganizarse (sin conseguirlo nunca). Para seguir funcionando, la ciudad requiere un flujo constante de personas, dinero y mercancías; los desplazamientos dentro de la ciudad implican un consumo creciente de energía, que además es necesaria para cualquier actividad dentro de la ciudad. Y todas las estructuras (edificios, red eléctrica y de gas, red de saneamiento y abastecimiento de agua, asfaltado de las calles) tienen que someterse constantemente a renovación. A largo plazo, a medida que siguen creciendo, son sistemas imposibles de sostener en condiciones de cierta estabilidad dinámica, y menos aún si se tiene en cuenta que una parte importante de sus habitantes queda al margen de las indudables ventajas que ofrecen las ciudades. Veamos algunos problemas:

i. La huella ecológica de las ciudades se extiende más allá de su área de influencia, abarcando al conjunto del planeta, al necesitar ingentes cantidades de alimento que tienen que llegar bien ajustadas en el tiempo a los mercados del centro de la ciudad y a las barriadas más marginales. Esto supone la existencia de una red de suministro que penetra en el entorno más próximo, pero también a cientos o miles de kilómetros de distancia, particularmente en las ciudades de los países ricos, donde la diversificación alimentaria es mayor. Que esa red de suministro funcione adecuadamente y se ajuste a la demanda sin graves descoordinaciones refleja la capacidad de las instituciones, empresas e individuos para que las estructuras más complejas de la Tierra funcionen correctamente. Y no olvidemos el gran consumo de energía para el transporte hacia, dentro y desde las ciudades, dado que estas últimas son consumidoras de bienes de todo tipo y a la vez productoras de artículos que deben distribuirse al resto del mundo. Dentro de las ciudades, la disociación entre los domicilios particulares y los lugares de trabajo implica también un elevadísimo consumo de combustibles. ¿Cómo se abordará este problema en el futuro, dado que el crecimiento de las ciudades se da por hecho de manera generalizada?

ii. Los requerimientos de agua para el abastecimiento de personas, industrias y alcantarillado exigen reclamar recursos cada vez más alejados que necesitan inversiones elevadas y tecnologías complejas (construcción de embalses y canales que desorganizan el territorio). Más arriba hemos citado el ejemplo de Los Ángeles y de algunas ciudades españolas y europeas. Ese consumo de agua en países con precipitaciones irregulares entra en colisión con los intereses de otros usos (agrícolas, turísticos y, a veces, con intereses mineros). En todo caso, la distribución de agua en los grandes centros urbanos implica un esfuerzo enorme para construir grandes depósitos adecuadamente distribuidos en función de la topografía local y mantener una red que está constantemente sujeta a deterioro, que es necesario reparar con frecuencia y que contribuye a crear colapsos en el tráfico de superficie o subterráneo.

iii. La concentración de millones de habitantes en un espacio relativamente reducido, al lado de complejos industriales y con un tráfico desquiciado, representa problemas de contaminación del aire y las aguas entre preocupantes o muy graves. La gravedad depende de muchos factores: la intensidad de la actividad industrial, la topografía (si favorece o no las inversiones térmicas y las correspondientes concentraciones de gases en la atmósfera), los vientos locales, el tráfico y la existencia o no de una red de alcantarillado eficiente que fluye hacia estaciones depuradoras o directamente a los ríos o al mar. Es cierto que en la mayor parte de las ciudades europeas, norteamericanas, japonesas, australianas y neozelandesas las depuradoras de aguas residuales son un componente más de las infraestructuras urbanas, pero eso no ocurre en la inmensa mayoría de las ciudades de los países pobres, precisamente donde se alcanzan las cifras más elevadas de concentración de población. El aumento tan rápido del número de habitantes, que crea estructuras urbanísticas improvisadas, con barrios que aparecen en cuestión de semanas, significa que hay grandes barriadas donde ni siquiera existen sistemas de alcantarillado, de manera que las aguas circulan en superficie sin más orientación definida que la propia topografía.

La búsqueda de suelo extremadamente barato o sin precio en los países más pobres asocia el crecimiento urbano marginal a topografías irregulares, proximidades de vertederos (que son incluso la fuente de recursos para un infraproletariado que ha acudido a las ciudades como una salida extrema a la depauperización), o lugares en los que se reciclan productos traídos de manera poco legal desde los países ricos occidentales. Por otro lado, no debemos dejar al margen un hecho de gran relevancia: hacia finales del siglo XXI más del 75 %

del crecimiento urbano del mundo ocurrirá en barrios marginales, especialmente en África subsahariana (Kaplan, 2025), con todo lo que ello implica desde un punto de vista social y ambiental. Ya en la actualidad, según Theroux (2014), 200 millones de personas del África subsahariana viven en lo que llamamos barrios marginales, teniendo en cuenta que, como señala Kaplan (2025), el concepto de *barrio marginal* en África va más allá de lo que podemos imaginar: inmundos asentamientos irregulares, accesos por carreteras horribles (cuando las hay) y montones de basura de todo tipo, donde «la anarquía es un riesgo más probable que la tiranía» (J. Ganesh en *Financial Times*, 21 de junio de 2022, reproducido por Kaplan, 2025). Una reflexión sobre estas cuestiones ya ha sido planteada más arriba.

Es bien conocido el hecho de que las ciudades aparecen claramente estructuradas en sectores morfológica y funcionalmente muy diferentes, cuyas características dependen de la importancia de cada ciudad en distintos momentos de la historia. En Europa, además de los núcleos urbanos más antiguos, que guardan, al menos en parte, reminiscencias de las etapas iniciales, incluidos algunos barrios medievales, pueden hallarse restos urbanísticos relacionados con momentos de prosperidad, que quedan reflejados en edificios monumentales y palacios de mayor o menor entidad. El crecimiento económico e industrial del siglo XIX se refleja en barrios obreros de casas uniformes construidas sin ningún significado estético, como sucedió en las principales ciudades europeas y norteamericanas. Muchas ciudades británicas son reflejo de esta realidad. Por el contrario, a lo largo del siglo XX se crean los llamados ensanches, hogar de la burguesía de la época, generalmente bien planificados con calles y avenidas amplias y lugar de ubicación del comercio más dinámico. Algunos barrios obreros aparecen formando núcleos aislados en torno a la ciudad, aunque sin integrarse plenamente en ella, si bien el crecimiento de la segunda mitad del siglo XX los incorpora por completo. Como principio general, el crecimiento urbano ha tenido lugar sobre todo hacia la periferia, una vez ocupados casi todos los espacios posibles dentro de la ciudad (antiguos cuarteles o conventos, que fueron engullidos por el crecimiento del siglo xx). También se construyen viviendas en antiguos polígonos industriales ya envejecidos y en una posición muy poco eficiente para dar entrada y salida a los medios de transporte. En contraprestación, se acondicionan nuevos polígonos industriales en el extrarradio de las ciudades, siguiendo las principales vías de comunicación, mientras algunos de los viejos polígonos se deterioran a la espera de nuevos planes de urbanismo.

Así, el crecimiento y desarrollo urbanos no son homogéneos, sino que presentan importantes diferencias: hay sectores que atraen a población joven y trabajadores de clase media y media baja, mientras otros están destinados a profesiones liberales y empresarios, con la construcción de casas individuales en espacios ajardinados y con alta calidad de los edificios. En definitiva, una clara segregación de la población y del urbanismo en función de las rentas. Esa segregación se aprecia también en los núcleos rurales más próximos, donde se crean urbanizaciones de coste relativamente bajo para atraer a población joven, dando lugar a crecimientos demográficos espectaculares.

Mientras tanto, el interior de las ciudades también cambia: el casco más antiguo y las calles herederas del crecimiento entre los siglos xiv y xix envejecen a gran velocidad, mientras se deterioran los edificios y parte del comercio se cierra por la jubilación de sus dueños o se desplaza hacia otras calles cuyo prestigio cambia de década en década. En las ciudades de los países europeos, el centro histórico suele recibir especial atención para mantener su atractivo turístico, de manera que suele haber planes para favorecer la restauración de viviendas y la incorporación de habitantes más jóvenes o profesionales de medio-alto nivel económico, mediante un proceso que se conoce como gentrificación. Esta mejoría visual y residencial presenta aspectos muy positivos, junto a no pocos negativos, al desplazar a las personas mayores y a las clases menos favorecidas hacia otros barrios, debido a la presión existente sobre los precios de venta y alquiler. En paralelo, se reinstala un comercio de calidad, generalmente muy especializado, y mejora la oferta hostelera, de manera que el casco antiguo se convierte en uno de los lugares más atractivos de la ciudad. Otros barrios próximos, en cambio, mantienen su degradación y quedan casi al filo de las políticas de recuperación, con población de más edad, jóvenes con pocos recursos o con actividades alternativas e inmigrantes extranjeros. La segregación también es aquí muy clara, aunque muy poco visible para los habitantes de la ciudad o sus visitantes, al quedar al margen de los trayectos más habituales. Otros barrios obreros de las décadas de 1950 y 1960 también se enfrentan al deterioro, con escasa renovación de viviendas y concentración de inmigrantes extranjeros.

Resulta sorprendente el elevado número de ciudades que vivieron un pasado mejor, muy efímero, y que ahora están en plena decadencia, que afecta a barrios enteros. Cómo no recordar el deterioro de Detroit o Filadelfia, o de algunos barrios de Nueva York, donde gran parte de los residentes están por debajo del umbral de la pobreza, especialmente la población afroamericana y latina, que sobrevive gracias a vales de comida (Kaplan, 2025). Son barrios en los que viven familias pobres, con frecuencia monoparentales y desestructuradas, con una elevadísima tasa de desempleo y problemas de delincuencia, incluyendo tráfico de drogas y presencia de bandas que controlan ilegalmente barrios en su propio beneficio. Calles enteras en los que el consumo de drogas causa estragos y reduce las posibilidades de recuperación a nivel familiar, lugares en los que la prostitución acaba siendo un recurso necesario. La impresión que da este escenario casi apocalíptico es que hay pocas esperanzas y, sin embargo, esos barrios están muy cerca de nosotros y no son solo la fuente de reportajes periodísticos que de vez en cuando asoman en las páginas de los periódicos. Pueden ser (deben ser) un objetivo geográfico de primer nivel: la confluencia de numerosos factores sociales y económicos la diferenciación espacial, el significado territorial de la pobreza y la necesidad de abordar una transformación social imprescindible para favorecer la integración y la funcionalidad de las ciudades. Como afirmaba Bunge (1979), las crisis y la pobreza tienen una marcada vertiente geográfica por su capacidad para expandirse o contraerse en el espacio en tiempos de depresión o de expectativas económicas favorables.

El resultado final es la configuración de ciudades de estructura muy compleja en función de su historia económica, social y política, con barrios bien diferenciados morfológica y socialmente, con servicios (institucionales y privados) muy desiguales y una funcionalidad contrastada entre unos sectores y otros. En general, el centro de negocios se identifica muy bien, aunque en algunas ciudades aparece bastante disperso, mientras forma en otras un núcleo bien destacado por la presencia de edificios singulares muy modernos, generalmente de mucha altura, que acogen oficinas que se benefician de las sinergias derivadas de la concentración de centros de decisión y de la oferta de servicios. De todas formas, estos centros de negocios pueden diferir mucho unos de otros, pues los hay con rascacielos agrupados en un sector muy concreto y en otros casos están más dispersos o incluso, en las ciudades con un amplio centro histórico, desdibujados entre edificios de gran valor artístico, que han sido aprovechados por bancos y otras actividades financieras y comerciales. Si algo caracteriza a las ciudades es precisamente su dinamismo, su capacidad de cambio constante, aunque algunos barrios lo hacen mucho más lentamente.

Una cuestión muy importante, que se olvida con frecuencia, es el del crecimiento periférico de baja densidad, con viviendas dispersas o asociadas en pequeñas urbanizaciones. Se trata de una forma de urbanismo bastante extendida en Norteamérica y algo más tardía en ciudades europeas. Responde a la demanda por parte de población, generalmente joven, que busca un mayor contacto con la naturaleza y un alejamiento de las elevadas densidades habitacionales de los centros urbanos, aunque a veces es una respuesta frente a los elevados precios de las viviendas en gran parte del interior de las ciudades. En cualquier caso, representa una ampliación del espacio urbano, la elevación de los costes relacionados con la movilidad de la población entre el centro y la periferia, la fragmentación del hábitat, la extensión de la red de transporte público, la ampliación de las infraestructuras (abastecimiento y saneamiento de agua) y, en ocasiones, como se ha comprobado en ciudades californianas, un incremento de los riesgos de incendio. Todo esto representa también la ocupación del medio rural por parte de la ciudad, limitando la presencia de la fauna e implicando una reducción de la biodiversidad. De igual forma, se amplía la extensión de los llamados barbechos sociales, es decir, campos de cultivo que se abandonan a la espera de que nuevos planes urbanísticos permitan operaciones especulativas en un contexto de expansión urbana. Este tipo de crecimiento disperso es cada vez más considerado una forma de despilfarro de recursos y, a la vez, de incremento de las emisiones de dióxido de carbono (National Research Council, 2010).

Las líneas precedentes dibujan el modelo de crecimiento y organización urbana de las ciudades de los países desarrollados. Este modelo difiere sustancialmente del experimentado por las grandes aglomeraciones urbanas de los países en vías de desarrollo. En este caso, se dan una serie de circunstancias especiales no experimentadas, al menos no con tanta intensidad, en el desarrollo. El factor clave que explica el fenómeno urbano en estas áreas geográficas es el tiempo, es decir, la rapidez con la que se desencadenan los procesos. Muchas ciudades han pasado de ser núcleos urbanos de decenas de miles de habitantes a urbes de millones en apenas décadas. Y esto ha sido debido especialmente a la llegada de población proveniente del medio rural y a unas elevadas tasas de natalidad. Esta avalancha demográfica difícilmente puede ser gestionada por una administración con falta de recursos y capacidad de gestión. Los ayuntamientos disponen de escasos presupuestos y son incapaces de invertir al mismo ritmo que las necesidades de la población. Por ello la morfología de estas ciudades se aleja de la observada en los países desarrollados. Es habitual en estas urbes contemplar un centro donde se alojan, en nuevos edificios construidos en altura, las sedes de bancos, multinacionales, hoteles para los extranjeros que acuden a hacer negocios. En este centro puede también encontrase algún edificio histórico que aloja a las administraciones y al poder político. Bordeando a este centro, se localizan las edificaciones de las elites económicas y políticas del país para dar inmediatamente paso a los caóticos barrios de autoconstrucción, con inexistencia de servicios y falta de planificación que acogen a esa población que acude masivamente a las ciudades en busca de trabajo. Las características de estas nuevas e improvisadas barriadas (favelas, ranchitos, *bindonvilles*), que ocupan laderas inestables, fondos de barrancos, suelos erosionados, bordes de carreteras o líneas de ferrocarril, ya han sido comentados en el apartado 8.1.

El mundo de las grandes ciudades es apasionante para los geógrafos por la variabilidad espacial de la morfología, y de las personas que viven en ellas, por la historia de los distintos barrios, por los cambios en su funcionalidad, por la extrema complejidad de los sistemas de provisión de agua y alimentos, así como por la organización del transporte y la accesibilidad a la ciudad, y por las consecuencias ambientales de las propias ciudades. Pensemos, por ejemplo, en la impermeabilización de cientos de kilómetros cuadrados de suelo, en los casos más extremos, que representa el crecimiento de las ciudades. En eventos lluviosos, la infiltración del agua en el suelo es imposible excepto en parques y lugares ajardinados, que suelen representar muy poco en el conjunto de la ciudad. En consecuencia, la escorrentía superficial es casi inmediata, con un tiempo de respuesta mínimo. Dependiendo de las dimensiones del área asfaltada y de la intensidad de la lluvia se producirán grandes volúmenes de agua que colapsan las redes de alcantarillado y pueden producir picos de avenida inmediatos y muy elevados en los ríos a los que fluyen las escorrentías. Por esta razón, algunas ciudades han construido depósitos subterráneos de agua para recoger esos excedentes, limitar sus efectos sobre la circulación de vehículos y personas en superficie y sobre la formación de avenidas en y aguas abajo de los espacios urbanos. No deben olvidarse tampoco las alteraciones climáticas que introducen las ciudades, debido al calentamiento del asfalto y de los edificios, los contrastes entre espacios soleados y umbríos y los flujos de aire canalizados por el trazado de las calles. Hoy resulta habitual hablar de clima urbano y son numerosos los estudios que se refieren a las ciudades como islas de calor (por ej., Cuadrat Prats *et al.*, 2005; Moreno García y Serra Pardo, 2016; Allende Álvarez *et al.*, 2018).

Varios aspectos ambientales tienen que ver con la contaminación atmosférica provocada por el intenso tráfico de vehículos, la actividad de las industrias y el funcionamiento de las calefacciones a gas. Otros estudios están relacionados con la diversidad de especies de plantas y animales en calles y parques, la llegada de plantas invasoras, a veces relacionadas con la propia jardinería, y los cambios que se producen en las cadenas tróficas debido a la contaminación y a que algunas especies no soportan una elevada frecuentación. Uno de los casos más conocidos es la acusada disminución de gorriones en la mayoría de las ciudades de la zona templada, quizás por la competencia ejercida por otras especies. También resulta interesante la nidificación de rapaces (halcones, principalmente, y también algunas nocturnas) en plena ciudad al disponer de presas relativamente fáciles, o la frecuentación de especies oportunistas (jabalíes, zorros) por parques y calles próximas al exterior urbano, en busca de alimento.

La ciudad ofrece, pues, numerosas oportunidades a los geógrafos para el estudio de una gran variedad de temas extremadamente dinámicos y que están muy relacionados con los cambios que ocurren en la morfología urbana, en la composición de la población en los diferentes barrios, y los cambios que experimenta esa composición a medida que evolucionan las funciones de la ciudad en su conjunto. Aquí, como en el análisis de los paisajes culturales (y aún con mayor intensidad), se producen relaciones muy complejas de espacio y tiempo junto a actividades económicas discriminadas que, a su vez, segregan a la población en función de sus recursos e incluso de su etnia. Como paisajes humanizados que son, las ciudades son también un palimpsesto que mantiene huellas de diferentes civilizaciones y de entramados urbanos, de distintas funciones y actividades, de sociedades que desarrollaron ideas consolidadas sobre el arte y el comercio, y sobre sus relaciones con la religión y con la percepción de la libertad.

8.5. Crecimiento urbano y área de influencia

Una pregunta necesaria para explicar la organización del territorio es ¿por qué han crecido más unas ciudades que otras? Se ha hablado siempre de la trascendencia de la ubicación: en un cruce de caminos, en el paso favorable para cruzar un río importante, en el piedemonte que conduce a un paso de montaña, en un puerto de mar suficientemente profundo para acoger grandes barcos, y tantas otras cosas, todas ellas relevantes, pero muy insuficientes por sí solas. El efecto de capitalidad (una decisión absolutamente política) puede ser decisivo, a veces sin que haya ninguna otra razón aparentemente importante. Una posición central en un territorio relativamente homogéneo también proporciona muchas ventajas. Es indudable que la disponibilidad de una densa red de comunicación que favorezca la accesibilidad de posibles compradores y vendedores intensifica las relaciones comerciales y la ubicación de industrias. No está del todo claro, sin embargo, por qué unas ciudades, a partir de un determinado momento, empiezan a crecer más rápidamente que otras, mejoran o refuerzan sus comunicaciones, crean mercados que atraen a la población de la comarca y, a medida que mejoran los medios de transporte, captan población más lejana.

A veces, en el siglo XIX, alguien económica y políticamente poderoso decide dónde se instala una estación de ferrocarril y, a partir de ahí, como sucedió en el centro-oeste de los Estados Unidos, todo resulta más fácil. Esa estación es un nodo de atracción de comercios, de servicios públicos y privados, de algunas industrias que más tarde pasan a ser grandes complejos productivos; después se aprueba la creación de una universidad y de centros culturales que solo son posibles cuando se supera una población crítica y eso amplía la atracción a un número creciente de centros de decisión. Una estación de ferrocarril en un lugar escasamente habitado fue suficiente para que todo comenzase y experimentase un crecimiento rápido, casi diríamos imparable.

En otros lugares el proceso es parecido, pero mucho más prolongado en el tiempo: un campamento romano en un lugar al que llamarían Lutecia, Londinium o Caesaraugusta; un crecimiento demográfico muy lento; una capitalidad que llega en un momento de crisis; unas murallas que protegen a la población comarcal de invasiones; un río sobre el que se ha construido un puente desde el que se accede a un territorio más amplio que puede dominarse fácilmente y que sirve de proveedor de alimentos; el asentamiento de personas con recursos económicos para comerciar por la región; personas que construyen edificios singulares que dan sensación de poder; la construcción de catedrales que, por sus dimensiones, quieren transmitir a la población local y a sus visitantes dónde está la autoridad, a veces difusa, a veces muy concreta, de la que dependen las decisiones más importantes; mejoran las comunicaciones; aumenta la burocracia para cobrar tributos y aumenta el número de personas que ayudan a organizar el funcionamiento de la ciudad; llega la universidad y se construyen más edificios al gusto de la burguesía local, llegan también pintores, escultores, reconocidos arquitectos, escritores que atraen más población seducida por el prestigio que proporciona la cultura; y llega la estación de ferrocarril, cuando la ciudad es un ente maduro con capacidad para atraer industrias; se crean nuevos comercios, comienzan a hacerse bien visibles las entidades financieras y hay un mercado poderoso que trae productos de lugares más alejados.

El proceso ya es imparable, y su evolución dependerá de decisiones políticas y empresariales y de otras cuestiones más contingentes. La construcción de un aeropuerto, la ampliación de un gran puerto de mar con acceso fácil y próximo a otros puertos, una actividad minera interior que exige más medios de transporte y que refuerza la importancia del puerto, o la instalación de una gran empresa que revoluciona el empleo y el crecimiento demográfico y, por lo tanto, demanda más servicios, una universidad más grande, más actividades culturales. ¿Cuándo se detiene el proceso? Cuando una crisis económica obliga al cierre de algunas de las empresas más emblemáticas; o cuando el crecimiento demográfico es fuente de más inconvenientes que ventajas, en relación sobre todo con el tráfico y la accesibilidad al trabajo y a los centros culturales y de ocio.

Pero la respuesta a la pregunta que nos hemos hecho más arriba es todavía incompleta. Sabemos que hay una serie de hechos que hacen crecer a las ciudades, pero no hemos comentado que la mayor o menor velocidad de ese crecimiento es una consecuencia de la competencia entre las ciudades. Competencia por el *dominio* del territorio, es decir, de su área de influencia. Las ciudades ofrecen servicios (sanitarios, educativos, comerciales, culturales) y con ellos atraen a la población de su entorno, a distancias tanto mayores cuanto mayor es la calidad y cantidad de tales servicios. La Teoría de los Lugares Centrales de Walter Christaller (1893-1969) se basa en el hecho de que las ciudades ofrecen variados servicios y que entre ellas establecen una jerarquía relacionada con el número de habitantes a los que atienden y con la calidad y diversidad de los servicios que ofrecen. Con el paso del tiempo, las ciudades mejor situadas (en posiciones centrales respecto de sus territorios, o en cruces de comunicaciones) son capaces de atraer a más personas y de crecer más. Esto hace que en un determinado territorio aparezca una ciudad principal que dispone de gran universidad, aeropuerto y centros comerciales muy diversificados y donde se concentran los principales organismos oficiales. Pero, por debajo de esta ciudad principal, la jerarquía urbana establece que hay otras ciudades secundarias que también ofrecen diversos servicios más próximos y que evitan a la población el que tenga que desplazarse a la ciudad principal. La Teoría de los Lugares Centrales es la base para entender la organización espacial de los asentamientos humanos y de su importancia relativa en función de complejos hechos históricos y decisiones políticas, matizadas por factores ambientales que han podido tener un mayor peso en el pasado.

Así, las ciudades que disponen de una elevada centralidad son las que proporcionan más servicios y llegan a más distancia, mientras que, al descender en la jerarquía, las ciudades con baja centralidad ofrecen menos servicios, y los que ofertan son menos exclusivos: por ejemplo, centros comerciales con una menor diversidad y calidad de productos, centros universitarios con una menor oferta de estudios, ausencia de aeropuerto o menos conexiones ferroviarias. Y, por debajo de este segundo nivel aún podemos encontrar otros centros urbanos menores para atender a necesidades comarcales. Naturalmente, las empresas hacen estudios de mercado y, de forma más intuitiva, saben que la ubicación en una ciudad puede atraer a más público que en otras, y en función de eso deciden sus estrategias de apertura de sus establecimientos. La distribución de las sucursales de los bancos refleja muy bien la jerarquía urbana a la escala de un país como España, con un número muy elevado de entidades y de sucursales en Madrid y Barcelona y, por debajo de ese nivel, un número decreciente de sucursales en ciudades como Valencia, Zaragoza, Bilbao, Sevilla y Málaga, y así sucesivamente hasta llegar a las capitales comarcales, que pueden contar con hasta media docena de sucursales, mientras que el resto de los asentamientos puede contar con una o dos en el mejor de los casos.

La Teoría de los Lugares Centrales es muy interesante desde muchos puntos de vista, al reflejar el dinamismo de las distintas ciudades y territorios y los esfuerzos que cada una de esas ciudades hacen por atraer nuevos servicios o conseguir la ubicación de organismos oficiales que a veces se deciden políticamente de manera compensatoria. Las instituciones regionales o nacionales disponen de herramientas para favorecer unas u otras ciudades, mediante la creación de polígonos industriales agraciados con desgravaciones fiscales, y la asignación de instituciones oficiales. El resultado final de la jerarquía urbana es una estructura anidada (como la que presentan las cuencas hidrográficas), de manera que dentro del área de influencia de una gran ciudad se encajan otras ciudades menores con su propia área de influencia, cada una de ellas con otras ciudades de influencia decreciente. Este anidamiento refleja un descenso de la calidad y cantidad de los servicios ofrecidos a medida que descendemos en la jerarquía. De ahí también cabe deducir que las ciudades contribuyen a irradiar riqueza en su área de influencia, tanto más intensa cuanto mayor es el territorio afectado, aunque el impacto positivo es decreciente a medida que nos alejamos de la metrópoli y entramos en áreas progresivamente más marginales.

La Teoría de Christaller se aplicó en 1933 por primera vez al sur de Alemania, donde la planitud del relieve permitía extender el área de influencia de cada gran ciudad hasta el límite de la influencia de otra gran ciudad (Múnich, Nuremberg, Frankfurt, Stutgart) y donde se acaba organizando un entramado de ciudades de segundo y tercer nivel de manera equilibrada, de modo que las áreas de influencia de las ciudades correspondientes a cada orden jerárquico cuentan con áreas de influencia muy similares, formando hexágonos o círculos. Por supuesto, en regiones de topografía irregular y, más aún, en las regiones montañosas, las áreas de influencia tienen dimensiones muy variadas, y su forma y dimensiones dependen no solo de la importancia relativa de cada ciudad, sino del tamaño de las unidades estructurales (especialmente depresiones interiores, grandes valles) y de la existencia de obstáculos.

Más adelante, otros geógrafos han intentado mejorar el modelo de Christaller o han propuesto modelos alternativos. La Teoría se ha aplicado con bastante éxito a la evolución de las ciudades en el centro-oeste de Estados Unidos, donde la planitud del relieve y los escasos condicionamientos históricos permitieron el desarrollo de una jerarquía urbana bastante armónica, en la que el trazado del ferrocarril y de las grandes autopistas ha jugado un importante papel. Una introducción sencilla al modelo de Christaller puede consultarse en Haggett (1988). Es importante tener en cuenta que al poner especial énfasis en la influencia de las ciudades sobre la organización del territorio se ha producido a un cambio de perspectiva en la Geografía regional. Las regiones no se identifican por su homogeneidad natural o social (si es que ello es posible), sino que se definen por la ciudad que las organiza, de manera que, como señala Bielza de Ory (1980), la región funcional está condicionada por una ciudad o metrópoli que organiza una determinada área de influencia, con una red de comunicaciones que crea «una malla de relaciones socioeconómicas con su entorno».

El esquema urbano jerarquizado de la Teoría de Christaller es visible en aquellas regiones con un relieve caracterizado por la planitud y, desde luego, allí donde se observó por primera vez, es decir, en países desarrollados de Europa o Norteamérica. Pero ¿es aplicable a regiones o países con escasos niveles de desarrollo en donde una jerarquía en el ofrecimiento de bienes y servicios no parece tan evidente? Ya se ha comentado en este capítulo que en el subdesarrollo se está dando un crecimiento hipertrofiado de un número muy determinado de ciudades, especialmente las capitales nacionales que acogen anualmente cantidades importantes de población. En este caso, es bastante improbable un desarrollo jerarquizado de los núcleos de población. El trasvase de personas, bienes y servicios se da de la aldea o núcleo pequeño a la gran aglomeración urbana sin apenas pasos intermedios. Este proceso o tendencia también se está detectando en el mundo desarrollado en donde las excelentes comunicaciones y el atractivo de la gran ciudad está desmantelando algunos niveles de la jerarquía urbana como son las cabeceras comarcales o los núcleos de tamaño medio. La adquisición de mayor número de bienes y servicios, el incremento de las oportunidades formativas y de empleo de los jóvenes, y las comunicaciones (aeropuertos, autopistas, estaciones de ferrocarril, etc.) de las grandes ciudades impulsan la atracción hacia determinados lugares.

8.6. Cuestiones sobre la calidad de vida y la movilidad en las ciudades

Hay otras cuestiones que también se plantean los geógrafos en relación con la dinámica urbana y su complejidad y que solo dejamos enunciadas a continuación:

- Los cambios funcionales recientes en las ciudades.
- Las ciudades como focos de atracción de mano de obra (movimientos diarios de trabajadores).
- Las ciudades como centro de residencia para trabajadores externos. Distancia que los habitantes de una ciudad están dispuestos a recorrer para desplazarse al trabajo.

- La gentrificación de los centros históricos y sus consecuencias para la reorganización interior de comercios y servicios.
- La movilidad residencial en un doble sentido: cambios de residencia y desplazamientos habituales de la población en las ciudades, teniendo en cuenta, entre otros factores, la ubicación de los grandes centros comerciales.
- El uso del transporte urbano: cambios a lo largo de la semana y estacionalmente.
- Los medios de transporte en el interior de la ciudad: las alternativas al transporte motorizado.
- El uso de los diferentes espacios verdes y su variabilidad horaria, semanal y estacional.
- Distribución espacial de diferentes tipos de comercios y su evolución temporal.
- La evolución de las grandes ciudades hacia modelos policéntricos.
- La segregación espontánea de la población en las ciudades, en función de las características de las familias, del nivel de vida, de la raza e incluso del origen. Esta compartimentación espacial de las sociedades urbanas conduce frecuentemente a la falta de integración y dificulta el compromiso de los colectivos en la mejora del funcionamiento global de las ciudades. Los geógrafos han estudiado en muchas ciudades del mundo la segregación social, no ya como denuncia sino con el fin de que sirva de punto de partida para resolver problemas concretos. No debemos aceptar que la actual organización de las sociedades urbanas es inmutable o que nada debe cambiar en el futuro.

Una cuestión más que afecta a la calidad de vida, pero que representa una inversión gigantesca: En un mundo con cientos de millones de personas viviendo en infraviviendas y barrios carentes de cualquier infraestructura, ¿cómo podemos aceptar este hecho como algo normal? Y, en el caso de que nos conmueva de alguna forma, ¿tiene el planeta capacidad para afrontar el asentamiento de esas personas en viviendas de cierto nivel y en calles dotadas de accesos?, ¿o tenemos que aceptar que es un hecho irreversible y que el mundo tiene que acostumbrarse a la pobreza extrema de una elevada proporción de su población? En el caso de que exista un plan, ¿sería posible teniendo en cuenta la ingente cantidad de materiales de construcción, de energía y de asfalto que serían necesarios? ¿Somos conscientes de las medidas que debemos tomar para reducir la huella ambiental de las ciudades y para mejorar la calidad de vida de sus habitantes? Digámoslo claramente: ¿Cómo puede la geografía contribuir a reducir la desigualdad?

8.7. Globalización y cambio social

La globalización forma parte de nuestras conversaciones desde finales del siglo XX, cuando fuimos plenamente conscientes de que estaban ocurriendo grandes cambios en la localización de actividades industriales a escala planetaria. En el transcurso de muy pocos años pudimos constatar que las grandes áreas industriales del mundo occidental entraban en crisis y que determinados artículos estaban dejando de producirse en lugares donde las empresas formaban parte de la tradición e incluso del paisaje desde muchas décadas antes. De pronto, vimos que muchas de esas empresas iniciaban una carrera por ver quién sacaba ventajas inmediatas por trasladarse a miles de kilómetros de distancia, preferentemente a países con muy pocas garantías de funcionamiento democrático, con salarios muy bajos y largas jornadas de trabajo. Las zapatillas deportivas que antes se fabricaban en ciudades españolas, británicas o norteamericanas, aparecieron con el sello de China, Indonesia, Vietnam, Taiwán o Tailandia. Más tarde fue gran parte de la producción textil, los juguetes y, tras un apresurado proceso, una elevada proporción de electrodomésticos y aparatos electrónicos, incluyendo casi todos los componentes de ordenadores y teléfonos móviles. Actualmente son los vehículos, especialmente los eléctricos, los que siguen estas tendencias hacia la deslocalización. Hoy la producción industrial en los llamados países en vías de desarrollo se ha extendido de manera general, incluyendo México o la India, y algunos productos agrícolas también han experimentado una deslocalización relacionada con la escasez de mano de obra y los costes de producción en los países ricos (espárragos en Perú y China, tomate en Marruecos, hortalizas en el este de África). Hasta la creación de películas de animación se desplazó desde algunos países europeos a ¡Corea del Norte! En la actualidad, resulta habitual que casi cualquier producto de alto valor añadido proceda de China o del Sureste Asiático, mientras las viejas regiones industriales de Europa y Estados Unidos han entrado en una crisis que ahora se antoja irreversible, mediante un proceso de deslocalización que sorprende por su rapidez e intensidad.

Esta evolución se ha conocido desde sus inicios como *globalización*, aunque este término incluye cambios aún más profundos que el simple traslado de empresas de unos lugares del mundo a otros. La globalización puede definirse como la incorporación de gran parte de los países de la Tierra a la producción industrial a gran escala y al comercio, el acceso fácil y rápido de personas y mercancías a cualquier rincón del planeta y la generalización de los avances tecnológicos y la digitalización. Según De la Dehesa (2000), la globalización tiene como agentes fundamentales a las empresas globales tanto financieras como no financieras que operan en todo el mundo y exigen la liberalización de los intercambios de bienes, servicios y capitales.

Con la globalización han surgido nuevos polos de producción y centros de decisión en lugares que nos hubieran parecido impensables hace tan solo tres o cuatro décadas, compitiendo con las que hace muy poco eran las principales ciudades norteamericanas y europeas. Esta evolución, por sus dimensiones y rapidez, ha supuesto una transformación general de las relaciones productivas y está cambiando el mapa de los lugares más dinámicos, a la vez que se desmantelan complejos industriales que parecían establecidos para siempre. Los cambios han sido también sociales, como es lógico, y tiene notables repercusiones en los países occidentales.

La globalización ha tenido, como es lógico, grandes repercusiones en China, el Sureste Asiático y en otros lugares del mundo, permitiendo un crecimiento económico desconocido por el ritmo en que se ha producido la acumulación de capital, por la alta tecnología aplicada a los sistemas de producción y por la mejora de las condiciones de vida de la población local. Cifras de dos dígitos en el crecimiento anual del PIB en China, Vietnam, Singapur y Taiwán, por ejemplo, se han mantenido durante varios años y explican la creación de empresas capaces de producir a costes muy inferiores a los europeos, norteamericanos o japoneses, lo que les permite exportar a todo el mundo. En muy pocos años, la industria automovilística china compite con ventaja (atendiendo al precio) con los vehículos producidos en Europa. No hay ya nada que no pueda producirse en cualquiera de esos países, con unos costes de mano de obra y de instalaciones muy inferiores. Esto explica el crecimiento demográfico y la transformación morfológica en ciudades del Sureste Asiático, dando claramente la impresión de que la economía mundial está experimentando grandes cambios que afectan tanto a la producción industrial como a la agrícola y a los centros urbanos.

Pero los cambios son también muy importantes en los países occidentales, que no han sabido reaccionar frente a la deslocalización y desindustrialización. Hubo un tiempo en que los economistas europeos o norteamericanos no dieron ninguna importancia a este proceso. No se preocupaban por el hecho de que se fueran industrias a Indonesia, China o Taiwán: la tecnología y el capital seguían siendo nuestros. Es más, pensaban que no estaba mal del todo que la producción y la contaminación se quedasen en los países en desarrollo, de manera que los países ricos serían más limpios, continuarían controlando el comercio mundial y además se especializarían en una economía de alto nivel tecnológico con salarios más altos, consumiendo productos más baratos procedentes de Asia. Todo parecían ventajas.

Pero ese sueño acabó muy pronto porque no hubo una estrategia para reconducir la situación ni hubo tiempo suficiente para ser conscientes de los cambios que sobrevendrían. La desindustrialización fue brutal en algunas ciudades norteamericanas y europeas. Cientos de empresas productoras de bienes de consumo tuvieron que cerrar ante la competencia de los productos que venían del este. Primero fueron las propias empresas, que habían montado centros de producción en Vietnam, Indonesia y Taiwán, las que cerraron en sus países de origen. En un plazo muy corto, muchas empresas fueron conscientes de que las diferencias salariales, los menores impuestos, la rebaja de trabas burocráticas, una laxa legislación en materia de protección medioambiental y unos costes de producción mucho más bajos favorecían la competencia frente a las viejas industrias europeas y norteamericanas. Las ciudades norteamericanas, francesas y alemanas, especialmente, pero también, en menor medida, las españolas e italianas vieron cómo los antiguos barrios obreros, que habían disfrutado de niveles de vida relativamente elevados hasta finales del siglo XX, se convirtieron en barrios llenos de desempleados o de jubilados que habían aprovechado las ofertas de jubilación anticipada. Día tras día fue apareciendo más gente que quedaba al margen del desarrollo económico o que se consideraba relegada (Guilluy, 2019).

La construcción de viviendas permitió prolongar la bonanza económica algunos años más, pero pronto se vio que la crisis, el paro y, lo que fue peor, los bajos salarios habían llegado para quedarse. Se cerraron miles de empresas, lo que afectó al tejido productivo, y en numerosos polígonos industriales pocos negocios productores de bienes de consumo se mantienen abiertos, mientras sobreviven talleres y empresas de servicio, muchas de las cuales se dedican a actividades logísticas, con empleos más inestables y precarios. En consecuencia, también la construcción de viviendas se ha ralentizado, en un contexto en el que las clases medias de toda Europa y Estados Unidos se sienten amenazadas, mientras crecen las propuestas populistas (Guilluy, 2019). Agricultores y ganaderos también salen perdiendo ante la cronificación de los precios bajos, el incremento de costes derivados de políticas de protección medioambiental y por su escasa capacidad de control de los sistemas de distribución, a la vez que se ha incrementado la competencia desde otros países con niveles de renta más bajos (México, Chile, Perú, Marruecos, Argelia, R.P. China). Hoy todo el mundo es consciente de que la agricultura en los países ricos solo sobrevive gracias a las subvenciones y, en buena parte, a la mano de obra de origen extranjero, que permite la intensificación de los sistemas productivos.

Esta evolución tiene importantes consecuencias sobre la organización del territorio que han de ser objeto de estudio preferente por parte de los geógrafos. Algunos de los problemas ya están enunciados; ahora solo falta ponerse de lleno a estudiarlos. De ahí surgen preguntas inevitables como ¿cuáles son las tendencias demográficas de los barrios más afectados? Y, más aún, ¿cuál es la nueva composición demográfica por edades y profesiones? ¿Cuál ha sido la evolución de los polígonos industriales y, en particular, cuál ha sido la tendencia de las actividades? ¿Cuáles son las nuevas estrategias de localización de las medianas y pequeñas empresas? ¿Cuáles son las actividades prioritarias de las nuevas grandes empresas y cuáles son sus preferencias de localización? ¿De qué forma ha afectado la globalización a la intensificación de la desigualdad?

La globalización ha sido inevitable en un mundo en el que las empresas (y, en cierto modo, los países) compiten para sacar ventajas y dominar mercados cada vez más extensos. A escala planetaria, ha traído ventajas e inconvenientes, con independencia del lugar que analicemos. Ecólogos y economistas, al estudiar todos los procesos de cambio a cualquier escala espacial, hablan de *ganadores* y *perdedores*.

La globalización ha afectado a todo el mundo, a los países ricos por la pérdida de un gran número de empresas y por la competencia que llega desde los llamados países emergentes (República Popular China, India, Taiwán, Indonesia, Tailandia . . .), lo que ha conducido a un aumento del desempleo, a la terciarización y a la precarización de los empleos, afectados por una mayor inestabilidad y salarios más bajos. Muchas empresas familiares se han hundido o simplemente han sobrevivido obligadas a mejorar la calidad de su producción. Sin embargo, pueden identificarse algunos ganadores, entre los que destacan las empresas globales dedicadas a la importación-exportación, las que manejan datos personales para atender a los mercados nacionales e internacionales, las grandes distribuidoras y, por supuesto, las grandes empresas que trasladaron su producción a los países emergentes.

En los países emergentes hay numerosos ganadores, principalmente las administraciones públicas, que han dispuesto de mayores recursos financieros para acometer transformaciones radicales en las infraestructuras (carreteras, ferrocarriles, puertos y aeropuertos), siguiendo una evolución rapidísima que ha sido particularmente espectacular en China. Se han generado nuevas empresas al amparo de sistemas autoritarios (China, Vietnam, Indonesia) que, sin embargo, se mueven en un entorno de capitalismo de alto rendimiento y escasa transparencia con apertura de negocios en todo el mundo. Y, por supuesto, se han creado millones de empleos que han contribuido a la formación de una clase trabajadora eficiente y bien preparada a pesar de las extenuantes jornadas de trabajo, han elevado el nivel de vida de la población y han ayudado a crear un tejido productivo que proporciona una mayor estabilidad social y económica. También, sin duda, está surgiendo una clase media casi inexistente hace un par de décadas. ¿Qué han perdido estos países con la globalización? Muchas de las ciudades del Sureste Asiático están entre las más contaminadas del mundo, debido a que el crecimiento ha sido muy rápido y no ha habido normas estrictas de control de la calidad en el proceso productivo. La contaminación se considera una consecuencia más de la industrialización y del aumento del tráfico de personas y mercancías. La necesidad de recursos energéticos y de materias primas en los países emergentes ha obligado a actuaciones que ya estaban casi olvidadas en los países occidentales: minería a cielo abierto afectando a cientos de hectáreas, con la consiguiente contaminación del aire y las aguas, o la construcción de grandes embalses que han obligado a desplazar a millones de personas por la inundación de sus tierras, como es el caso de la Presa de las Tres Gargantas en el río Yangtsé, China.

9

Cambios en los paisajes agrarios de la región mediterránea

En el Capítulo 2 comentamos que, con frecuencia, el estudio de los paisajes ha sido considerado uno de los principales focos de estudio de los geógrafos. Algunos autores (por ej. Sauer, 1925; Troll, 1950) han afirmado que el principal objetivo de la geografía es el estudio y explicación de los paisajes de la Tierra. Al analizar los paisajes, se mostraría la capacidad de los geógrafos para interrelacionar e integrar factores físicos y humanos y para interpretar la complejidad y variedad de los sistemas terrestres. Quienes así piensan, argumentan que en los paisajes está todo lo que forma parte de la geografía y que, con su estudio, la propia geografía se reivindica como una disciplina exclusiva. Los autores de este libro estamos convencidos de la importancia del estudio de los paisajes como esfuerzo integrador, y como elemento decisivo para la ordenación y gestión del territorio. Esto vale tanto en el caso de los paisajes naturales, es decir, aquellos que se definen sobre todo, aunque no exclusivamente, por rasgos ambientales, como en el caso de los llamados paisajes culturales, es decir, aquellos que se han construido a lo largo de siglos o milenios como consecuencia de la interacción entre diferentes culturas, la diversidad de la topografía, la organización espacial de la fertilidad de los suelos, los procesos geomorfológicos y los flujos hidrológicos (García Ruiz y Lasanta, 2018). Un pequeño inciso: Aunque geógrafos y ecólogos hablan frecuentemente de paisajes naturales, no se refieren estrictamente a ambientes no perturbados por las actividades humanas. Son simplemente paisajes que se definen sobre todo por sus rasgos naturales, pero no cabe hablar de paisajes inalterados, salvo en la Antártida, la gran masa de hielo de Groenlandia, algunas regiones árticas, la alta montaña, en un entorno de rocas, nieve y hielo, o algunas regiones ignotas de los bosques tropicales. El resto de los paisajes de la Tierra muestran rasgos, siquiera sean débiles, de transformación de la vegetación, de deforestaciones ocasionales, de agricultura nómada y de pastoreo más o menos ocasional.

En las páginas siguientes nos centraremos, sobre todo, en los paisajes culturales mediterráneos, intentando transmitir los factores que los explican y algunos de los cambios que han ocurrido y están ocurriendo como consecuencia de la evolución demográfica y económica que afecta a las sociedades rurales. También tenemos interés en demostrar que los paisajes ayudan a entender la manera en que las sociedades humanas han percibido sus relaciones con el medio ambiente y cómo estas relaciones han variado a lo largo del tiempo. Tenemos que entender que formamos parte de los paisajes de la Tierra, herederos de una larga historia de intervención en el territorio y de una suma de actitudes culturales. Nos apuntamos también a la idea de Ortega Cantero (2012, p. 684) cuando afirma que la comprensión del paisaje «permite formar la inteligencia y, al tiempo, la sensibilidad y la imaginación; ayuda a incrementar y afinar las capacidades intelectuales, éticas y estéticas de la persona». Por otra parte, es importante tener en cuenta dos hechos que refuerzan el interés de la perspectiva geográfica en el estudio de los paisajes: (i) La construcción de un paisaje es el resultado de un gran esfuerzo físico e intelectual, que debemos reconocer como una herencia patrimonial de valor incalculable, como es el caso de la construcción de terrazas de diferentes tipologías, o la organización de los paisajes en un mosaico que cambia con el tiempo para favorecer a la vez la explotación y la conservación. Y (ii) la interpretación de los paisajes culturales es uno de los medios principales para promover la conservación de una naturaleza humanizada, para percibir la forma en que culturas diferentes han intervenido a lo largo del tiempo para transformar el paisaje. La suma de esas culturas es lo que hoy vemos y refleja que modificaciones fundamentalmente utilitaristas pueden acabar construyendo paisajes armónicos con una compleja biodiversidad y funcionalidad.

9.1. Un ejemplo sobre la configuración de los paisajes

Cuando se observa un paisaje de montaña mediterránea, con una larga presencia humana, somos conscientes de la diversidad morfológica de las parcelas de cultivo, de las relaciones entre topografía y aprovechamientos agrícolas, de los cambios altitudinales y de la variada disposición de árboles y matorrales en función de la pendiente y la exposición. Nos referimos en especial a un paisaje de montaña porque en ella las relaciones entre estructura, topografía, microclimas, cultivos y ganadería son muy evidentes y variadas debido a la heterogeneidad que caracteriza a las tierras altas. Y hablamos de la región mediterránea porque es aquí, casi más que en cualquier otro sitio, donde la presión humana ha dejado su huella desde al menos el Neolítico y donde han tenido lugar numerosos cambios culturales.

Figura 9.1. Perspectiva del valle de Gistaín, en la comarca de Sobrarbe, Pirineo aragonés. Ver texto para la explicación del paisaje. Foto: J.M.G.R.

La Figura 9.1 muestra un paisaje del valle de Gistaín, en la comarca de Sobrarbe, Pirineo aragonés. El pueblo situado a mayor altitud es Gistaín, mientras en el fondo del valle de localizan Plan y San Juan de Plan, a izquierda y derecha, respectivamente. El sur queda a la izquierda de la imagen y la ladera está orientada al este. Desde un punto de vista estructural, el relieve presenta una topografía muy variada, aunque dominada por fuertes pendientes, que se reducen en el fondo del valle, aunque el perfil longitudinal del río Cinqueta se caracteriza por una fuerte inclinación. En primer plano, en la orilla opuesta se observa parte de un cono de deyección atravesado longitudinalmente, en la línea de máxima pendiente, por un cauce canalizado para limitar la torrencialidad del barranco, y evitar así los cambios de cauce típicos de los conos de deyección, que darían lugar a la dispersión del sedimento transportado durante tormentas. La canalización da, no obstante, una falsa percepción de estabilización del cono, al haber favorecido la colonización por parte de la vegetación. La ladera, que se observa de manera frontal desde la pista procedente del valle de Benasque, presenta algunos sectores intensamente erosionados, en concreto un barranco a la izquierda con una cabecera activa y un tramo medio donde el mismo barranco ha originado una profunda incisión que da lugar a un pequeño cono de deyección cultivado y ocupado parcialmente por la localidad de Plan.

En el centro de la foto, Gistaín se asienta en la parte superior de un antiguo deslizamiento de plano profundo, con una gran cabecera cóncava que en su momento actuó como zona de origen del deslizamiento. Este último se canaliza inmediatamente por debajo de Gistaín y se expande en su base para desarrollar un frente en espátula. A pesar de las fuertes pendientes, se cultiva todavía una importante proporción de las laderas, fundamentalmente sobre el gran deslizamiento, mediante parcelas adaptadas a la fuerte pendiente, con frecuente presencia de arbolado entre los campos. Otras laderas con pendientes incluso más fuertes también exhiben evidencias de haber sido cultivadas, mostrando signos de un *bocage* que representa la importancia del pastoreo tras la cosecha, como es el caso de los campos situados a la izquierda del gran barranco del centro de la imagen. Tanto estos campos como los que se localizan sobre el deslizamiento se han transformado ahora en prados de siega y de diente, sustituyendo a los antiguos campos de cereal que dominaban en el sistema tradicional. No hay que olvidar que el ganado trashumante, dominante hasta la década de 1960, se alimentaba en los pastos subalpinos de la cabecera del valle en verano y en las estepas de la Depresión del Ebro entre octubre y mayo-junio, por lo que la agricultura se destinaba a la alimentación humana. La situación ha cambiado completamente tras la casi total desaparición de la trashumancia y la apertura del valle a la compra de alimentos, de manera que los campos se destinan ahora a la producción de hierba para el ganado que permanece en invierno en el valle (ganado vacuno, esencialmente).

Se observan también campos de cultivo más pequeños y pendientes junto a la cabecera del barranco central, llegando casi hasta la divisoria, y en la antigua cicatriz del gran deslizamiento. En ambos casos, casi todas las parcelas están ya abandonadas y probablemente en una fase avanzada de colonización vegetal, aunque la distancia no permite asegurarlo. El fondo del valle, muy estrecho, solo permite la presencia de una delgada alineación de prados. Es interesante señalar que el deslizamiento profundo en cuya cabecera se asienta la localidad de Gistaín se considera estable. Sin embargo, durante las intensas lluvias de noviembre de 1982 se formaron grietas de casi un metro de anchura y varias decenas de metros de longitud en la zona de la cicatriz, reflejando que en situaciones extremas el deslizamiento podría reactivarse. Este riesgo se había soslayado tradicionalmente mediante la construcción de drenajes que evitaban la infiltración excesiva del agua de lluvia o de fusión de la nieve. Eso indica que la población local conocía los riesgos de la ubicación de Gistaín y sus posibles soluciones. Sin embargo, la despoblación y la ausencia de mantenimiento de infraestructuras antiguas hicieron que esos drenajes dejaran de estar funcionales en el momento de las lluvias torrenciales de 1982 (Martí Bono y Puigdefábregas, 1983).

Esta fotografía del valle de Gistaín permite además comprobar, aunque de forma limitada, algunos aspectos de la organización altitudinal de los usos del suelo en las regiones de montaña. Los primeros pobladores de estas montañas debieron ser pronto conocedores de las diferencias climáticas entre los fondos de valle y las áreas de cumbres. Y, en consecuencia, serían también conscientes de la diferente activación de la vegetación y de los cultivos a lo largo del año a medida que se ascendía hacia las cumbres. La imagen nos muestra que las parcelas de cultivo se instalaron en un ambiente forestal (el piso montano), del que se conservan todavía varios rodales. No podemos saber si los primeros agricultores y ganaderos se instalaron inicialmente en Gistaín o en los dos pueblos del fondo del valle. La lógica sugiere que este último sería mucho más favorable debido a sus pendientes más suaves y a una temperatura más favorable, pero no está claro que al principio fueran esas las prioridades.

En la parte derecha de la imagen, la montaña muestra un espacio deforestado que se corresponde con el piso subalpino, por encima de 1600 m s.n.m., en el que el arbolado ha sido sustituido por comunidades herbáceas pastadas durante el verano. Ese piso subalpino fue deforestado lentamente desde el Neolítico y de manera más rápida desde el siglo XII, coincidiendo con la gran expansión de los rebaños ovinos trashumantes y el apogeo de la comercialización de la lana.

La fotografía del valle de Gistaín refleja el aprovechamiento integral de la montaña, mediante el cultivo del fondo del valle y las laderas hasta que tanto la pendiente como las bajas temperaturas impusieran límites a la actividad agrícola; además, los pastos subalpinos representaban la alimentación del ganado desde mayo a octubre, mientras que la trashumancia garantizaba el pastoreo durante el resto del año, desplazando a la Depresión del Ebro la responsabilidad de alimentar al ganado por la crudeza de la larga estación fría en la montaña. En la actualidad, ante la crisis de la trashumancia, los antiguos campos de cultivo son los encargados de asegurar la alimentación invernal, sin que se descarte la compra de piensos del exterior de la montaña. Con esta imagen y trabajo de campo se puede extraer, por lo tanto, mucha información acerca de la manera en que los habitantes de la montaña concibieron la organización del territorio para extraer la máxima energía posible en un ambiente difícil, tanto por la topografía como por el clima.

Lo que está claro es que la construcción de un paisaje tan complejo como el que hemos presentado nos sugiere una determinada percepción del medio por parte de la población local desde hace varios miles de años. Desde entonces, el proceso de creación y transformación ha sido necesariamente lento, seguramente con saltos hacia atrás y con errores y aciertos. Estamos seguros de que también fue un esfuerzo colectivo, de un grupo humano que decidió dónde se localizaban los primeros campos y el primer asentamiento, cuál sería el trazado de las parcelas, cómo se frenaría la erosión del suelo en las laderas, y dónde y cómo se trazarían los drenajes para evitar la excesiva acumulación y circulación de agua, qué árboles se dejaban entre los campos de cultivo y en qué lugares (García Ruiz y Lasanta, 2018). En adelante, las grandes decisiones también serían colectivas: dónde ampliar la superficie cultivada, cuál sería la forma y dimensiones de las parcelas, si se construían bancales para reducir la erosión del suelo y favorecer el laboreo, y por dónde se trazaban los caminos. Por esta razón, muchos geógrafos, especialmente en la tradición francesa y española, han estado muy interesados en las prácticas colectivas de agricultores y ganaderos y en los aprovechamientos comunales del territorio (de Terán, 1947; Daumas, 1976; García Fernández, 1975).

También se tomarían decisiones colectivas a la hora de transformar los bosques subalpinos en pastos de verano, a medida que aumentaban los censos ganaderos y se consolidaban las estrategias de gestión pastoral. La información de que disponemos confirma que la deforestación se inició durante el Neolítico mediante pequeños incendios que favorecieron la apertura del bosque para favorecer el pastoreo, principalmente a altitudes medias (en torno a 1250-1400 m s.n.m.) y en el contacto con el piso alpino (hacia 1750-1900 m s.n.m.) (Montes *et al.*, 2020). Así lo sugiere la distribución de los monumentos megalíticos en el Pirineo aragonés. El estudio de la sedimentación de lagos de alta montaña también indica que las laderas de los pisos montano y subalpino estaban cubiertas de bosque desde el inicio del Holoceno y que la presión antropogénica aumentó progresivamente desde el Neolítico y se acentuó durante la Edad del Bronce, cuando se aprecian pequeños cambios en la composición de la vegetación, se deduce la ocurrencia de incendios (sobre todo hace 3700-2700 años) y aumenta ligeramente la erosión del suelo (González-Sampériz *et al.*, 2019). Muy probablemente, en esa época el paisaje del piso subalpino estaba formado por pequeños claros con algunos matorrales y árboles dispersos, que estarían sujetos a una evolución muy dinámica, con recolonización por parte del bosque en unos pocos años mientras se abrían nuevos claros por otros incendios.

Las áreas de pastos se irían ampliando progresivamente en el piso subalpino por la producción de carbón vegetal y actividades mineras de escasa envergadura en época romana, hasta llegar a la deforestación más general desde el siglo XII, en que los sedimentos lacustres registran la presencia de abundantes cenizas, asociadas a un aumento de las tasas de erosión (Montserrat, 1992). Información de este tipo se ha registrado también en el Pirineo catalán (Pèlachs *et al.*, 2007; Bal *et al.*, 2011; Palet *et al.*, 2014), en la Cordillera Cantábrica (Carracedo *et al.*, 2018), en la Cordillera Ibérica (García-Ruiz *et al.*, 2016, 2017a; Sanjuán *et al.*, 2018) y en otras montañas europeas (por ej., Guiguet-Covex *et al.*, 2011; Roepke y Krause, 2013).

La deforestación también fue la consecuencia de un esfuerzo colectivo, dado que los montes subalpinos eran de propiedad comunal, como de una u otra forma han seguido hasta la actualidad y, por lo tanto, la decisión de qué sectores debían quemarse no se adoptaría de forma individual. Fue, sin duda, un proceso lento, porque no tenía mucho sentido eliminar de manera inmediata los bosques, mientras la cría de ganado se destinase al autoconsumo o a mercados muy locales. Bien diferente es el caso de las deforestaciones producidas más recientemente durante procesos de colonización que procuraron extraer los recursos madereros como primer paso para la transformación de las áreas forestales en campos de cultivo. Así, en las llanuras del centro y centro-oeste de Estados Unidos grandes extensiones de bosque experimentaron una fuerte recesión entre 1820 y 1926 (Marsh y Grossa, 1922). La destrucción de los bosques de la Amazonia forma parte de un proceso similar en un contexto de fuerte presión sobre los recursos naturales, como también la transformación en regadío de grandes extensiones de estepas semiáridas en Uzbekistán y Kazajistán. Todos ellos fueron cambios demasiado rápidos como para permitir la organización de un paisaje en el que se tuvieran en cuenta la heterogeneidad de suelos, exposiciones o pendientes.

9.2. Factores en la construcción de los paisajes

Los paisajes, especialmente los humanizados, evolucionan continuamente, a veces de forma muy rápida, en solo unas pocas décadas. Lo normal, de todas formas, es que los cambios sean mucho más lentos, a medida que se modifican ciertas condiciones sociales y ambientales. Los geógrafos tenemos claro que la evolución de los paisajes desde el Neolítico hasta la actualidad ha dependido de la interacción de un conjunto de factores que han actuado con diferente intensidad a lo largo de la historia. A continuación, destacamos dos de los más influyentes:

i.   El crecimiento demográfico es quizás el factor más destacado, puesto que la expansión de la superficie agrícola está muy relacionada con la presión de la población local. Es fácil imaginar, aunque con notables incertidumbres, que los primeros campos de cultivo asociados a un pequeño grupo de cazadores, recolectores y agricultores se localizarían en los lugares más fáciles, es decir, áreas llanas o con muy poca pendiente, donde procederían a eliminar el bosque y a preparar la tierra arrancando las raíces, una tarea durísima que necesitaba la participación del trabajo colectivo. La ayuda prestada por animales (caballos y bueyes) no sería posible hasta mucho tiempo después (Outram, 2009). La agricultura itinerante de rozas y quemas que todavía es practicada en medios tropicales sería un buen ejemplo de estas primeras actividades agrícolas. Parece claro que en un principio la agricultura sería una actividad complementaria de la caza y la recolección de frutos dada la baja productividad y la escasa superficie cultivada. Conforme la población fue aumentando en número, los campos de cultivo se extenderían por las zonas más llanas (terrazas fluviales, glacis, rellanos de obturación glaciar), y más tarde por los pies de vertiente y laderas suaves.
¿Cómo se explica la ocupación de tierras muy marginales y la creación de aldeas en lugares dominados por fuertes pendien-

tes, habituales en muchas partes del mundo? No lo podemos tener claro. En áreas de montaña mediterránea hay pueblos en los fondos de valle, dominando los mejores sitios para el cultivo, mientras otros aparecen en divisorias o en cerros aislados, rodeados de bancales. Estos últimos cuentan con ventajas defensivas y, en algunos casos, con accesibilidad más fácil a los pastos de verano, que al menos desde la Edad del Bronce ejercieron una función clave en la organización del territorio. Estos pueblos, localizados en una posición aparentemente marginal, crearon bancales para aprovechar laderas muy pendientes y estuvieron poblados, eso es casi seguro, por sociedades con un claro sentido de lo colectivo. Eran capaces de decidir, en condiciones muy exigentes la forma y dimensiones de los bancales, sus características básicas (con muros de piedra o con saltos de hierba), el trazado de los caminos y de los drenajes, la protección de los lugares próximos a los barrancos, el acarreo de enormes cantidades de suelo y material aluvial para engrosar el suelo de los bancales, y el acceso a los pastos comunales del piso subalpino.

Lamentablemente, tenemos todavía poca información acerca de la construcción de bancales en la región mediterránea. Se ha establecido que las terrazas comenzaron a construirse en el sudeste asiático, hace aproximadamente cinco mil años (Spencer y Hale, 1961). A partir de aquí las terrazas se expandieron hasta las costas mediterráneas. En España las más antiguas datan de la Edad del Bronce, hace cuatro mil años (Asins, 2006). En Salvatierra (Álava) se han obtenido edades entre los siglos VI y XIII (Quirós Castillo, 2011) y en Cataluña se han fechado bancales de cultivo entre los siglos XIII y XVIII (Kinnaird *et al.*, 2017) y entre los siglos XV y XIX (Turner *et al.*, 2017). Algunos autores (Grove y Rackham, 2001) sitúan la construcción de la mayoría de los bancales en los siglos XVIII y XIX, coincidiendo con una fuerte expansión demográfica. Cada pueblo era un pequeño mundo que dictaba su propio ordenamiento para evitar un deterioro que podría haber sido muy rápido. De ahí la diversidad de paisajes.

El crecimiento demográfico desde la Edad Media, hasta alcanzar sus valores más elevados a mediados del siglo XIX, explica la progresiva ampliación del espacio cultivado y la ocupación de terrenos cada vez más marginales, es decir, en laderas muy pendientes y en sitios alejados de los asentamientos. Esta evolución coincidió además en muchas áreas mediterráneas con una crisis de la artesanía textil y del calzado y de la producción ganadera. La consecuencia fue el cultivo de todas las laderas posibles, en pendientes extremas, incluyendo la práctica de una agricultura nómada que fue muy negativa para la conservación del suelo (Lasanta *et al.*, 2006). Después, la evolución ha sido muy rápida, especialmente después de la década de 1940, cuando la creación de empleo en las ciudades facilitó la movilidad de la población siguiendo un proceso cuya intensidad había sido desconocida hasta entonces.

Las consecuencias son bien conocidas: la despoblación propició primero el abandono de la agricultura nómada y después de los campos situados en laderas pendientes y poco accesibles; en la década de 1960 se abandonó la inmensa mayoría de los bancales y en algunos casos incluso hasta los campos en laderas llanas. La consiguiente colonización vegetal tras el abandono de tierras de cultivo dio lugar a la expansión de comunidades herbáceas, después a formaciones de matorral y, finalmente, a la llegada de árboles, que han contribuido a la homogeneización del paisaje, a la pérdida de biodiversidad y al aumento del riesgo de grandes incendios (García-Ruiz y Lana-Renault, 2011; Lasanta *et al.*, 2015, 2017; Sanjuán *et al.*, 2018). Un escenario perfecto para ser estudiado por geógrafos interesados en la dinámica de los paisajes y en los cambios inducidos por la evolución de las actividades humanas en territorios con gran diversidad ambiental. Un marco ideal para abordar estudios con historiadores y ecólogos.

ii. La evolución de los mercados ha tenido (y tiene) una gran influencia en las transformaciones del paisaje, a veces en un plazo muy corto. Es cierto que, en las sociedades tradicionales, con mercados muy locales, apenas hay posibilidades de cambios en los tipos de cultivo porque la producción está destinada a la alimentación básica de una población local muy limitada. Se producía lo que se consumía en las proximidades. Además, muchos de los productos agrícolas, al ser perecederos, no podían desplazarse a grandes distancias. El mercado de la lana, en cambio, sí tuvo una gran repercusión en el crecimiento de la ganadería ovina, en el desarrollo y consolidación de la trashumancia y en la deforestación del piso subalpino, especialmente a partir del siglo XII (García-Ruiz *et al.*, 2020a). Como se ha comentado más arriba, la necesidad de contar con más pastos de verano desató una intensa campaña para eliminar los bosques situados entre 1600 y 2200 m s.n.m., lo que a su vez provocó la activación de la solifluxión, la ocurrencia de numerosos deslizamientos superficiales y la formación de terracillas en los suelos degradados.

La influencia de los mercados en la transformación de los paisajes ha sido muy superior a medida que han cambiado los sistemas de transporte y los mercados han ampliado su dominio hasta afectar a todos los rincones del mundo. Apenas se produce para la población local, y los agricultores y ganaderos ponen en el mercado diferentes productos en función de la demanda regional, nacional o internacional. Esto ha contribuido a la diversificación de los paisajes, especialmente en áreas de regadío por su mayor plasticidad a la hora de seleccionar lo que se cultiva. Así, en el sur de España se tiende a cultivar frutos subtropicales (aguacate, mango, chirimoya) que ocupan incluso laderas abandonadas con fuertes pendientes a condición de disponer de agua. Son frutos de elevado precio para un mercado europeo que absorbe toda la producción. Lo mismo sucede con el cultivo de caquis, nísperos y granadas en la Comunidad Valenciana y en Murcia, o con la expansión de cerezos en Aragón y Extremadura. La implantación de invernaderos para el cultivo de fresas, arándanos, moras y frambuesas también viene determinada por la demanda nacional y europea que facilitará a corto plazo la transformación de algunas viñas de regadío en cultivos intensivos de frutas adaptadas a mercados muy dinámicos. De igual forma, el aumento en la superficie destinada a maíz y alfalfa responde a la demanda de la ganadería intensiva (y en menor medida de la extensiva) en España y para atender a la nueva demanda procedente de países del Golfo Pérsico. Este es un proceso que afecta a todos los países mediterráneos, incluidos Argelia y Marruecos, donde los cultivos hortícolas basados en la extracción de agua subterránea están en plena difusión espacial. En todos los casos los cambios pueden ser muy rápidos, dado que los agricultores y las empresas agrícolas que cada vez controlan más la producción están atentas a las fluctuaciones de la demanda y se adaptan a ella de inmediato.

Las áreas de secano son mucho menos elásticas frente a la demanda, pero aun así algunos cambios importantes son posibles. Por ejemplo, el auge del mercado del vino desde la década de 1970 ha propiciado el cultivo de viñas en zonas con denominación de origen muy reconocidas, como Rioja, Ribera del Duero, El Priorato, Somontano o Jerez, pero a la vez la contracción más reciente de ese mercado ha reducido los precios de la uva y ha inducido ocasionalmente a la sustitución de viñedos por almendros y pistachos. Estos últimos están en pleno crecimiento impulsados por elevados precios y una demanda internacional que está aún lejos de satisfacerse.

9.3. La diversidad de paisajes de regadío

Un breve comentario bastará para resaltar la decisiva impronta paisajística de las áreas de regadío, en las que los tipos de cultivo se adaptan a normas muy estrictas de distribución del agua y, en ocasiones, a las condiciones cambiantes del mercado. Aunque la agricultura cuenta con una antigüedad de 8000-9000 años, se da por seguro que la creación de áreas de regadío más o menos estables y con infraestructuras reconocidas para la asignación del agua es bastante posterior, quizás de hace 6500 años. Los sumerios, en Mesopotamia, es decir, entre los ríos Tigris y Éufrates, fueron los pioneros. Lógicamente, la práctica del regadío es propia de ambientes con una intensa sequía estival, y de ahí que las regiones de clima mediterráneo hayan sido el lugar idóneo para su expansión durante la Edad del Hierro, y más aún en el Periodo Romano. Pequeñas áreas regadas se dieron en la península ibérica entre los pueblos indígenas antes de la conquista romana (Higueras, 1969). El proceso de creación del regadío, sus características morfológicas y las normas regulatorias en que se fundamentaba han sido objeto de estudio preferente por parte de los geógrafos, lo que permitió distinguir los principales tipos de paisajes de regadío (Higueras, 1969): tradicionales, modernos y de colonización.

Los regadíos tradicionales son generalmente muy antiguos, y están basados en el aprovechamiento de ríos muy secundarios, donde sería posible la construcción de azudes e incluso de presas y canales para regar pequeñas superficies en las terrazas bajas y en las proximidades de los núcleos de población. Las parcelas son de reducidas dimensiones y en ellas se ha practicado habitualmente un policultivo de autoconsumo o para un mercado muy local. Estos regadíos fueron el resultado de iniciativas de los propios pueblos, que tendrían que establecer normas de asignación de agua entre los vecinos y entre los distintos pueblos de cada cuenca. Constituyen el remanente de un paisaje tradicional en plena decadencia, al ser muy intensivos en mano de obra y no formar parte de las prioridades productivas del medio rural. En gran parte, se encuentran en avanzado proceso de abandono. Los regadíos tradicionales más productivos y próximos a mercados urbanos han logrado mantener su actividad incentivados por su producción de proximidad y calidad.

Los regadíos modernos son la consecuencia de una planificación de las administraciones públicas, con capacidad técnica y financiera muy superior a la de los regadíos tradicionales. Entre estos regadíos destacan, en el caso de España, los del Canal Imperial de Aragón (finales del siglo XVIII), el Canal de Lodosa (primer tercio del siglo XX) y el Canal de Aragón y Cataluña (finales del siglo XIX) en la cuenca del Ebro, y el Canal de Castilla (segunda mitad del siglo XVIII y primera mitad del siglo XIX) en la cuenca del Duero, alguno de ellos con precedentes desde el siglo XVI. Estos regadíos representan un cambio de escala por cuanto toman aguas de ríos de primera importancia, lo que representa la construcción de grandes azudes, si bien el suministro se aseguró posteriormente con la construcción de embalses (por ej., el del Ebro en Reinosa y el de Barasona en Graus). Las parcelas son de dimensiones mucho mayores que los huertos tradicionales y se asientan sobre terrazas medias, donde desde un principio se instalaron cultivos destinados al mercado nacional, incluyendo sobre todo la remolacha azucarera y plantas forrajeras, mientras que a lo largo del siglo XX se reduce la superficie ocupada por viñedos y olivo en regadío (Pinilla, 2008). En el último siglo se ha mantenido el cultivo de cereales, pero se han introducido cultivos hortícolas y frutales abiertos a un mercado nacional.

Las grandes obras de colonización se desarrollaron en la segunda mitad del siglo XX (aunque en algún caso con precedentes claros en el siglo XIX). Tuvieron por objeto mejorar la productividad de áreas de secano caracterizadas tanto por la pobreza de algunos suelos como por las bajas precipitaciones y su irregularidad. Estos regadíos se definen por: (i) la gran extensión de la superficie afectada (por ejemplo, en torno a 130.000 hectáreas en los Regadíos del Alto Aragón); (ii) su desvinculación espacial del curso de los ríos, en la mayor parte de los casos lejos de terrazas fluviales; (iii) la construcción de importantes infraestructuras (embalses, canales) que permiten disponer de grandes volúmenes de recursos hídricos y planificar anualmente la distribución del agua entre los regantes. Su mayor problema ha sido la lentitud con que se han realizado las obras, de manera que a lo largo de su creación se han ido produciendo importantes cambios conceptuales relacionados con los sistemas de riego o con el tamaño de las parcelas. Además, si en un principio estos nuevos regadíos estaban destinados a aumentar la cosecha de cereales de invierno, en la actualidad tienden a una diversificación de cultivos altamente productivos, entre los que destacan el maíz, la alfalfa, frutales y hortalizas, con el correspondiente incremento en el consumo de agua por hectárea (Jlassi *et al.*, 2016). Sin embargo, no han sido capaces todavía de crear una agroindustria que revitalice desde un punto de vista demográfico y económico a las regiones afectadas, si se exceptúa la instalación de secadoras de alfalfa o fábricas de pienso. En Bardenas y en Riegos del Alto Aragón, la diversificación ha favorecido el desarrollo de la ganadería intensiva, especialmente entre medianos y pequeños agricultores.

Por supuesto, hay muchas otras situaciones que no encajan en la clasificación precedente. Por ejemplo, los regadíos del Levante español (Comunidad Valenciana, Murcia) aprovechan recursos hídricos de ríos mediterráneos con caudales escasos e irregulares, pero disponen de normas antiguas para la gestión muy eficiente del agua y sistemas de riego que permiten bajos consumos por hectárea. La altísima productividad de estas tierras, junto con otras de Andalucía y Extremadura, las ha convertido en el principal centro de producción de frutas y hortalizas de Europa.

La complejidad creciente de los sistemas de regadío mediterráneos es un tema geográfico de primera importancia. Debe tenerse en cuenta (i) que las fluctuaciones de los mercados nacionales e internacionales obligan a adaptaciones constantes, con ensayos de nuevos cultivos o introducción de nuevas técnicas de cría de ganado intensivo; (ii) que son constantes nuevas inversiones para mejorar los sistemas de riego y su gestión mediante procedimientos automáticos con el fin de optimizar los recursos hídricos disponibles; (iii) que tales recursos muestran una tendencia decreciente debido al aumento de la evapotranspiración y a la expansión de bosques y matorrales en las áreas de cabecera (Beguería *et al.*, 2022); (iv) que las limitaciones en los recursos hídricos conducen a una fuerte competencia por parte de usos urbanos (domésticos e industriales), y complejos turísticos; y (v) que los costes de producción se enfrentan a incrementos constantes relacionados con el creciente consumo de energía eléctrica. Todo ello crea un nuevo escenario en el que los recursos hídricos, el mercado y la gestión deben armonizarse para mantener o reforzar el dinamismo de los territorios regados, que representan una proporción muy elevada de la producción agroganadera en la región mediterránea. Este marco debe además enfrentarse al problema del aterramiento de embalses que advierte de una menor capacidad de embalsado en el futuro y, en definitiva, de una vida útil que para algunos embalses (especialmente en el sureste de España) es muy limitada.

9.4. La renaturalización de los paisajes

En páginas anteriores se ha insistido en la tendencia al abandono de tierras de cultivo y de pastoreo en muchas regiones (especialmente en áreas de montaña) de los países desarrollados y, especialmente, del ámbito mediterráneo. Esto ha conducido a una clara expansión de matorrales y árboles en antiguos campos cultivados y en zonas habituales de pastoreo, tanto de invierno como de verano. La consecuencia más aparente ha sido el colapso de gran parte de los paisajes culturales de montaña, de manera que en muchos casos apenas se aprecian los límites de los antiguos campos de cultivo, y en el caso de los pastos subalpinos, el límite superior del bosque está ascendiendo de manera muy rápida mediante un frente pionero de colonización por parte de árboles jóvenes (Gartzia *et al.*, 2014). Por supuesto, como ya se ha comentado, esta evolución se halla directamente relacionada con la despoblación y los cambios de objetivos y de prioridades por parte los actuales habitantes de los pueblos de montaña.

Este proceso se conoce como *rewilding*, término que traduciremos por renaturalización. Para muchos ecólogos y expertos ambientales europeos la renaturalización implica además la reintroducción natural o inducida de especies de herbívoros y carnívoros, de manera que se recuperen las funciones y las cadenas tróficas de los ambientes forestales. Por otra parte, la recolonización vegetal en laderas pendientes asegura una reducción de la erosión y de la conectividad con los cauces. Esta idea, por supuesto, ha sido muy contestada por otros ecólogos, ingenieros de montes y geógrafos, que cuestionan la opción de no hacer nada en los territorios marginales, permitiendo que de forma natural matorrales y bosques invadan los antiguos campos y que la ganadería extensiva pase a ser un mero recuerdo de otros tiempos con mayor presión demográfica. De hecho, en muchas áreas mediterráneas la expansión natural de los matorrales se ha basado en especies espinosas (*Genista scorpius, Echynospartum horridum*) que dificultan el pastoreo, o en especies poco atractivas para el consumo del ganado (por ej., diversas especies de jaras).

Los partidarios de una gestión activa argumentan que el completo abandono de gran parte de las laderas no es la mejor opción, al reducir la biodiversidad, propiciar un paisaje homogéneo menos atractivo visualmente y favorecer así la ocurrencia de grandes incendios más difíciles de controlar. La renaturalización no debería impedir la restauración parcial de paisajes culturales en los que se recuperaría la diversidad habitual de los lugares con una importante huella humana. Esto sería particularmente interesante en aquellos lugares donde aún hubiera ganaderos emprendedores que quisieran aumentar el número de cabezas de ganado de sus rebaños o incluso crear nuevas empresas dedicadas a la ganadería extensiva. Se trataría de recrear paisajes complejos con predominio de las discontinuidades, de manera que el resultado final fuese un mosaico con elementos muy variados, tal como señalaba García Fernández (1991) como principal característica de las áreas de montaña.

Varios estudios desarrollados durante la última década se han centrado en una renaturalización que permita aumentar la biodiversidad mediante un paisaje complejo en el que sería posible impulsar la ganadería extensiva sin aumentar los riesgos de erosión del suelo. En La Rioja y en Aragón se han analizado las posibilidades de transformación de paisajes en montaña media y en alta montaña, respectivamente, aunque utilizando métodos muy diferentes. Tales estudios parten de una idea aceptada entre algunos ecólogos, ambientalistas y geógrafos: la ganadería extensiva contribuye a mejorar la organización del paisaje, incrementa la diversidad de plantas y animales, aumenta los flujos de nutrientes y el reciclado de materia orgánica y a la vez reduce el riesgo del fuego al consumir herbáceas que de otra forma se convertirían fácilmente en combustible; el propio pastoreo también controla la expansión de matorrales al consumir sus brotes tiernos o los ejemplares más jóvenes. Bernués *et al.* (2011) señalan que la ganadería basada en el consumo directo de los pastos desempeña un papel clave en la conservación de los ecosistemas de montaña al reducir el uso de combustibles fósiles, agroquímicos y piensos, y paralelamente es un sistema menos vulnerable a las fluctuaciones del mercado. Se trata, por lo tanto, de que, en un contexto de renaturalización, se creen condiciones favorables para la ganadería extensiva e indirectamente para mejorar la diversidad paisajística y los llamados servicios ecosistémicos.

En las áreas de montaña media ocupadas masivamente por matorrales y árboles la ganadería extensiva solo puede desarrollarse a condición de que existan algunos espacios abiertos donde sea posible el pastoreo libre. Además, se parte de la idea de que (i) la naturaleza debe alcanzar la máxima heterogeneidad posible, con la presencia de árboles viejos y jóvenes, formaciones de matorral y antiguos campos de cultivo que funcionen como prados de diente, de manera que se cree un paisaje complejo con la presencia de numerosos ecotonos; (ii) el pastoreo debe asegurar el mantenimiento de los pastos frente a la invasión por parte de los matorrales. Partiendo de estas ideas, se han llevado a cabo desbroces selectivos en varios valles de La Rioja (Jubera, Leza, Oja), mediante los cuales se han eliminado matorrales que habían colonizado los mejores campos de cultivo abandonados algunas décadas antes. El desbroce de matorrales conduce inmediatamente a la formación de prados. Matorrales y árboles se mantienen en los saltos entre bancales y en los bordes de barrancos; también en las cabeceras de estos últimos y en los lugares de mayor pendiente. Se dejan, además, pequeños bosquetes entre los prados y se favorece la interconexión entre estos últimos, para favorecer la movilidad del ganado (Figura 9.2). El resultado final es un paisaje muy heterogéneo, más favorable a la diversidad de plantas y animales, donde el riesgo de grandes incendios se ve claramente reducido y donde, sobre todo, se fomenta la presencia de comunidades humanas (García-Ruiz *et al.*, 2020b) con el objetivo de mantener una cierta actividad en las áreas de montaña.

Figura 9.2. Reorganización del paisaje en el valle del Leza, La Rioja. Tras el abandono de las actividades agrícolas y ganaderas, los antiguos campos de cultivo fueron recolonizados por matorrales y bosques, propiciando la homogeneización y el riesgo de grandes incendios. Frente a esa evolución, se han desbrozado los mejores campos de cultivo abandonados, que han pasado a ser prados de diente, manteniéndose restos de vegetación leñosa para aumentar la biodiversidad. En consecuencia, ha aumentado el número de ganaderos y de cabezas de ganado y ha disminuido el número de incendios y el número de hectáreas quemadas cada año. Foto: Teodoro Lasanta.

Otras iniciativas en el Pirineo se han centrado en el control de la expansión de matorrales en el piso subalpino como consecuencia de la menos presión ganadera en alta montaña. Así, Alados *et al.* (2018) llegan a la conclusión de que el desbroce de matorral es una estrategia mucho mejor que los incendios controlados para mitigar la presencia de matorrales. En todo caso, el crecimiento de los matorrales en alta montaña se produce de manera muy rápida y amenaza con reducir de forma drástica la superficie de pastos de verano y las posibilidades de utilizar unos recursos imprescindibles para la gestión integral de estas áreas.

Las experiencias de desbroces en la media montaña del Sistema Ibérico riojano han sido analizadas por un grupo de geógrafos que estudian no solo la organización espacial del paisaje resultante, sino también sus consecuencias desde un punto de vista hidrológico, geomorfológico y edafológico (efectos sobre el secuestro de carbono). Tales estudios se han centrado en el valle del río Leza, afluente del río Ebro, donde los desbroces se han venido realizando desde 1986 (Figura 9.2). En total se han desbrozado 5390 ha hasta el año 2016, que representan el 29,5 % del área ocupada por matorrales y el 18,1 % de la superficie total del valle (Lasanta *et al.*, 2019). La información más relevante quizás es la positiva reacción de los censos ganaderos, que claramente habían disminuido entre 1950 y 1972, mientras que entre 1972 y 2017 el número de vacas se ha multiplicado por seis, y el número de ovejas y cabras por 2,5; en paralelo, el tamaño de la propiedad ganadera se ha multiplicado por dos entre 1993 y 2017 (Lasanta *et al.*, 2019). Lasanta Martínez *et al.* (2013) demostraron asimismo que la complejidad del paisaje había aumentado y que las piezas que conforman ese paisaje son más irregulares en forma y tamaño. Es importante también señalar que ha disminuido el número de incendios y la superficie quemada. Los resultados obtenidos en cuencas y parcelas experimentales en el Pirineo centro-occidental, así como el empleo de modelos hidrológicos, han confirmado que la transformación de las áreas de matorrales en pastos contribuye a aumentar la generación de escorrentía sin que afecte a la producción de sedimento (Nadal-Romero *et al.*, 2013; Khorchani *et al.*, 2020, 2021).

***

Los paisajes de la Tierra son el objetivo de una geografía integral que analiza no solo los rasgos físicos y sus combinaciones, sino también la forma en que han sido transformados por diferentes culturas a lo largo del tiempo. Esas culturas han superpuesto rasgos diferentes en función de los objetivos productivos de las sociedades humanas. De ahí la gran variedad de paisajes, que cambian a distintas escalas temporales a medida que evolucionan las tecnologías, los mercados y la presión demográfica. Hoy todavía quedan muchos interrogantes que los geógrafos deben aprestarse a estudiar beneficiándose de la disponibilidad de imágenes y de métodos de tratamiento de la información como nunca antes habían existido (imágenes de satélite y LiDAR, modelos digitales del terreno, sistemas de información geográfica). Es tiempo de preguntarnos por la funcionalidad actual de los paisajes, por los cambios que están ocurriendo en las décadas recientes y por sus consecuencias para la estabilidad de los suelos y de los sistemas productivos. Tenemos que poder explicar a los técnicos, a quienes toman las decisiones sobre el territorio, y a la sociedad en general, que la sostenibilidad de los paisajes está estrechamente relacionada con su organización espacial; que de esta última dependen la capacidad de generación de escorrentía, la erosión de los suelos y la diversidad de especies de plantas y animales; que una organización más compleja favorece la estabilidad y la resistencia frente a eventos extremos como incendios y crecidas. Y podemos proponer cambios en esa organización para fijar a la población en regiones marginales.

10

Los geógrafos y la geografía política: las estrategias de dominación

10.1. La geografía en un escenario político

No queremos dejar a un lado un aspecto crítico de la geografía que ha cobrado una especial significación y revitalización en la última década con la publicación de varios libros de éxito. Nos referimos a *La venganza de la geografía* (Kaplan, 2015), *Prisioneros de la geografía* (Marshall, 2017), *El poder de la geografía* (Marshall, 2024), *Fronteras invisibles* (Samson, 2024), *Geografía y destino* (Morris, 2025) y *Tierra baldía* (Kaplan, 2025). Estos libros han tenido un enorme éxito a juzgar por el número de ventas y, por consiguiente, por su repercusión mediática. Sorprendentemente, no son libros escritos por geógrafos, excepto en el caso de *Fronteras invisibles*. Tim Marshall, por ejemplo, es periodista, con muchos años de dedicación a la información internacional, y Robert D. Kaplan es periodista y analista político, mientras que Ian Morris es historiador, especializado en arqueología, aunque está considerado como un historiador integral, con capacidad para interrelacionar muchas cuestiones políticas, sociales y medioambientales de manera transversal. Hay, naturalmente, muchos otros estudios sobre geopolítica elaborados por geógrafos, y que confirman que esta especialidad está de moda como consecuencia de las convulsiones que afectan al mundo actual.

A pesar de que no tienen una formación específica en geografía, estos autores hablan continuamente de geografía, e insisten en que «la geografía importa». Tienen experiencia en el análisis de los conflictos que afectan al mundo, y en las estrategias de dominación por parte de las superpotencias, incluyendo algunas emergentes que han contribuido a alterar lo que sabíamos hasta ahora de las relaciones entre países. Todos ellos (especialmente Ian Morris) son conscientes de la relevancia de la geografía para explicar gran parte de los hechos históricos, de éxito o fracaso, que han afectado a la Tierra. Ya dijimos al principio de este libro, aunque nos pueda parecer exagerado, que todo es geografía, dependiendo de la orientación de las preguntas que nos hacemos y de las respuestas, y que la geografía nos ayuda a entender el funcionamiento de nuestro planeta desde un punto de vista ambiental, social y ¿por qué no? político. Por eso se ha afirmado que «sin cierta comprensión de la geografía seríamos incapaces de entender cómo se organiza el mundo y nuestro lugar en él» (Murphy, 2020, p. 21).

A mediados del siglo XIX, uno de los geógrafos más influyentes de la época, Friedrich Ratzel, contribuyó a través de sus discípulos a la creación del término y concepto de geopolítica (Kaplan, 2015). Con criterios erróneos llegó, naturalmente, a conclusiones equivocadas al tomar ideas de la Teoría de la Evolución de Charles Darwin y aplicarlas a las relaciones entre países o entre comunidades. Su concepto de «espacio vital» (*Lebensraum*) tuvo mucho éxito en su momento y contribuyó (sin que él pudiera intuirlo) a ideas supremacistas que llegaron a justificar los peores crímenes.

Desde después de la Segunda Guerra Mundial, la geopolítica se ha utilizado, de forma más o menos consciente, para diseñar estrategias de control del territorio, de acceso a materias primas, de dominio de sistemas de transporte o de accesibilidad entre unas zonas y otras del planeta. Esto ya fue expuesto por Yves Lacoste en su libro más llamativo (aunque, sin duda, no es el mejor) titulado *La Géographie, ça sert d'abord à faire la guerre* (Lacoste, 1976b). En él refleja cómo el conocimiento del territorio (incluyendo especialmente la topografía y la organización espacial de infraestructuras y recursos) ayuda a tomar decisiones frente a otros países. Aunque ese título busca seguramente llamar la atención de los posibles lectores, lo cual es perfectamente legítimo, la realidad es que lo que se entiende habitualmente por geografía ha sido una base importante para tomar iniciativas de defensa o ataque y, seguramente, seguirá siéndolo en la actualidad. Sin embargo, estamos convencidos de que, ciñéndonos al aspecto geopolítico, la geografía da para mucho más, y los libros que hemos citado al inicio de este capítulo, así lo sugieren.

Vaya por delante que pocos geógrafos han participado en el diseño de conflictos bélicos de las últimas décadas. Otra cosa bien diferente es que se hayan utilizado criterios geográficos. Seguro que sí. Lo importante es que, en la actualidad, el objetivo de lo que podríamos seguir llamando geopolítica, se ha ampliado mucho, aunque no seamos plenamente conscientes de ello, y tiene ya menos que ver con la guerra. En la actualidad, la geopolítica puede definirse como la forma en que los dirigentes y asesores del mundo organizan estrategias de control del territorio, de dominio del mercado, de extracción y comercialización de materias primas y de movimientos de población a través de su conocimiento geográfico, con el objeto de beneficiarse o perjudicar a otros países. Cada vez más, el mundo se mueve mediante decisiones más sutiles que no necesariamente llevan a una guerra, pero que muestran la forma en que los países más fuertes compiten entre sí para disponer de más recursos y frenar el avance de los otros. Además, todos los países se hallan interconectados, de manera que incluso los países pequeños o de escasa relevancia internacional pueden contribuir a la aparición de conflictos bélicos de importancia supranacional o provocar crisis casi mundiales por efecto dominó (Kaplan, 2025).

Dodds (2019) establece cuáles son los principales intereses de la geopolítica en la actualidad: (i) identificar la importancia de la influencia y el poder por parte de los países más poderosos; (ii) utilizar ideas geográficas para interpretar decisiones de estados que afectan a todo el planeta o gran parte de él; y (iii) informar sobre la manera más probable en la que actuarán determinados países para proteger sus fronteras o para aumentar su área de influencia y su dominio sobre recursos que son críticos para el desarrollo. No obstante, una última perspectiva de la geopolítica la ha dado Dalby (2025), quien considera inevitable incluir las amenazas que representan para la seguridad mundial los problemas relacionados con el cambio climático y las sequías extremas, los incendios y los cambios en las fuentes de energía.

Planteemos algo que hemos señalado más arriba: ¿Por qué la geografía importa? Uno de los autores de este libro recuerda cómo de niño miraba fascinado los mapas, las fronteras, el trazado de los ríos en relación con la disposición de las montañas, la importancia de las costas para algunos países, la localización de las grandes ciudades en relación con los ríos y con las montañas, la existencia de grandes llanuras que actuaban como corredores por los que circulaban ríos y carreteras y donde se localizaban algunas grandes ciudades. También trataba de buscar una explicación a la existencia de fronteras delimitadas por cordilleras que actuaban como barreras, o sobre la importancia de la existencia de materias primas (entonces, principalmente, hierro, carbón y petróleo), que ayudaban a explicar la prosperidad de unos países frente a otros. Los mapas nos aportan mucha información, especialmente cuando estamos bien documentados. Y los geógrafos deberían tener una posición clave en este sentido. ¿Por qué hemos dejado que los mapas físicos y políticos tengan cada vez menos importancia? No hablamos de volver al carácter descriptivo de nuestras geografías de la infancia. Hablamos de tener un conocimiento *espacial* de los rasgos más importantes de la Tierra. Nos referimos a la necesidad de conocer la posición y el tamaño relativos de los principales países del mundo para explicarnos por qué ocurren cosas que tienen explicaciones aparentemente sencillas o sumamente complejas. Murphy (2020), en su *Geografía. ¿Por qué importa?*, se lamenta de que solo el 10 % de los jóvenes norteamericanos supiera dónde está Afganistán en el momento en que Estados Unidos estaba en plena guerra con ese país, y que la mitad de esos jóvenes pensara que Sudán está en Asia, cuando ese país estaba atravesando por una de las grandes crisis políticas y sociales del planeta, con cientos de miles de refugiados. Nada debe sorprendernos a este respecto: esos mismos jóvenes desconocían dónde está Irak tres años después de que hubiera sido invadido por tropas norteamericanas, que mantuvieron una guerra extraordinariamente mediática.

¿Y en España? No creemos que la situación sea mejor, pero abogamos porque la formación geográfica de la Universidad ayude a entender el mundo en que vivimos, y las estrategias, a veces tan evidentes, que utilizan los diferentes países para alcanzar una mayor dominación social, económica y territorial. Y que sean útiles también para predecir las consecuencias a medio plazo de algunos movimientos especialmente significativos por su carácter *espacial*. Que los geógrafos puedan ser un referente a la hora de explicar la fugacidad de los modelos políticos, la vulnerabilidad de algunas fronteras, el surgimiento de estados fallidos o los planes para construir vías de comunicación o grandes puertos en lugares que hasta ahora carecían de relevancia estratégica. Marshall (2024 p. 17) deja muy claro que las decisiones que toman los países «nunca están desvinculadas de su contexto físico» y que «el punto de partida del relato de cualquier país es su ubicación en relación con sus vecinos, las rutas marítimas y los recursos naturales». Ese mismo autor se encarga de aclarar que eso no es determinismo, solo un condicionante, y pone como ejemplo el caso de Australia: su tamaño y ubicación son a la vez una ventaja y un problema, ventaja porque están relativamente protegidos de una invasión, pero también un problema porque sus aliados fundamentales están muy lejos. Pura geografía.

Pero el geógrafo, además, debe estar atento a los cambios en las condiciones geográficas que no son inmutables. Esta debe de ser, sin duda, una de sus tareas. Bowman (1948, p. 130), en respuesta a aquellos que defendían una geografía como factor permanente e inmutable en la toma de decisiones estratégicas, apuntaba: «A menudo se dice que la geografía no cambia. Pero la verdad es que la geografía cambia al ritmo de las ideas y de la tecnología; lo que quiere decir que el significado de las condiciones geográficas cambia». ¿A algún estratega se le habría ocurrido hace unas décadas considerar el valor crucial de las tierras raras en la actualidad? ¿Cómo condiciona hoy en día una cordillera montañosa horadada por túneles y vías rápidas y antaño inexpugnable? ¿Dónde queda el aislamiento de las Islas Británicas con respecto al continente tras la apertura del Eurotúnel, con aproximadamente 38 kilómetros submarinos? ¿Qué planteará en el futuro desde un punto de vista militar, de la explotación de recursos o del transporte marítimo el deshielo de una parte del Océano Glaciar Ártico como consecuencia del cambio climático?

Más preguntas que podemos plantearnos con perspectiva geográfica: ¿Por qué Rusia tomó la península de Crimea o por qué inició la guerra de Ucrania? ¿O por qué los Estados Unidos de Donald Trump quieren retomar el control del Canal de Panamá? ¿Cuáles son las razones de determinados movimientos de Rusia en el Sahel? ¿Adónde conduce la actual estrategia de inversiones de China en Asia y África? ¿Por qué algunos conflictos carecen de relación aparente con la geografía?

Vamos a presentar tres ejemplos sencillos y muy conocidos por su influencia internacional. Lo que queremos es provocar a los geógrafos para que sean conscientes de que las relaciones entre países y las decisiones que toman están muy vinculadas con cuestiones geográficas, como la distribución de la población, la localización de recursos naturales, la competencia por el uso de los recursos hídricos, el acceso al mar o el control de las grandes rutas comerciales. Con ello vamos a tratar de identificar algunos de los principales problemas geopolíticos que caracterizan y amenazan al mundo actual.

10.2. Los movimientos de Rusia frente al resto del mundo

Los problemas de Rusia están relacionados con su *frágil geografía* y con su tradicional mentalidad nacionalista reforzada en las últimas décadas por un factor de orden interno —su menor peso económico—

y otro de carácter externo —por la evolución política europea. Hablar de fragilidad puede parecer una paradoja para un país de 17,1 millones de kilómetros cuadrados (el 11,4 % de las tierras emergidas del planeta) y 143 millones de habitantes, pero todos los grandes países han necesitado disponer de fronteras seguras garantizadas por algún tipo de barrera natural o por la presencia de un escudo defensivo formado por países aliados. Recordemos que territorio, soberanía, fronteras y capitales son los conceptos básicos para entender el mapa político mundial.

Rusia carece de esas fronteras seguras o al menos, así lo cree. Históricamente, Rusia ha sentido muy a fondo este problema, pero se ha acentuado desde el desplome de la Unión Soviética y la reciente expansión de la Unión Europea y de la Alianza Atlántica (OTAN) hacia el este. No debe olvidarse que el colapso político del llamado Pacto de Varsovia (que incluía a todos los países satélites de la Unión Soviética) representó una liberación de la ocupación militar, un alivio del régimen de pobreza derivado de las economías planificadas, y el alineamiento de esos países en la búsqueda de regímenes democráticos. A pesar de ello, no debe olvidarse que, aunque el comunismo dejó de ser un sistema político gobernante en Europa a partir de 1989, legó una herencia política y social de consecuencias aún no bien calibradas, entre las que destaca el complejo victimista y, consiguientemente, nacionalista que afecta a Rusia. Este país ha vivido siempre obsesionado con su seguridad y por el acceso al mar, algo, por otro lado, que ha preocupado habitualmente a las grandes potencias. Sin embargo, en el caso de Rusia se ha convertido en un tema prioritario que acaba conduciendo a la toma de decisiones equivocadas y a desestabilizar la paz de Europa, especialmente Europa Oriental, que desde hace siglos se siente amenazada por Rusia (Kaplan, 2015).

Rusia está delimitada al norte, desde sus fronteras con Suecia y Finlandia hasta el estrecho de Bering, por el Océano Glacial Ártico. Por su carácter helado, este océano le protege de cualquier invasión, pero a la vez no puede ser considerado, de momento, como una salida al mar. En toda esta costa septentrional no existe ningún puerto importante, si se exceptúan Arcángel (350.000 habitantes), a orillas del río Dvina Septentrional, y Murmansk (295.000 habitantes), en la costa norte de la península de Kola, creada en 1916 precisamente por motivos defensivos. A pesar de todo, el Ártico sigue siendo un objetivo prioritario, con el fin de controlar unos recursos energéticos y minerales que se sospechan de gran envergadura, y por los cuales entrará, sin duda, en disputa con Noruega (ya lo está, de hecho, a causa del mar de Barents) (Marshall, 2017) y también con Estados Unidos, dada la voracidad de las grandes potencias por acaparar recursos. Por el mar Báltico, su salida es casi anecdótica, aunque cuenta con la gran ciudad de San Petersburgo (5,6 millones de habitantes), pero su línea de costa es un pequeño apéndice al este del Golfo de Finlandia hacia el este. Desde San Petersburgo hacia el oeste las salidas no son fáciles, pues para que sus barcos puedan acceder hasta el Mar del Norte o el Atlántico Norte deben pasar muy cerca de Estonia, Letonia, Lituania, Finlandia, Suecia, Polonia, Alemania, Noruega y Dinamarca, y superar los estrechos de Kattegat y Skagerrak.

Como todas las grandes potencias, Rusia siempre ha necesitado un puerto y base militar en aguas cálidas: Crimea, en la costa septentrional del Mar Negro, un mar cálido, sí, pero muy cerrado, con una estrecha salida hacia el Mar Mediterráneo a través de los estrechos de Bósforo y Dardanelos y el Mar de Mármara, controlados por Turquía, es decir, la OTAN. Crimea cuenta con una historia complejísima y muy violenta debido a sucesivas invasiones de pueblos de las llanuras eurosiberianas, hasta que fue conquistada por el Imperio turco en 1475 y más tarde, en 1783, por el Imperio ruso. En 1954 fue transferida a Ucrania por decisión del Soviet Supremo de la Unión Soviética. Hay más asuntos relacionados con Crimea: la deportación de miles de tártaros hacia Asia Central en 1944 y la llegada forzosa de población rusa en ese mismo año. Después de la independencia de Ucrania, Crimea fue un problema por las iniciativas de su parlamento regional para integrarse en Rusia. Finalmente, esta última se anexionó unilateralmente la península en 2014, sin reconocimiento internacional. Pero Rusia se aseguró así el dominio de sus tradicionales bases navales de Crimea, que allí permanecían a pesar de la cesión a Ucrania. Al parecer, esto no ha sido suficiente, porque Rusia ha seguido estableciendo acuerdos con países del este del Mediterráneo para asentar bases militares, especialmente Siria, en cuya guerra civil ha tenido una notable intervención.

Sus fronteras terrestres tampoco hacen sentirse a Rusia más segura. En su extremo oriental, en la región de Manchuria, los enfrentamientos con China han sido constantes. Rusia muestra aquí una de sus mayores debilidades por su baja y decreciente densidad de población, frente a los aproximadamente 85 millones de habitantes de esta región de China. El objetivo de China es controlar progresivamente los muchos recursos (petróleo, gas natural, diamantes y oro) de Rusia en el extremo oriental de esta última. Durante muchos años, en plena Guerra Fría, los enfrentamientos entre la antigua Unión Soviética y China fueron muy frecuentes, lo que propició el acercamiento de China a Estados Unidos a comienzos de la década de 1970.

En su frontera occidental el nacionalismo ruso aprecia una amenaza creciente. Hay que tener en cuenta que la Gran Llanura Europea avanza de oeste a este, desde el norte de Francia, Bélgica y Países Bajos hasta los Montes Urales sin solución de continuidad. De ahí la preocupación de Rusia (y antes la Unión Soviética) por procurarse una especie de barrera defensiva formada por países políticamente afines: Polonia, la antigua Checoslovaquia, Hungría, Moldavia y Rumanía, hasta que el colapso de la Unión Soviética las permitió alejarse de su influencia directa. La mayor parte de esos países han pasado de ser *satélites* de Rusia a formar parte de la Unión Europea y de la OTAN. Una evolución catastrófica desde el punto de vista de los intereses rusos.

La invasión de Ucrania es una prueba de lo que se ha dicho. Es un intento por recuperar una pieza clave del escenario europeo y de impedir una ampliación de la influencia política y militar de la OTAN hacia la frontera rusa. Con la excusa de que en la parte oriental y sudoriental predomina la población de lengua rusa y en un contexto en que el Gobierno ucraniano adoptó decisiones poco prudentes como, por ejemplo, la abolición del ruso como segundo idioma en varias regiones (Marshall, 2017) o manifestar sus preferencias por alianzas europeas, Rusia emprendió operaciones militares en las regiones orientales (Donetsk, Lugansk, Jersón y Zaporiyia). Ucrania había dejado de ser prorrusa después de haber sido prosoviética hasta 1990, y eso no era aceptable para Rusia. ¿Habrá más problemas en el futuro si Rusia alcanza sus objetivos en Ucrania? Con toda probabilidad. La expansión hacia el oeste parece inevitable a largo plazo, para conseguir su *Lebensraum*, dado que Rusia carece de auténticas barreras naturales (lo hemos dicho al principio de este subcapítulo: una geografía frágil), y de ahí su obsesión por dominar una especie de cinturón de países que la protejan de enemigos. El nacionalismo ruso y la ausencia de procedimientos democráticos claros para sustituir a los líderes del país ante cualquier contingencia produce serias dudas acerca del futuro de un armamento nuclear fuera de control (Kaplan, 2025).

Hay otro asunto importante, casi una broma en medio de esta tragedia. Rusia es el principal suministrador de gas a Estonia, Letonia, Eslovaquia y Finlandia, que dependen exclusivamente del gas ruso, mientras la República Checa, Bulgaria y Lituania le compran en torno al 80 % de su consumo, y Austria, Hungría y Grecia en torno al 60 %. Resulta llamativo que Alemania, unos de los países que más claramente se ha enfrentado a Rusia, se abastece en un 50 % del gas procedente de Rusia. Incluso España presenta una elevada dependencia del gas ruso tras su cambio de posición respecto a la población saharaui y la desconexión del gas procedente de Argelia. Los europeos no pueden dejar de mantener ese lazo comercial con Rusia (sufragando así buena parte de los costes de la guerra de Rusia contra Ucrania), mientras Rusia no puede dejar de suministrar gas a Europa porque le resulta una fuente financiera imprescindible para mantener los gastos de esa guerra.

10.3. La visión planetaria de China

China cuenta con 9,6 millones de kilómetros cuadrados y una población de 1.400 millones de habitantes en un contexto geográfico muy favorable (Kaplan, 2015): dispone de un extenso territorio que penetra hacia Asia Central, con abundante petróleo y gas natural.

Casi todo el país está dentro de la zona templada, aunque más de la mitad occidental está ocupada por montañas (los Himalayas) y desiertos (Taklamakan y Gobi). Puede resultar sorprendente que China fue entre los siglos VI y XVIII la primera potencia económica del mundo, hasta que fue desbancada por los países occidentales gracias a la explotación de América y una implantación colonial creciente (Frankopan, 2024).

A su importancia en extensión y población une ahora un crecimiento económico sin precedentes, de manera que, si en 1972 generaba el 4,6 % de la riqueza del mundo, en el año 2000 era el 11,8 %, y en el año 2020, el 18,9 %, es decir, más que ningún otro país en la Tierra (Morris, 2025). Actualmente China representa el 34 % del PIB mundial y un 24,6 % del comercio (https://www.consilium.europa.eu/es/infographics/eu-china-trade). Como referencia comparativa, desde 1990 hasta la actualidad, la economía estadounidense se ha multiplicado por tres, mientras la economía china se ha multiplicado por 45 (Frankopan, 2024). Este espectacular crecimiento ha permitido superar la crisis provocada por la llamada Revolución Cultural y el Gran Salto Adelante, cuyas erróneas decisiones condujeron al país a hambrunas y, tras la muerte de Mao Zedong, a la adopción de medidas económicas y a una cierta privatización de la agricultura para incentivar la productividad. La obsesión por la modernización del país desde la década de 1950, una política demográfica muy agresiva para reducir el crecimiento de la población (política del hijo único) y una expansión industrial sin complejos respecto a patentes y derechos internacionales sentó unas bases para el crecimiento en torno a grandes ciudades millonarias en población (Shanghai, Pekín, Hangzhou, Guangzhou, Wuhan y muchas otras, cada una con varios millones de habitantes en la actualidad). Con la frontera terrestre más larga del mundo (22.457 kilómetros), que comparte con 14 países, carece de verdaderos problemas con sus vecinos, a pesar de haber soportado tensiones importantes en un pasado reciente (con Rusia en la región nordoriental, con India por el sur, con Vietnam en el sureste y con Japón en la II Guerra

Mundial, así como los conflictos internos en Tíbet y los uigures de Sinkiang en su extremo occidental. Un pequeño inciso referente al Tíbet: su control por parte de China ha sido una consecuencia de la fuerte competencia con India, que hubiera podido aspirar a controlar esta región y sus correspondientes recursos hídricos, tan importantes para China (ríos Huang He o Amarillo, Yangtsé y el curso alto del río Mekong). Para China, el control del Tíbet es una cuestión de seguridad geopolítica (Marshall, 2017).

A pesar de los graves problemas relacionados con los derechos humanos, la calidad de vida de la población (entendiendo por tal, sobre todo, la alimentación y la educación, así como el acceso creciente a bienes de consumo) se ha incrementado significativamente, y en la misma línea lo ha hecho la tecnificación y la producción de artículos de consumo a gran escala, hasta el punto que puede afirmarse que la gran globalización se ha conseguido alcanzar con la presencia de China en todos los mercados del mundo más que con los países ricos occidentales. Paralelamente, se han hecho grandes esfuerzos para combatir los desastres naturales, especialmente las inundaciones del río Yangtsé. Pero la situación actual de prosperidad no se puede explicar si no se parte de dos hechos fundamentales:

(i) En primer lugar, un régimen político basado en el comunismo y económicamente en el capitalismo, lo que se ha dado en llamar «comunismo de estilo chino» en el que se ha pasado de una economía planificada a otra mixta cada vez más abierta, que según Marshall (2017, p. 69), se podría traducir como «dentro de una economía capitalista, todo el control para el Partido Comunista». Este es un fenómeno muy importante e innovador, al permitir la creación de empresas mixtas (públicas y privadas), muy controladas por el Partido único, sin un sindicalismo restrictivo, y con salarios bajos en comparación con los países occidentales. Por lo tanto, todo son grandes ventajas competitivas. China es capaz de producir y vender a precios sensiblemente más bajos cualquier producto, incluidos vehículos dotados de las más altas tecnologías, y aparatos electrónicos de empresas multinacionales con sede y origen en Estados Unidos y Europa.

(ii) En segundo lugar, unas estrategias persuasivas y aparentemente poco agresivas de control de recursos naturales y de mercados. Una de las principales obsesiones de China es el dominio «suave» de los océanos, es decir, de las principales rutas comerciales. Esto incluye especialmente la construcción de grandes puertos de aguas profundas, capaces de acoger barcos de gran tonelaje para carga y descarga de contenedores en Birmania, Sri Lanka, Bangladesh y Pakistán, lo que sugiere un interés especial por el dominio de los mares que rodean a la India. También construye puertos en la costa oriental de África (Kenia), donde además ha creado su primera base naval en el extranjero (Yibuti). Su obsesión por el comercio marítimo (en el que se apoya buena parte de su autoridad comercial) ha conducido a China a adquirir fuertes derechos en el Canal de Panamá, lo que representa dominar el paso entre los océanos Pacífico y Atlántico. Esto, como es bien sabido, ha dado lugar a un fuerte enfrentamiento, de momento solo dialéctico, con Estados Unidos. Su interés en el paso entre los dos océanos es tan grande que China ha propuesto a Nicaragua la construcción de un nuevo canal de mayor anchura y profundidad que el de Panamá, aunque en este momento el proyecto está estancado. Pero la sola existencia del proyecto refleja por dónde van las estrategias de China.

Sus intereses en África son múltiples, sin haber utilizado en ningún caso la fuerza para controlar diversos tipos de recursos, desde petróleo a distintos minerales (uranio, fosfatos, hierro, cobre y oro). No es una región fácil, a pesar de la habilidad de la diplomacia china, pero en todo caso está cobrando ventaja frente a la vieja tradición de liderazgo de Europa (Francia, especialmente) en la región. La clara tendencia hacia la desintegración de los estados nacionales en África y la presencia de grupos terroristas que controlan una importante y creciente proporción del territorio son un problema muy grave que aumenta su severidad por la instalación reciente de grupos paramilitares de origen ruso (Grupo Wagner), cuyos objetivos no están todavía claros, aunque sin duda tendrán, tarde o temprano, repercusión en la inestabilidad de Europa. En definitiva, demasiadas tensiones entre numerosos grupos étnicos, extrema pobreza, dominio de condiciones desérticas que se han acentuado por la deforestación y la erosión del suelo, fronteras porosas y enfrentamientos de ideas religiosas con una marcada tendencia hacia la violencia. Un panorama nada favorable, pero en el que China sabe desenvolverse sin entrar en aspectos relacionados con la corrupción local o los derechos humanos. De hecho, ya ha llegado a acuerdos con Níger para la explotación de los campos petrolíferos de Teneré (alrededor de la tercera parte de las importaciones chinas de petróleo proceden de África). Su presencia es también muy importante en Etiopía, donde China ha construido la gran presa hidroeléctrica del Gran Renacimiento, en el río Nilo Azul, muy cerca de la frontera con Sudán, un proyecto que ha tensionado la región por los intereses de Egipto en las aguas del río Nilo.

No acaba ahí la atracción de China por África. Está invirtiendo grandes cantidades de dinero en Tanzania para la construcción de infraestructuras, sobre todo la ampliación del puerto de Bagomoyo ante la congestión que experimenta el tradicional puerto de Dar-es-Salam (Marshall, 2017). El petróleo de Angola también ha exigido fuertes inversiones, mientras que Sudáfrica se ha convertido en el principal socio de China en África, mediante la implantación de numerosas empresas (públicas, privadas y mixtas) en Johannesburgo, Pretoria, Ciudad del Cabo y Durban. La ventaja de Sudáfrica no es solo que sea el país más desarrollado del continente, sino que además cuenta con abundantes riquezas naturales (oro, plata y carbón) y puertos con acceso a los océanos Atlántico e Índico. Existen ya proyectos avanzados de construcción de una línea de ferrocarril desde Sudáfrica a la zona costera de Kenia y Tanzania con la que se espera revitalizar gran parte del África oriental y meridional.

No obstante, China no queda al margen de la amenaza de crisis económicas y diplomáticas. Al ser el gran país dominador de la economía global, su estabilidad y prosperidad dependen de la fluidez de los mercados internacionales. Su capacidad de producción de bienes de consumo es tan grande que no puede permitirse un decrecimiento o un estancamiento. Si disminuye la producción de esos bienes, habrá desempleo y crisis en muchos centros urbanos. Para China, la estabilidad comercial y política es fundamental, lo que, de momento, está frenando cualquier confrontación con Taiwán para anexionarse esta isla, aunque los nacionalismos están casi siempre por encima de la racionalidad. De hecho, los mares de China Oriental y de la China Meridional muestran frecuentemente la agresividad de la armada china, al acosar a plataformas petrolíferas, flotas pesqueras y buques de guerra de otros países con los que tiene frecuentes litigios por el control de pequeñas islas.

10.4. Estados Unidos de América, apogeo y ¿decadencia?

Desde su independencia, Estados Unidos pasó a ser una potencia expansionista, con la compra de Luisiana en 1803, la ocupación de Florida en 1810 y la conquista de una gran parte de los territorios norteños de México a mediados del siglo XIX. Además, a finales de ese siglo, Estados Unidos pasó a ser la gran potencia mundial. Acababa de conquistar Cuba, Puerto Rico y Filipinas, lo que permitía dominar el mar Caribe y aumentar su presencia en el Océano Pacífico, en los tres casos en 1898, tras una breve guerra con España. Esta fecha tiene una gran importancia, porque es el momento en que Estados Unidos muestra su intención de superar las fronteras propias y de intervenir en territorios que hasta entonces habían pertenecido a otra potencia. En ese mismo año Estados Unidos se anexionó las islas Hawái (que pasarían a formar parte de la Unión en 1959). Se había completado la colonización de todo el oeste y se había incorporado Alaska, aunque este último no se convertiría en estado de la Unión hasta 1959. En todo caso, parece claro que 1898 representó un incipiente cambio en la política internacional de Estados Unidos, que a partir de entonces asumió el derecho a intervenir en conflictos fuera de sus fronteras ante la evidente decadencia de otras potencias europeas. Las dos guerras mundiales del siglo XX confirmaron este cambio, y desde

1945 ha participado en numerosos conflictos por todo el mundo y a la vez ha mantenido situaciones de tensión con otras potencias que han ido surgiendo desde la Segunda Guerra Mundial, primero la Unión Soviética hasta su desmoronamiento en 1989, y más tarde Rusia y China. La intervención en diversas guerras (Corea, Vietnam, Irak, Afganistán) y su participación directa o indirecta en la política interior de diversos países ha mostrado su deseo de confirmarse como primera potencia mundial, aunque se observa un notable repliegue como consecuencia:

i.   del fracaso de algunas de esas guerras, con derrotas (Vietnam) o con victorias catastróficas (Irak, Afganistán) como consecuencia de un conjunto de errores estratégicos y desconocimiento de la geografía y la sociología regionales. Si algo se podía hacer mal, se hizo.

ii. del enorme gasto militar estadounidense en un contexto de enorme endeudamiento de su economía, lo que desde 2025 se ha puesto de manifiesto por la política de repliegue o de no-intervención en asuntos que no atañen directamente a Estados Unidos (incluyendo, por ejemplo, su actitud ante la guerra de Ucrania).

Es curioso, no obstante, que Estados Unidos ha sido un país bastante aislacionista hasta bien entrado el siglo xx. De hecho, se resistió mucho a participar directamente en la Segunda Guerra Mundial a pesar de que algunos de sus mejores aliados (especialmente el Reino Unido) estaban involucrados y en serio riesgo de supervivencia. Es bien conocido que su intervención directa en la guerra se retrasó hasta el ataque a Pearl Harbor el 7 de diciembre de 1941. Desde el final de la Segunda Guerra Mundial asumió su papel de líder, en gran parte también para frenar la posible expansión de la Unión Soviética. En su estrategia de afianzamiento como primera potencia mundial, su obsesión ha sido la instalación de bases navales y aéreas desde donde controlar una parte importante del mundo: el Mediterráneo (bases en España e Italia, presencia permanente de la VI Flota con cuartel general en Nápoles), Oriente Medio (incluyendo los países del Golfo Pérsico), y el Atlántico Norte (bases en Islandia, Noruega y Reino Unido). También es importante su presencia en varios países centro- y sudamericanos, donde destaca de manera especial la base de Guantánamo en la isla de Cuba, así como diversas bases en Colombia y Perú. Su interés ha sido aparentemente menor en África, aunque su presencia ha sido notable en Níger, Kenia, Senegal, Chad y Yibuti, donde sorprende que Francia, China y Japón cuenten con otras bases militares en un país tan pequeño (23.200 kilómetros cuadrados), pero situado estratégicamente en la entrada del Mar Rojo y el acceso al Canal de Suez, en el estrecho de Bab-el-Mandeb. También destaca la alianza que mantiene desde 1951 con Australia y Nueva Zelanda para controlar gran parte del Pacífico Sur, así como diversas bases en el Pacífico Occidental, en torno a China, incluyendo una de sus más importantes localizaciones en la isla de Guam, así como las bases en Japón y Corea del Sur.

En definitiva, un mapa que mostrase la distribución espacial de las bases navales y aéreas de Estados Unidos reflejaría una marcada inclinación a estar presente en todo el mundo, incluyendo el Océano Glacial Ártico, donde dispone de bases en el norte de Groenlandia y, por supuesto, en Alaska, por tratarse de un sector sensible ante una posible amenaza desde Rusia y, quizás con mayor razón, por acceder a los recursos energéticos y minerales presentes en la región, a los que Rusia tiene, de momento, un más fácil acceso.

Durante décadas, para Estados Unidos la estabilidad de Europa se ha situado a la altura de la de Oriente Medio. No en vano los países del centro y oeste de Europa han sido sus tradicionales aliados y un posible freno a las posibilidades expansionistas de la Unión Soviética hacia el resto del continente, así como sus principales mercados para su industria militar, sus excedentes agrícolas y todo tipo de productos derivados de la alta tecnología. En el caso de Oriente Medio es evidente que Estados Unidos ha tenido (y todavía tiene) importantes intereses estratégicos relacionados con la producción y exportación de petróleo y gas, así como la seguridad de Israel, en un foco de altas tensiones por la presencia de numerosos grupos armados. Aunque recientemente la posición de Estados Unidos está cambiando, Oriente Medio sigue siendo una región prioritaria, como lo muestra la guerra no declarada, pero persistente, contra los hutíes de Yemen, con el fin de facilitar la comunicación mercantil a través del mar Rojo y el Canal de Suez y de frenar la influencia de Irán, presente a través de las milicias armadas de Hamás, Hizbulá y los hutíes. Es cierto, no obstante, que el espectacular crecimiento de la producción petrolífera y gasística de Estados Unidos (plataformas marinas y *fracking*) ha hecho que su dependencia respecto del petróleo de Oriente Medio haya disminuido mucho, pero aun así sigue siendo un territorio de observación preferente. Es evidente que esa situación solo perdurará mientras la economía de los países ricos occidentales se base en el empleo del petróleo y gas natural.

Respecto a Europa, la aparente frivolidad con que la actual administración norteamericana presidida por Trump trata las cuestiones de seguridad es quizás una estrategia para incrementar los gastos en defensa y las exportaciones de armamento sofisticado desde Estados Unidos, a la vez que reducir el enorme gasto de defensa. Pero también es cierto que los intereses de Estados Unidos se han ido desplazando progresivamente desde el Atlántico Norte al Pacífico Occidental y al océano Índico, a medida que Rusia se muestra más débil y la capacidad económica e incluso militar (aunque en menor medida) de China se ha disparado. Si a esto se suma el importante crecimiento económico y demográfico de la India, tendremos un escenario perfecto para atraer el interés global de Estados Unidos por una región que a mediados del siglo XXI será responsable de la mitad de la producción económica mundial (Marshall, 2024).

Se insiste mucho en que Estados Unidos ha entrado en un irrefrenable declive y que está siendo superado por China. Es probable, pero aún sigue siendo el líder mundial por antonomasia. En un plazo muy corto, China ha pasado a ser el país con mayor capacidad de producción de bienes de consumo, tanto que hasta los propios países occidentales se han convertido en importadores netos de esos bienes.

Y su capacidad militar se ha incrementado notoriamente, hasta el punto de aumentar su presencia en diversos lugares de Asia y África, pero por el momento su fuerza disuasoria se basa más bien en el control de gran parte del comercio internacional y de las vías comerciales marítimas.

Sí, China ha crecido mucho, pero Estados Unidos sigue siendo un país de éxito, con un potencial económico extraordinario, ocupa una posición de liderazgo en investigación científica (aunque también en esto China ha crecido mucho), ha alcanzado la autosuficiencia energética y su presupuesto militar supera al de todos los países de la OTAN en conjunto. En las listas de las mejores universidades del mundo, Estados Unidos sigue contando con 17 entre las 20 primeras (Marshall, 2024). Sin embargo, un punto débil que apenas se menciona si no es de forma anecdótica, es la extrema pobreza que afecta a numerosas barriadas urbanas, que crea situaciones extremas de desempleo y segregación social, algo inexplicable en el que se considera a sí mismo el país más avanzado y primera potencia del mundo; y también el quebranto de la movilidad social que, desde sus orígenes, ha caracterizado a Estados Unidos. Este fenómeno, junto a la posible pérdida de liderazgo en muy pocas décadas, puede ser un factor crítico de desintegración social y desestabilidad.

Estados Unidos se encuentra en una excelente localización al estar bañado por el oeste y el este por grandes océanos, el Pacífico y el Atlántico. Esto supone una doble oportunidad: defensiva y, a su vez, comercial, pues los grandes puertos de sus ciudades costeras pueden llevar a cabo innumerables intercambios comerciales. Por el norte limita con Canadá con el que, a pesar de discrepar en algunos temas, puede considerarse un buen aliado. Sin embargo, más inestable es la frontera sur, con México. Algunos autores (ver Kaplan, 2015, pp. 393-425) ponen énfasis en los problemas derivados de las relaciones entre Estados Unidos y México, no tanto por la inmigración latina que tanto preocupa a los norteamericanos más conservadores, sino por la tendencia al desmoronamiento político de México, especialmente en su tercio septentrional. No debe olvidarse que la diferencia en renta nacional a uno y otro lado de la frontera de Río Grande (de nada menos que 3200 kilómetros de longitud) es la mayor del mundo entre países vecinos (Kaplan, 2015) y esta es una fuente inagotable y razonable de problemas. Existe una idea cada vez más sólida de que México se está convirtiendo en un estado fallido y que Estados Unidos debería dejar de invertir enormes sumas de dinero en causas que no le afectan directamente (Afganistán como ejemplo más reciente) y destinarlas a estabilizar México, es decir, al otro lado del Río Grande y del desierto de Sonora. Lo que sucede, sin embargo, es que Afganistán es mucho más importante de lo que pudiera parecer, por su capacidad para desestabilizar a Pakistán e incluso la India y eso es algo que no puede permitir una potencia mundial como Estados Unidos, a pesar de su marcada tendencia al repliegue. Por lo que respecta a la política con México, requeriría un tratamiento más sofisticado que el que se ha aplicado hasta el momento, porque su estabilidad garantizaría prosperidad para los dos países.

10.5. ¿Y el resto del mundo?

Ya hemos visto la importancia de la Geografía política para los tres países con mayor influencia en el mundo (Estados Unidos, China y Rusia) y cómo sus grandes estrategias están diseñadas atendiendo a sus principales rasgos geográficos y a la necesidad de afianzar su posición en el contexto internacional. Los demás países, a otra escala, tienen los mismos objetivos: optimizar las ventajas de su posición, reducir sus limitaciones y competir en los mercados globales. A veces, demasiadas veces, la posición de un país se ve amenazada por un vecino próximo, cuando se entra en disputas territoriales. Sucede con la India y Pakistán y su guerra intermitente por la región de Cachemira; también los conflictos no olvidados entre Grecia y Turquía, dado que la mayoría de las islas del mar Egeo son reclamadas por este segundo país, a pesar de que su control corresponde a Grecia desde la guerra de 1919-1922. La desintegración del imperio turco también hizo perder a Turquía territorio kurdo en Siria, lo que, unida a la presencia de regiones kurdas en Irak, Irán y en la misma Turquía, hace que este país esté atento a cualquier movimiento que pudiera conducir a la creación de un Kurdistán independiente.

Los problemas son casi irresolubles en Etiopía, debido a la compleja orografía y a la diversidad de etnias (oromo, amara, tigrianos, afar, gurage) y religiones, con desigual distribución de los recursos y del poder político. Además, Etiopía acoge a varios cientos de miles de refugiados de Somalia, Eritrea y Sudán del Sur, mientras en la zona más árida del este campan a sus anchas la piratería y diversas organizaciones extremistas, sin que este panorama vaya a cambiar a corto plazo. El país lleva décadas con guerras civiles que han conducido a la pérdida de Eritrea, mientras la lucha continúa en otras regiones. Hay muchos otros conflictos en el mundo, especialmente en África, promovidos por grupos armados cuyo objetivo es sembrar la anarquía, limitar la presencia del Estado central y sobrevivir mediante el pillaje. El ejemplo más claro es la República Democrática del Congo, que cuenta con unos 120 grupos armados, pero también Sudán del Sur, con 40 grupos, los 20 grupos de Libia que han hecho de este país un Estado fallido, o varias decenas de milicias en el norte de Nigeria, aunque por el momento el sur del país apenas se está viendo afectado. Diferentes etnias, distintas religiones, el desierto que todo lo empobrece y puede mover a la desesperación, las desigualdades y la corrupción, temas todos ellos relacionados entre sí y foco de posibles estudios por parte de geógrafos. ¿Quiénes si no?

El fuerte crecimiento demográfico de algunas regiones de la Tierra, la desigualdad y la extrema pobreza, los conflictos que ahogan toda esperanza y el agotamiento de recursos en algunos países crearán nuevos conflictos en un futuro no muy lejano. Las llamadas guerras del agua pueden llevarnos a conflictos en Oriente Medio, como consecuencia de las presas construidas por Turquía en la cabecera de los ríos Tigris y Éufrates, lo que ha reducido el caudal de ambos ríos hacia Siria e Irak. La construcción de la Gran Presa del Renacimiento Etíope en el Nilo Azul es una fuente de problemas para la gran cuenca del río Nilo, donde el agua puede ser cuestión de vida o muerte. La elevada dependencia de Egipto respecto a las aguas del Nilo puede ser causa de desacuerdos que pueden llegar muy lejos, dado que el río Nilo aporta ya un caudal muy escaso al delta. ¿Puede una reducción de la disponibilidad de agua desestabilizar a Egipto? Probablemente, a poco que la presa etíope afecte al caudal del Nilo hasta que el embalse alcance el nivel óptimo para iniciar la producción de energía hidroeléctrica. ¿Más problemas geopolíticos? Citemos solo, sin entrar en ellos, las previsibles disputas por los recursos naturales del Ártico, con intereses por parte de Rusia, Canadá, Estados Unidos, Dinamarca-Groenlandia, Noruega y Suecia. También el gravísimo dilema de Bangladesh, un país que en su mayor parte está instalado en el delta de los ríos Ganges-Brahmaputra y que se encuentra muy poco por encima del nivel del mar. Si se confirma el ascenso del nivel de las aguas como consecuencia del calentamiento global y la consiguiente fusión de los glaciares, el océano Índico inundará una creciente proporción del delta, en el que viven unos 175 millones de personas. ¿Se ha pensado en la envergadura de este problema geográfico y político, es decir, geopolítico?

***

La geografía política nos ayuda a conocer cómo las relaciones internacionales obedecen a la forma en que están diseñados los factores geográficos. Estos últimos (población total, densidad y estructura demográfica, dependencia de exportaciones e importaciones, la existencia de barreras montañosas que protegen de invasiones, el control del comercio marítimo, etc.) tienen una enorme importancia a la hora de fijar la política exterior, las alianzas, los enfrentamientos o las variables estrategias que cada país diseña para situarse en un contexto mundial. Tales estrategias cambian en la medida en que también lo hace la demografía o los intereses de cada país en un momento determinado. Conocer la geografía de un país y de su entorno es imprescindible para entender su estrategia, una labor en la que los geógrafos deberían tener una función decisiva por su visión global y por su capacidad de relacionar unos hechos con otros en un contexto espacio-temporal. Kaplan (2015, pp. 59-60) afirma que «La geografía es el telón de fondo de la historia de la humanidad ... La situación de un Estado en el mapa es lo primero que lo define». La globalización (un concepto que es fundamentalmente geográfico) nos enseña que una crisis (política, climática) que afecta a un país, incluso de pequeño tamaño, tiene grandes repercusiones que se multiplican y pueden hundir el mercado de determinados productos agrícolas, pueden deteriorar el sistema bancario o desestabilizar la producción de bienes electrónicos. No somos independientes, dadas las enormes interacciones que existen entre los diferentes países del mundo, salvo, quizás, Afganistán, Corea del Norte o Myanmar, cuyos sistemas políticos buscan precisamente el aislamiento para sobrevivir. Y no son precisamente envidiables.

Son muchos los temas geopolíticos, de muy variada envergadura, que afectan a la Tierra, y otros pueden emerger a distintas escalas temporales. Todos ellos tienen que ver con la geografía. Es, por lo tanto, un mercado de trabajo de grandes posibilidades. ¿Serán los geógrafos capaces de aprovecharlo? ¿Estarán los departamentos de Geografía cualificados para preparar a los alumnos en cuestiones geopolíticas? ¿Y serán competentes para transmitir a la sociedad la necesidad de geógrafos en ese campo?

11

La geografía española

Hemos querido abrir un último capítulo dedicado a la geografía española, para destacar sus aspectos positivos y exponer los márgenes de mejora. Nos pareció necesario hacer un rápido y sencillo balance acerca de las tendencias dominantes a partir de unos criterios sencillos que se utilizan habitualmente para valorar la actividad científica. Lo que contamos en este capítulo debería servir para estimular la calidad de la producción científica por parte de los geógrafos españoles y, a la vez, para alejar la idea de que continuamos en una permanente crisis. Mucho ha cambiado para bien en la geografía española en las últimas décadas y queremos ponerlo de relieve, de igual forma que también queremos señalar que quedan todavía dificultades y resistencias. Reflexionaremos sobre la evolución de los estudiantes universitarios de Geografía, las revistas de geografía españolas, la labor de la Asociación Española de Geografía (AGE) y la calidad de la investigación que, en parte, se puede analizar a través del sistema de valoración de la Comisión Nacional de Evaluación de la Actividad Investigadora-CNEAI (los conocidos sexenios). Este capítulo pretende explicar algunos de los problemas a los que se enfrenta la geografía española y a la vez presentar motivos para el optimismo, dada la creciente proyección internacional y la calidad de la producción científica de muchos profesores e investigadores españoles.

11.1. Los estudios y los estudiantes de Geografía en España

Los estudios de geografía han estado presentes en las universidades españolas desde, al menos, el siglo XIX. A lo largo del siglo XX la geografía se impartía en todas las facultades de Filosofía y Letras, como compañera inseparable de la historia. A finales de la década de 1950 la Universidad de Zaragoza fue pionera en el intento de separación casi completa de la geografía y la historia, al crearse una licenciatura que modestamente empezó llamándose de Geografía e Historia, *Orientación Geográfica*. En ella, tras los dos primeros años de comunes, en los que se impartían asignaturas propias de Letras, se estudiaban tres años de Geografía, aunque manteniendo una asignatura de Historia en tercer (Prehistoria) y quinto curso (Historia Moderna). La iniciativa partió de José Manuel Casas Torres, catedrático de Geografía de la Universidad de Zaragoza entre 1944 y 1966. Con un planteamiento innovador, se programaron asignaturas no habituales en la enseñanza universitaria española, incluyendo Geomorfología (estructural y climática), Cartografía topográfica, Cartografía geomorfológica, Climatología, Hidrología y Biogeografía, Geografía Humana, Geografía Económica, Epistemología de la Geografía, Geografía de España y dos asignaturas dedicadas a la Geografía Descriptiva de Europa y del Mundo. Esto facilitó la creación de un Departamento de Geografía propio, una revista científica (*Geographica*), una biblioteca específica en temas geográficos, una sala de cartografía y otra de proyección de películas, en un edificio diseñado por Miguel Fisac que todavía conserva su esencia original. El ejemplo de la Universidad de Zaragoza fue seguido por otras universidades españolas a lo largo de la década de 1960. De aquellos inicios a la actualidad, sucesivas reformas de planes de estudios y los compromisos adquiridos por las universidades españolas con las directrices emanadas de la Unión Europea han propiciado la impartición de 26 grados de Geografía (universidades de Alicante, Autónoma de Barcelona, Autónoma de Madrid, Barcelona, Cantabria, Castilla-La Mancha, Complutense de

Madrid, Extremadura, Gerona, Granada, Islas Baleares, La Laguna, Las Palmas de Gran Canaria, León, Lérida, Málaga, Murcia, Oviedo, País Vasco, Rovira y Virgili, Salamanca, Santiago de Compostela, Sevilla, Valencia, Valladolid y Zaragoza). Además, en otras ocho universidades españolas (Internacional de La Rioja, Internacional Isabel I de Castilla, Jaén, La Rioja, Oberta de Catalunya, Pablo Olavide, Universidad Nacional de Educación a Distancia y Vigo) existe aún el Grado de Geografía e Historia.

Llama la atención que solo cuatro universidades mantienen la denominación de *Geografía* (Barcelona, Islas Baleares, Lérida y Salamanca), mientras que en el resto se dan variaciones en torno a términos complementarios muy similares: *Geografía y Ordenación del Territorio, Geografía, Desarrollo Territorial y Sostenibilidad, Geografía, Ordenación del Territorio y Gestión del Medio Ambiente, Geografía y Medio Ambiente,* y *Geografía y Planificación Territorial*. Es evidente que para los propios profesores de Geografía el nombre de *Geografía* era insuficiente o no identificaba con claridad el contenido de esta titulación. Las nuevas denominaciones pretendían explicar a los posibles estudiantes y a los organismos públicos el carácter más aplicado de la geografía. El objetivo final sería atraer a un mayor número de estudiantes e incrementar las posibilidades de inserción en el mercado de trabajo de los egresados. No se ha valorado hasta la fecha si esta estrategia ha sido exitosa: los cambios de nombre deben ir acompañados de una transformación profunda de la enseñanza y de la investigación. No obstante, es muy probable que el cambio haya sido positivo para la imagen de la geografía y su supervivencia en momentos en los que la competencia por parte de otras disciplinas próximas ha sido muy intensa. De todas formas, el hecho de que no quedase claro el significado de estudiar geografía y fuera necesario complementarla con otro nombre debe llevarnos a la reflexión y suponemos que de esto también fueron conscientes los geógrafos que participarían en la correspondiente discusión.

En todo caso, con independencia de la denominación del Grado en Geografía, lo importante es que el claustro de profesores de cada universidad se plantee una serie de preguntas imprescindibles, con suficiente generosidad para pensar en los estudiantes y en el futuro de la disciplina. Queremos decir que, como muchos profesores son conscientes, a veces las asignaturas del plan de estudios se distribuyen más o menos por igual entre Geografía Física, Geografía Humana y Análisis Geográfico Regional, lo que no significa que sea una distribución operativa. A la hora de decidir el plan de estudios, los profesores deben preguntarse si los geógrafos salen preparados para competir con otras ciencias; si los geógrafos reciben información de calidad suficiente como para ser necesarios; si las asignaturas y sus contenidos son adecuados para proporcionar una robusta formación geográfica; si salen de la universidad conociendo los trabajos que se están haciendo en España por parte de otros geógrafos; si han sido informados acerca de las innovaciones y las tendencias de la geografía en universidades europeas; si se han programado salidas al campo de interés; si han visitado o intercambiado opiniones y experiencias con geógrafos profesionales (docentes, investigadores o profesionales) que trabajan sobre temas geográficos de máxima actualidad; si han sido informados sobre los resultados científicos obtenidos por los geógrafos españoles más destacados. Todo esto debería de ser parte también de la formación de los jóvenes geógrafos españoles.

Universidad	Título	2015/16	2023/24	%
Alicante	Geografía y Ordenación del Territorio	128	92	-28,1
Autónoma de Barcelona	Geografía, Medio Ambiente y Planificación Territorial Geografía y Ordenación del Territorio	265	219	-17,4
Autónoma de Madrid	Geografía y Ordenación del Territorio	140	158	12,9
Barcelona	Geografía	254	159	-37,4
Cantabria	Geografía y Ordenación del Territorio	91	33	-63,7
Castilla-La Mancha	Geografía, Desarrollo Territorial y Sostenibilidad Geografía y Ordenación del Territorio	58	26	-55,2
Complutense de Madrid	Geografía y Ordenación del Territorio	228	140	-38,6

Extremadura	Geografía y Ordenación del Territorio	78	23	-70,5
Gerona	Geografía, Territorio y Medio Ambiente Geografía y Ordenación del Territorio	118	103	-12,7
Granada	Geografía y Gestión del Territorio	201	88	-56,2
Islas Baleares	Geografía	154	82	-46,8
La Laguna	Geografía y Ordenación del Territorio	223	122	-45,3
Las Palmas de Gran Canaria	Geografía y Ordenación del Territorio	134	88	-34,3
León	Geografía y Ordenación del Territorio	44	22	-50
Lérida	Geografía Geografía y Ordenación del Territorio	60	25	-58,3
Málaga	Geografía y Gestión del Territorio	193	75	-61,1
Murcia	Geografía y Ordenación del Territorio	197	11	-94,4
Oviedo	Geografía y Ordenación del Territorio	78	71	-9
País Vasco	Geografía y Ordenación del Territorio	145	87	-40
Rovira i Virgili	Geografía, Análisis Territorial y Sostenibilidad Geografía y Ordenación del Territorio	91	68	-25,3
Salamanca	Geografía	39	35	-10,3
Santiago de Compostela	Geografía y Ordenación del Territorio	143	108	-24,5
Sevilla	Geografía y Gestión del Territorio	255	174	-31,8
Valencia	Geografía y Medio Ambiente	290	232	-20
Valladolid	Geografía y Ordenación del Territorio Geografía y Planificación Territorial	64	52	-18,8
Zaragoza	Geografía y Ordenación del Territorio	195	88	-54,9
TOTAL		**2.381**	**3.866**	**-38,4**

Tabla 11.1. Evolución porcentual del número de estudiantes matriculados en los Grados en Geografía de las Universidades españolas entre los cursos académicos 2015/16 y 2023/24. No se incluyen los dobles Grados (Fuente: Ministerio de Ciencia, Innovación y Universidades. www.ciencia.gob.es)

La Tabla 11.1 muestra la evolución del número de alumnos de Geografía en las universidades españolas entre los cursos 2015/16 y 2023/24. Las cifras totales indican un marcado retroceso, con 3866 matriculados en el primero de los cursos citados y 2381 en el segundo, es decir, una pérdida del 38,4 %. La tendencia es regresiva a lo largo de toda la serie de años. El retroceso afecta a todas las universidades españolas cualquiera que sea su tamaño, si bien en algún caso se aprecia un pequeño repunte en el último curso, como sucede en la Universidad Autónoma de Madrid. Sorprende, en principio, que la Universidad de Valencia sea la que tiene un mayor número de estudiantes de Geografía (232), seguida por las universidades Autónoma de Barcelona (219), Sevilla (174), Barcelona (159) Autónoma de Madrid (158), Complutense de Madrid (140) y La Laguna (122). Solo la Universidad de Valencia ha superado en algún momento los 300 matriculados (en los cursos 2016/17 y 2017/2018). Nos preguntamos si el nombre del Grado de Geografía en la Universidad de Valencia (Geografía y Medio Ambiente) puede tener algo que ver con estos resultados más favorables. También es cierto que la Universidad de Valencia ha contado desde hace años con un grupo muy dinámico de profesores conocidos por sus innovaciones en la investigación de problemas ambientales. Las cifras más bajas de estudiantes corresponden a las universidades de Salamanca (35 matriculados), Cantabria (33), Castilla-La Mancha (26), Lérida (25), Extremadura (23), León (22) y Murcia (11). Llama la atención la muy baja cifra de estudiantes en la Universidad de Murcia, que ha experimentado un retroceso del 95,4 % desde el curso 2015-2016, cuando llegó a contar con 197 estudiantes, a pesar de su excelente tradición en estudios tanto de Geografía Física como Humana. La Universidad de Zaragoza, que fue la primera en contar con un Departamento de Geografía, no se ha librado tampoco del retroceso (54,9 %).

Universidad	Título	2015/16	2023/24	%
Internacional de La Rioja	Historia y Geografía (1)		162	
Internacional Isabel I de Castilla	Historia, Geografía e Historia del Arte	24	38	58,3
Jaén	Geografía e Historia	182	167	-8,2
La Rioja	Geografía e Historia	95	96	1,1

Oberta de Catalunya	Historia, Geografía e Historia del Arte	253	1.390	449,4
Pablo Olavide	Geografía e Historia	184	143	-22,3
UNED	Geografía e Historia	8.012	6.861	-14,4
Vigo	Geografía e Historia	148	228	54,1
TOTAL		**8.473**	**9.085**	**7,2**

Tabla 11.2. Evolución porcentual del número de estudiantes matriculados en los Grados en Geografía e Historia de las Universidades españolas entre los cursos académicos 2015/16 y 2023/24. No se incluyen los dobles Grados (Fuente: Ministerio de Ciencia, Innovación y Universidades. www. ciencia.gob.es)

La Tabla 11.2 se refiere a la evolución del número de estudiantes en el Grado de Geografía e Historia en las universidades de Jaén, La Rioja, UNED, Pablo Olavide, Internacional de La Rioja y Vigo. Además, en las universidades Oberta de Catalunya e Internacional Isabel I de Castilla el Grado corresponde a Historia Geografía e Historia del Arte, y en la Universidad de Vigo hay otro Grado de Turismo y Geografía e Historia. Estas universidades, que incluyen en sus grados varias asignaturas de Geografía dentro de un variado conglomerado de materias, han experimentado un aumento del 7,2 %, al pasar de 8.473 matriculados a 9.085, y eso a pesar del retroceso que han sufrido los estudios de Geografía e Historia en la UNED, que acapara el mayor número de estudiantes de todo este grupo, pasando de 8012 alumnos en el curso 2015/16 a 6861 en el curso 2023/24. El mayor crecimiento lo ha tenido la Universitat Oberta de Catalunya, pasando de 253 alumnos a 1.390. Como en el caso de la UNED, esta última universidad imparte sus clases y contactos con el alumnado *on line*. En este caso, están también la Universidad Internacional de La Rioja y la Universidad Internacional Isabel I de Castilla. En ambas, un buen número de sus estudiantes son de origen hispanoamericano. En la Universidad Internacional de La Rioja, que, sorprendentemente, se ha convertido en la primera empresa en importancia de la región, la implantación del Grado de Geografía e Historia es muy reciente (curso 2021/22). En todo caso, lo que sugieren estas cifras es que hay una base importante de estudiantes que elige para su formación el Grado en Geografía e Historia porque sus salidas profesionales están orientadas hacia la docencia de enseñanzas medias en centros públicos, privados o concertados.

Hemos incluido en la Tabla 11.3 información sobre la evolución del alumnado en Ciencias Ambientales, por considerar *a priori* que ejerce una fuerte competencia a los estudios de Geografía. De entrada, se observa que el número de estudiantes en Ciencias Ambientales es cuatro veces mayor que el de Geografía: 10.638 en el curso 2015/16 y 7.810 en el curso 2023/24. Es cierto que esta titulación también ha perdido estudiantes en los últimos nueve cursos académicos, pero la reducción ha sido del 26,6 %, es decir, 12 puntos menos que en el caso de la Geografía. Es evidente que el retroceso en el número de estudiantes de Geografía es notablemente superior al que experimenta la población universitaria española y está por encima del experimentado por los estudiantes de Ciencias Ambientales. Esta competencia debería haberse tenido en cuenta en el momento de puesta en marcha, primero, de la licenciatura y, después, del Grado en Ciencias Ambientales y haber planteado alguna alternativa con un mayor peso de la Geografía en esa titulación y un refuerzo del valor de nuestros estudios. Tampoco estamos seguros de que esa posibilidad existiera. Ahora ya es tarde, porque el Grado de Ciencias Ambientales parece consolidado, mientras que en muchas universidades con Grado de Geografía existe un claro riesgo de desaparición de esta disciplina a corto plazo.

Universidad	Título	2015/16	2023/24	%
Alcalá	Ciencias Ambientales	415	323	-22,2
Almería	Ciencias Ambientales	148	137	-7,4
Autónoma de Barcelona	Ciencias Ambientales	343	237	-30,9
Autónoma de Madrid	Ciencias Ambientales	551	477	-13,4
Barcelona	Ciencias Ambientales	381	265	-30,4
Cádiz	Ciencias Ambientales	198	182	-8,1
Castilla-La Mancha	Ciencias Ambientales	301	157	-47,8

Católica Santa Teresa de Jesús	Ciencias Ambientales	34	44	29,4
Córdoba	Ciencias Ambientales	250	133	-46,8
Europea Miguel de Cervantes	Ciencias Ambientales	21	3	-85,7
Extremadura	Ciencias Ambientales	133	72	-45,9
Gerona	Ciencias Ambientales	276	209	-24,3
Granada	Ciencias Ambientales	530	423	-20,2
Huelva	Ciencias Ambientales	100	57	-43,0
Jaén	Ciencias Ambientales	156	101	-35,3
La Laguna	Ciencias Ambientales	105	171	62,9
León	Ciencias Ambientales	299	231	-22,7
Málaga	Ciencias Ambientales	483	332	-31,3
Miguel Hernández	Ciencias Ambientales	226	187	-17,3
Murcia	Ciencias Ambientales	386	243	-37
UNED	Ciencias Ambientales	2.970	2.014	-32,2
Navarra	Ciencias Ambientales	7	46	557,1
Pablo Olavide	Ciencias Ambientales	483	388	-19,7
País Vasco	Ciencias Ambientales	202	204	1
Politécnica de Valencia	Ciencias Ambientales	199	170	-14,6
Rey Juan Carlos I	Ciencias Ambientales	319	212	-33,5
Salamanca	Ciencias Ambientales	332	203	-46,9
Valencia	Ciencias Ambientales	305	270	-11,5
Vigo	Ciencias Ambientales	193	149	-22,8
Zaragoza	Ciencias Ambientales	242	170	-29,8
TOTAL		**10.638**	**7.810**	**-26,6**

Tabla 11.3. Evolución porcentual del número de estudiantes matriculados en los Grados en Ciencias Ambientales de las Universidades españolas entre los cursos académicos 2015/16 y 2023/24. No se incluyen los dobles Grados (Fuente: Ministerio de Ciencia, Innovación y Universidades. www.ciencia.gob.es)

La Figura 11.1 muestra la evolución desde el curso 2015/16 por los estudiantes de Geografía, Ciencias Ambientales y Geografía e Historia, además del progreso experimentado por el número total de estudiantes en el conjunto de las universidades españolas. Mientras que el número de estos últimos se ha incrementado constantemente, a pesar de la tendencia regresiva de la población joven española, la evolución de los estudiantes de Geografía y de Ciencias Ambientales ha sido claramente negativa. Sin embargo, como se ha indicado algo más arriba, la tendencia es claramente más regresiva en el caso de la Geografía. Se observa también la positiva evolución en el número de estudiante del Grado de Geografía e Historia.

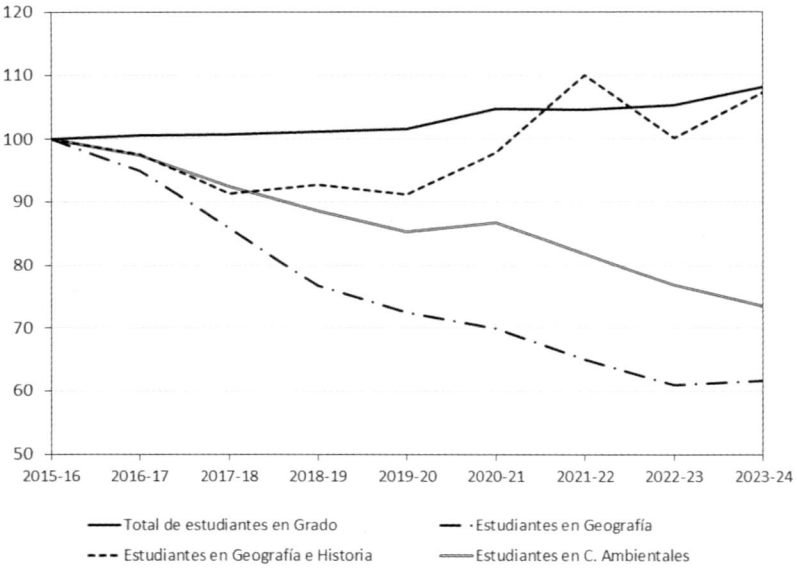

Figura 11.1. Evolución del número de estudiantes de los Grados en Geografía, Geografía e Historia y Ciencias Ambientales. Se incluye también la suma de estudiantes de todos los Grados en las universidades españolas (base 100) desde el curso 2015-16 hasta el curso 2023-24.

Un apunte más en este sentido: El informe correspondiente al año 2024 de la Fundación BBVA-IVIE (Instituto Valenciano de Investigaciones Económicas) sobre los 108 grados de las universidades españolas muestra que la Geografía ocupa la posición número 95 y la Geografía y Ordenación del Territorio la posición número 99 en el ajuste que alcanzan los egresados entre su nivel de estudios y el mercado laboral. Es importante señalar que los egresados en ambos grados ocupan empleos que se ajustan a su nivel de estudios en solo el 45,3 % y el 32,5 %, respectivamente. Los graduados en Geografía son los que alcanzan la cifra más baja de cotización media, un parámetro directamente relacionado con el sueldo percibido. Por su parte, Ciencias Ambientales ocupa la posición número 69, con un ajuste al nivel de estudios del 50,2 %, Geología el puesto número 54, con un ajuste del 64,9 % y Sociología el puesto número 92, con un ajuste del 35,7 %. En el año 2024 el número de graduados en Geografía fue de 101, y en Geografía y Ordenación del Territorio de 453. La información completa para todos los grados puede consultarse en https://www.u-ranking.es/insercion-laboral y nuestro acceso tuvo lugar el 8 de mayo de 2025.

Estamos convencidos de la preocupación de los geógrafos (departamentos universitarios, Colegio de Geógrafos, AGE) ante estos problemas. El decreciente número de estudiantes de Geografía en España es tema habitual de conversaciones y de frecuentes iniciativas. Pero hay que reconocer que los informes y propuestas que surgen de las reuniones o de las consultas a los departamentos de Geografía aportan pocas medidas relevantes y urgentes. Casi todas las recomendaciones, aunque necesarias, son insuficientes para el impulso de la Geografía: «Fomentar la incorporación de egresados al mercado laboral», «Organizar jornadas de difusión profesional de la Geografía», «Fomentar la investigación del personal docente en las fases iniciales», «Potenciar la presencia de asignaturas de Geografía en otros grados/másteres» . . . y así sucesivamente. En la situación actual de la Geografía se necesitan medidas algo más radicales. Los geógrafos tienen que ser más contundentes en el análisis de sus problemas, olvidarse de esquivar las razones por las que una ciencia como la Geografía, que entra de lleno en el estudio de los problemas clave de nuestra sociedad y de sus relaciones con el medio ambiente, carece de atractivo para los universitarios españoles.

Desde nuestra fascinación por la Geografía y nuestra admiración por el trabajo que realizan muchos geógrafos españoles, estamos convencidos de que deben adoptarse estrategias rompedoras que atraigan a nuevos y mejores estudiantes, pero eso requiere reforzar en la sociedad el valor de la Geografía y, a la vez, hacer autocrítica para poner de relieve lo que no se ha hecho bien. Sin duda, la Asociación Española de Geografía es la institución que más puede hacer en este sentido. Eso incluye incrementar los esfuerzos por reclutar buenos estudiantes de bachillerato, con suficiente curiosidad para entender la complejidad de nuestro mundo y las estrechas relaciones entre actividades humanas y problemas medioambientales. Transmitir que la geografía es el instrumento más poderoso para comprender los cambios que experimentan las sociedades y el medio ambiente interactuando sincrónicamente.

11.2. La Asociación Española de Geografía

La Asociación Española de Geografía, con anterioridad Asociación de Geógrafos Españoles de la que ha recibido sus siglas, AGE, agrupa a más de 1000 personas relacionadas con la geografía y lleva a cabo una gran labor desde su fundación. En concreto, su historia comienza en 1975, con ocasión del Congreso de Geografía organizado por la Universidad de Oviedo. Aunque inicialmente desarrolló una actividad muy limitada y gestionada desde Madrid, en la actualidad es responsable de un elevado número de iniciativas, entre las que destacamos:

i.   La organización bienal de los congresos nacionales de geografía, con sedes itinerantes por las diferentes universidades españolas.

ii. La creación y funcionamiento de 15 grupos de trabajo (Tabla 11.4), que organizan frecuentes reuniones y salidas al campo.

Denominación	Año
Tecnologías de la Información Geográfica	1985
Geografía de la Población	1986
Didáctica de la Geografía	1987
Estudios Regionales	1987
Geografía Económica	1987
Geografía Física	1989
Geografía Rural	1989
Geografía del Turismo	1989
Geografía de América Latina	1990
Geografía Urbana	1993
Cambio climático y Riesgos Naturales	1994
Geografía de los Servicios	1994
Desarrollo Local	2001
Pensamiento Geográfico	2001
Paisaje	2014

Tabla 11.4. Grupos de Trabajo de la AGE (Fuente: https://www.age-geografia.es/site/grupos-de-trabajo-age/)

iii. La publicación de tres revistas científicas: el *Boletín de la AGE*, *Didáctica Geográfica* y *GeoFocus*.

iv. La activación de debates sobre cuestiones de actualidad (por ejemplo, el cambio climático, la despoblación, la agresión de Rusia a Ucrania o el futuro de Europa), que muestran una clara voluntad de abordar problemas geográficos de actualidad.

Además, la AGE se plantea como otro de sus objetivos proteger la enseñanza de la Geografía en los niveles de enseñanza no universitaria mediante acciones que reclaman una mayor presencia de esta disciplina en colegios e institutos. También organiza encuentros con la participación de diversos Departamentos de Geografía, con el fin de identificar los problemas que afectan a la geografía y sus posibles soluciones. Estos esfuerzos no siempre consiguen los resultados positivos esperados ante los responsables de los ministerios competentes en materia de educación o investigación.

Para reforzar el papel de la AGE y su permanente reivindicación de la geografía sería necesario, además, un cambio en la mentalidad del colectivo de geógrafos. Queremos decir con ello que, con independencia de las opiniones o ideas de quienes administran la educación en España, debe haber un cambio sustancial en la actitud de los propios geógrafos. Algunas de las ciencias competidoras de la geografía han estado en plena ebullición transformadora, con planteamientos muy agresivos para convertirse en referentes ambientales y sociales ante los medios de comunicación, mientras la geografía ha permanecido estática o incluso escéptica frente a cualquier revulsivo. Por otra parte, como ya hemos indicado unas líneas más arriba, la puesta en marcha del Grado de Ciencias Ambientales no fue aprovechada para reivindicar la posición privilegiada de la Geografía para analizar y resolver problemas ambientales en relación con las actividades humanas. Poco se hizo entonces y nada se puede hacer ahora. Esta cuestión es más relevante de lo que pudiera parecer.

Hay algún otro aspecto que también queremos comentar con el ánimo de ser constructivos. Sería imprescindible que la AGE centrase sus esfuerzos en destacar los resultados obtenidos por jóvenes geógrafos que, dentro de España o en instituciones extranjeras, están en primera línea de la investigación científica. El ejemplo de su actividad y relevancia, sin duda, servirá de ejemplo para otros jóvenes. Para algunos geógrafos que trabajaban en instituciones extranjeras con currículos excelentes no es fácil la reincorporación a la ciencia española, aunque este es un mal que afecta a toda la ciencia española. Otro asunto que hay que reforzar desde la AGE es la puesta en valor de las actividades llevadas a cabo por geógrafos en el Consejo Superior de Investigaciones Científicas (CSIC). Es cierto que han existido buenas relaciones con el Instituto de Geografía «Juan Sebastián Elcano», que finalmente ha devenido en el Instituto de Economía, Geografía y Demografía, integrado en el Centro de Ciencias Humanas y Sociales. Sin embargo, hay un nutrido grupo de geógrafos del CSIC distribuidos en varios centros de investigación como el Instituto Pirenaico de Ecología (IPE), el Centro de Edafología y Biología Aplicada del Segura

(CEBAS), la Estación Experimental de Aula Dei (EEAD) o el Instituto de Diagnóstico Ambiental y Estudios del Agua (IDAEA) que deberían ser atraídos hacia la labor de la Asociación.

11.3. Las revistas de geografía

Incluimos aquí una breve referencia a las revistas de geografía internacionales incluidas en la principal base de datos de publicaciones científicas: *Web of Science* de *Clarivate Analytics*. Y, por supuesto, aludiremos a las revistas españolas de geografía incluidas en esta misma base de datos. En la actualidad, como se señalará en el Subcapítulo 11.4, la publicación de los resultados científicos en revistas internacionales catalogadas por *Clarivate* tiene una alta consideración en casi todo el mundo para la valoración del investigador, de la institución investigadora o del país. Desde una perspectiva individual, esa obligación es muy consistente para los científicos pertenecientes a las llamadas ciencias básicas (física, química o matemáticas), ingenierías, ciencias de la salud y ciencias de la tierra, pero no lo es tanto para los científicos que trabajan en las diciplinas de humanidades, economía y derecho, aunque los requisitos van cada vez más en este sentido. Otra base de datos muy utilizada, gestionada desde la editorial Elsevier, es SCOPUS, que maneja un grupo más numerosos de revistas. Nos ceñimos ahora a las revistas incluidas en la base de datos de *Web of Science* que son, además, sometidas a análisis, evaluación y clasificación bibliométrica en una herramienta denominada *Journal Citation Reports* (JCR).

En el *Journal Citation Reports* las revistas de Geografía se incluyen en dos grupos: *Geography (Physical)* y *Geography* (que se circunscribe a las revistas de geografía humana). El grupo de geografía física incluye 65 revistas (Tabla 11.5 y 11.6) y solo una es española: *Cuadernos de Investigación Geográfica/Geographical Research Letters*, con un Factor de Impacto de 1.2, ocupando el puesto número 52.

Revista	FI
ISPRS Journal of Photogrammetry and Remote Sensing	12.2
Landscape and Urban Planning	9.2
Geography and Sustainability	8.0
GIScience & Remote Sensing	6.9
Journal of Geovisualization and Spatial Analysis	6.8

Tabla 11.5. Las cinco revistas del campo Geography (Physical) con mayor factor de impacto en JCR (2024)

Revista	FI
Cryosphere	4.2
Landscape Ecology	3.7
Global and Planetary Change	4.0
Geomorphology	3.3
Permafrost and Periglacial Processes	3.3
Quaternary Science Reviews	3.3
Earth Surface Processes and Landforms	2.7
Palaeogeography, Palaeoclimatology, Palaeoecology	2.6
Journal of Quaternary Science	2.2
Arctic, Antarctic and Alpine Research	2.0
Mountain Research and Development	1.8
Holocene	1.8
Geografiska Annaler-Physical Geography	1.8
Quaternary International	1.8
Quaternary Research	1.8
Zeitschrift für Geomorphologie	1.3

Tabla 11.6. Revistas del campo Geography (Physical) con frecuente presencia de geógrafos españoles y su factor de impacto en JCR (2024)

Por lo que respecta a la categoría *Geography* (geografía humana), hay incluidas 173 revistas (Tablas 11.7 y 11.8) de las que nueve son españolas: *Cuadernos Geográficos*, en el puesto 107 (con un factor de impacto de 0.8), *Boletín de la Asociación de Geógrafos Españoles* (también conocida como *Boletín de la AGE*), en el puesto 114 (0.7),

Documents d'Analisi Geogràfica, en el puesto 114 (0.7), *Investigaciones Geográficas*, en el puesto 120 (0.6), *Scripta Nova*, en el puesto 135 (0.4), *Estudios Geográficos*, en el puesto 139 (0.3), *Ería*, en el puesto 139 (0.3), *Biblio 3W-Barcelona*, en el puesto 156 (0.1) y *Anales de Geografía de la Universidad Complutense*, en el puesto 157 (0.1).

Revista	FI
Dialogues in Human Geography	9.6
Landscape and Urban Planning	9.2
Global Environmental Change-Human and Policy Dimensions	9.1
Economic Geography	8.9
Computers, Environment and Urban Systems	8.3

Tabla 11.7. Las cinco revistas del campo Geography con mayor factor de impacto en JCR (2024)

Revista	FI
Progress in Human Geography	6.1
Journal of Rural Studies	5.7
Applied Geography	5.4
International Journal of Geographical Information Science	5.1
Political Geography	4.9
Regional Studies	4.2
Transactions of the Institute of British Geographers	3.6
Geographical Journal	3.1
Annals of the American Association of Geographers	2.9
Urban Geography	2.6
Journal of Maps	2.1
Geografiska Annaler-Human Geography	2.1

Tabla 11.8. Revistas del campo Geography con frecuente presencia de geógrafos españoles y su factor de impacto en JCR (2024)

Así, pues, hay un total de 10 revistas indexadas en el *Journal Citation Reports*, una de geografía física y nueve de geografía humana, aunque con alguna frecuencia estas últimas también publican artículos de geografía física. Sorprende, no obstante, que la revista *Boletín de la AGE*, editada por la Asociación de Geógrafos Españoles, esté casi completamente dedicada a estudios de geografía humana. Es importante también señalar que todas las revistas españolas de geografía incluidas en el *Journal Citation Reports* aparecen en posiciones del tercer y cuarto cuartiles. Creemos que es muy importante (casi podría considerarse un hito) el que se haya llegado a un número tan elevado de revistas españolas incluidas en bases de datos internacionales, pero debería ser un aliciente para todos los geógrafos españoles el aumentar su influencia y visibilidad, es decir, conseguir que, por su calidad, se citen más los artículos publicados por las revistas españolas. Eso significa incentivar la publicación de artículos que, en principio, van destinados a revistas de mayor impacto. No hay una solución fácil para este problema. Los geógrafos físicos españoles siguen prefiriendo las revistas internacionales de prestigio para publicar los resultados de su actividad científica, y sigue habiendo todavía reticencias por parte de muchos geógrafos humanos. Pero es un reto al que hay que hacer frente.

La consolidación de este sistema de valoración de las revistas ha afectado a muchas otras que se nutrían sobre todo de productos científicos de la propia universidad editora y no han sabido adaptarse bien. Todavía los esfuerzos de sus editores no se reflejan en su inclusión en *Web of Science* y *Journal Citation Reports*. Para conseguirlo se necesita regularidad y que se atengan a normas internacionalmente aceptadas para evaluar los artículos y para citar las referencias.

11.4. La evaluación de la actividad investigadora en geografía

La evaluación de la actividad científica de los geógrafos forma parte de conversaciones y debates entre profesores de universidad e investigadores del CSIC (Consejo Superior de Investigaciones Científicas). Esto puede considerarse normal en una ciencia algo ecléctica que se mueve en un amplio campo que va desde cuestiones paleoambientales hasta los estudios de género. Además, considerando que los criterios de valoración han sido diferentes hasta hace pocos años en las ciencias ambientales y las ciencias sociales, el debate tiene sentido porque la decisión final de optar por uno u otro campo de evaluación podría perjudicar a algunos geógrafos según su orientación científica. Es sabido, por otra parte, que la evaluación de la actividad científica puede representar en España un incremento adicional de las percepciones salariales cada seis años. De ahí el nombre popular de *sexenios.*

El que la actividad científica se someta a evaluación periódica debe considerarse un procedimiento normal y necesario en la actualidad, como lo es en los países de nuestro entorno. Con ello se persigue distribuir de manera razonable los fondos asignados a la investigación científica, dotar de personal a institutos de investigación y a departamentos universitarios, clasificar a las universidades en rankings internacionales y conceder becas y contratos postdoctorales a jóvenes investigadores. En esto no hay discusión posible. El problema está en los criterios utilizados para la evaluación, que pueden perjudicar más a unas ciencias que a otras si no se da un plazo relativamente amplio de adaptación. El éxito o el fracaso en la financiación de proyectos de investigación o en la concesión de plazas depende cada vez más de las publicaciones (medidas en términos de calidad, cantidad e impacto científico). De igual forma, el éxito de los contratos postdoctorales (Juan de la Cierva, Ramón y Cajal, Marie Curie) muestra un equilibrio entre el currículo del solicitante y el del grupo de acogida, porque se considera que el dinero que se emplea en la formación de científicos debe contar con el apoyo de investigadores senior de suficiente calidad como para asegurar el éxito de la inversión. Todo esto resulta muy coherente con los criterios de calidad y relevancia internacional dentro de las llamadas disciplinas científicas y, cada vez más, entre las ciencias humanísticas y sociales. Desde la década de 1980 e incluso antes en la mayor parte de Europa Occidental, Norteamérica, Japón y Australia, se consideró que la producción del conocimiento científico era la mejor expresión del nivel alcanzado por científicos, departamentos y universidades, especialmente su publicación en medios de amplia difusión y, en general, fácil acceso, como es el caso de las revistas científicas internacionales. Es así en todo el mundo y, aunque con alguna resistencia, estos criterios también se han implantado en España.

¿Cuál ha sido la posición de los geógrafos españoles y cuáles han sido sus consecuencias? No ha sido un asunto sencillo y ha afectado a la posición de la geografía en el contexto de otras ciencias próximas. Vamos a detenernos en esta cuestión porque ha tenido cierta trascendencia y además nos parece importante discutir las ventajas e inconvenientes de la publicación en revistas internacionales. Esto no se plantearía a estas alturas en otras disciplinas, pero es necesario hacerlo en geografía porque aún suscita debates abiertos desde finales del siglo xx. Queremos hacerlo, como no podría ser de otra forma, de manera positiva, para contribuir a realzar la perspectiva que se tiene de la Geografía en la ciencia española.

Sin apenas excepciones, todos los países del mundo han tomado como referente evaluador el número y repercusión de los artículos publicados en revistas de amplia difusión internacional en las que, de forma casi general, se exige la utilización del idioma inglés. La selección de esas revistas no es arbitraria: exige su inclusión en herramientas de análisis y evaluación como el *Journal Citation Reports* (JCR), gestionado inicialmente por *Thomson-Reuters* y en la actualidad por *Clarivate Analytics*. El JCR recoge las revistas de la Web of Science Core Collection que incluye las siguientes bases de datos: Science Citation Index Expanded, Social Science Citation Index, Arts and Humanities Citation Index y Emerging Sources Citation Index. En el caso de la geografía, el JCR contiene, como ya se ha indicado más arriba, una sección específica correspondiente a las revistas de *Geography* (*Physical*) y además otras secciones afines dedicadas a *Water Resources, Soil Science, Environmental Sciences, Geosciences, Meteorological and Atmospheric Sciences, Remote Sensing, Agriculture* y varias más en las que publican habitualmente los geógrafos físicos. Las revistas de geografía humana se incluyen en la categoría *Geography*, aunque en ellas es posible encontrar artículos directa o indirectamente relacionados con la geografía física o el análisis geográfico regional. Además, por supuesto, hay revistas en otras secciones en las que pueden publicar geógrafos, debido a su proximidad temática con la geografía (*Demography, Development Studies, Environmental Studies, Urban Studies, Forestry*). En todas esas secciones las revistas se ordenan cada año según su repercusión o factor de impacto, calculado a partir de las citas que reciben los trabajos publicados.

Está claro que los científicos de todo el mundo, que saben que van a ser evaluados en función de sus publicaciones en las revistas incorporadas a JCR, buscan hacerlo en las que están situadas en las primeras posiciones por Factor de Impacto, porque son conscientes de que así tendrá más repercusión su trabajo. En principio, esto es así porque las revistas de mayor impacto acogen los artículos de mayor relevancia, dando lugar a un efecto de retroalimentación positiva que a veces puede desvirtuar la competencia entre las revistas. La consecuencia es que las revistas con puntuación más elevada son evaluadas con criterios muy exclusivos y generalmente muy duros, de manera que resulta muy difícil publicar en ellas salvo que se trate de un artículo muy innovador y con elevada repercusión internacional, como es el caso de las conocidas revistas *Nature* o *Science*. En el fondo, se busca mantener la elevada posición en el *ranking* internacional garantizando un gran número de citas en otras revistas internacionales. No tenemos claro que ese deba ser un objetivo prioritario, pero así está establecido. La conclusión es que, en principio, puede afirmarse que un artículo citado muchas veces poco después de publicarse tiene mayor valor (o mayor impacto) que otro artículo que apenas es citado. Esto parece razonable. Volveremos a esta cuestión.

En España, la publicación en revistas incluidas en el JCR como criterio para valorar a los científicos individualmente y a los grupos de investigación se empezó a implantar a mediados de la década de 1980. En aquel momento en el Consejo Superior de Investigaciones Científicas (CSIC), se empezó a plantear de forma abrupta la necesidad de que se publicase en revistas internacionales, de manera que la evaluación de los institutos científicos se haría en función del número de artículos internacionales publicados y de su repercusión en número de citas recibidas. Esto se aceptó como un hecho incuestionable, y de manera relativamente rápida los institutos y sus científicos aceptaron esa política. Muy poco después, se introdujo un sistema de evaluación de los científicos de toda España —tanto del CSIC como de la Universidad— utilizando en algunos campos de la ciencia esos criterios. Es cierto, no obstante, que, en algunos otros, especialmente en los humanísticos y sociales, se adoptaron otras normas. La evaluación tiene lugar cada seis años (*sexenios*), con repercusiones económicas y aún más importantes consecuencias para la evolución de los departamentos y grupos de investigación. A lo largo de la década de 1990 se aceptó de manera generalizada la evaluación, que se consideró poco menos que irreversible.

El modo en que se debe llevar a cabo la evaluación de la actividad científica no está exenta de debate en muchas disciplinas, entre las que se encuentra la geografía. En algunos casos, se intenta desacreditar el sistema de evaluación basado en la publicación en revistas de impacto, afirmando que la valoración de las revistas está controlada por grupos editoriales anglófonos, entre los que destacan Elsevier, Springer, Wiley, The American Association for the Advancement of Sciences o The National Academy of Sciences. También se ha criticado con cierto énfasis que la ciencia española no debería estar sujeta a la obligatoriedad de publicar sus mejores trabajos en inglés, dado que la inmensa mayoría de los potenciales lectores (en España y en Latinoamérica) habla español. De ser así, esta sería una buena razón para rechazar los nuevos métodos de evaluación. Sin embargo, el bajo número de citas que reciben los artículos publicados en las revistas españolas es un claro reflejo de que ni siquiera tienen potenciales lectores en la propia lengua. El idioma, y más en ciencia, debe servir para que nos entendamos, y la generalizada aceptación del inglés como lengua de expresión científica está totalmente asentada. ¿Sería preferible que cada comunidad científica publicase en su idioma?

¿Cómo hubiéramos accedido a los trabajos de científicos japoneses, rusos, chinos o noruegos, que han representado indudables avances científicos? Eso no quiere decir que no debamos publicar artículos en español, pero tenemos que aceptar que nuestra prioridad debe ser otra. Es cierto que, dentro de esta polémica, también se ha afirmado que no importa dónde publiques o en qué idioma lo hagas; lo que realmente importa es la calidad intrínseca del trabajo publicado. Y esto, sin duda, es lo que garantiza el procedimiento de evaluación y aceptación por arbitraje de expertos que incorporan todas las revistas incluidas en las bases de datos de mayor prestigio. Como científicos estamos obligados a publicar nuestros trabajos en medios de amplia difusión, que puedan llegar a un mayor número de lectores. La experiencia sugiere que, salvo muy contadas excepciones, los trabajos publicados en revistas de muy poco relieve no aportan mucho a la ciencia. No sería razonable, por lo tanto, escuchar a un científico y, en nuestro caso, a un geógrafo asumir los planteamientos opuestos a la evaluación apoyada en las publicaciones en revistas de máximo prestigio y difusión si realmente el objetivo buscado es reforzar la imagen y el papel de la geografía.

Si somos conscientes de que se ha escrito un buen trabajo, tenemos que enviarlo a una buena revista, caracterizada por su impacto internacional. No hay excusa posible para no dirigir nuestros mejores artículos hacia las llamadas revistas de impacto, pero hay, sobre todo, dos argumentos muy positivos para hacerlo: (i) la necesidad de contribuir a mejorar la calidad e imagen de la geografía, y (ii) muy especialmente dar a los jóvenes geógrafos la oportunidad de que puedan salir de la postergación a la que los llevaría publicar preferentemente en revistas de escaso alcance internacional. Los resultados de la ciencia, no lo olvidemos, deben valorarse por su repercusión, lo que está muy relacionado con el medio elegido para difundir tales resultados. Si algún geógrafo envía un trabajo de gran calidad a una revista local o a un congreso regional, lo único que se le puede decir es que, como poco, anda desencaminado y que está despilfarrando recursos escasos. Ese despilfarro entra en colisión con la ética a la que están obligados quienes reciben dinero público para producir una ciencia de calidad que sea difundida lo más ampliamente posible.

La conclusión de todo lo anterior es que los buenos geógrafos españoles, que los hay y no son precisamente infrecuentes, no pueden limitarse a publicar en medios muy locales, sin apenas proyección. Los problemas para publicar en revistas incluidas en el JCR son inexistentes o deberían serlo. La experiencia de enviar un artículo a una buena revista internacional y recibir las evaluaciones que han realizado al menos dos colegas (a veces, de otros campos del conocimiento) es siempre muy positiva, incluso si el artículo es rechazado. Nos enseña a situarnos en un contexto científico más amplio, aprendemos a ser críticos con lo que hacemos y a aceptar con humildad las correcciones. La próxima vez lo haremos mejor. Esa es una de las mejores reivindicaciones que debemos hacer de la geografía, aceptar que podemos enviar nuestro trabajo a evaluar en otras revistas, sobre todo teniendo en cuenta el elevado número de revistas a las que podemos dirigirnos y su gran amplitud temática.

Afortunadamente, la respuesta de los geógrafos frente a los criterios de valoración de su actividad científica está cambiando de forma acelerada. Algunos geógrafos físicos siguen presentando sus solicitudes de evaluación en el Campo 5 (ciencias de la naturaleza), junto a biólogos, geólogos, ecólogos e incluso físicos (que trabajan en hidrología y en ciencias de la atmósfera). Los requisitos exigidos son la publicación de cinco aportaciones de relevancia e impacto justificados, valorando, en el caso de los artículos, la publicación en revistas de calidad contrastada e indexadas en bases de datos bibliográficas de reconocido prestigio y, en el caso de los libros, el prestigio de la editorial También los geógrafos han sido evaluados en el Campo 8 (ciencias económicas y empresariales), junto a los economistas, y en el Campo 10 (historia, geografía y artes). A partir de la convocatoria del año 2023 la Geografía es evaluada en el Subcampo 7.1 (ciencias sociales y estudios de género), donde ya no se hace ninguna referencia específica a la geografía, y somos evaluados junto a sociólogos, antropólogos, politólogos o periodistas. Los requisitos para una evaluación positiva actualmente en este campo siguen siendo el valor de las aportaciones publicadas en revistas o editoriales de calidad o incluidas en bases de datos de prestigio. Son, pues, las comisiones evaluadoras las que tienen que perfilar los niveles de exigencia de estos conceptos tan vagos, aunque apoyados en un listado orientativo de métricas, fuentes y dimensiones. Los vaivenes que ha experimentado la evaluación de los geógrafos ponen de manifiesto la dificultad que tienen los gestores de la actividad investigadora para delimitar nuestra ciencia o, lo que es más grave, la poca claridad que tenemos los geógrafos acerca del lugar que debe ocupar nuestra disciplina en el conjunto de las ciencias. Y, si esto último no es cierto, admitamos nuestra escasa influencia a la hora de convencer sobre el lugar en donde deberíamos estar. Perdemos oportunidades para demostrar lo que los geógrafos (físicos y humanos) pueden hacer, y se pierde también la posibilidad de elevar nuestra autoestima profesional y de impulsar la imagen de la disciplina, especialmente entre los profesores e investigadores jóvenes de universidad.

Para terminar este apartado no nos resistimos a plantear algunas cuestiones sobre las limitaciones y debilidades del sistema de evaluación en revistas internacionales, con el fin de no sentirse especialmente decepcionados. En los últimos años se ha notado un descenso en la calidad de las evaluaciones debido al elevado número de artículos que se envían a esas revistas y al hecho de que los evaluadores cada vez disponen de menos tiempo al estar ocupados en otras tareas investigadoras o burocráticas. A veces las evaluaciones (y las decisiones de los editores) pueden tardar meses en llegar, y algunos de los comentarios recibidos no están a la altura de lo que cabría esperar de una revista de prestigio. La labor de los editores, por otra parte, es cada vez menos científica y más burocrática, puesto que la llegada de un número muy elevado de artículos les impide revisar a fondo las evaluaciones y adoptar decisiones coherentes. Para muchos editores lo más sencillo es aceptar trabajos que se adaptan a un esquema rígido y universalmente aceptado (Introducción, Área de estudio, Material y métodos, Resultados y Discusión), mientras que los artículos que se abren a nuevas ideas y teorías no son siempre bien vistos, salvo que procedan de científicos muy consagrados. A todo ello hay que añadir que se publica tal cantidad de artículos en todos los campos de la ciencia que la inmensa mayoría de ellos pasan a ser efímeros casi inmediatamente. Los trabajos que se publican hoy en día pueden pasar con rapidez al olvido, pues al cabo de muy pocos años dejan de consultarse o de citarse. No es la mejor de las situaciones: demasiada prisa para construir un currículo, muy poco tiempo para consultar la bibliografía necesaria. No es, muy probablemente, el mejor camino para los jóvenes científicos, que se ven obligados a construir un currículo con muchas publicaciones y de forma demasiado acelerada. Una cuestión relevante es que, como señala Alberts (2013), el factor de impacto de las revistas no se creó para valorar el trabajo individual de los científicos, sino sobre todo para medir la calidad de una revista. Lo cierto es que ese factor de impacto se utiliza para prestigiar a determinados científicos que consiguen publicar en las revistas situadas en las primeras posiciones. La situación puede llegar a ser tan extrema que en algunos países e instituciones los trabajos publicados en revistas con un factor de impacto inferior a 5.0 tienen un valor próximo a cero (Alberts, 2013). Mejor no llegar a esa situación, aunque es cierto que publicar en revistas como *Nature* o *Science* representa un esfuerzo intelectual muy superior y pasar por un proceso de selección mucho más complejo que hacerlo en una revista de impacto medio.

Otro aspecto también importante tiene que ver con las fluctuaciones que experimentan los índices de impacto de un año para otro, debido a la pequeña diferencia que existe entre las distintas revistas, de manera que algunas de ellas pueden pasar de estar situadas en el cuartil 1 al cuartil 2 o 3 o, al contrario, ascender muy rápidamente. La irrupción reciente de un elevado número de revistas financiadas por empresas de China ha contribuido a alterar notablemente la clasificación de las revistas y la perspectiva tradicional de los científicos (no solo los de geografía) acerca de las revistas más valoradas. Algunos autores críticos con las revistas JCR también apuntan la facilidad con que puede alterarse el índice de impacto de una revista si el editor de esta recomienda durante el proceso de evaluación que se citen artículos de esa misma revista, aunque esta es una mala práctica ya casi totalmente desaparecida, o eso creemos. No queremos dejar a un lado una idea muy valiosa de Gómez Mendoza (2017b) acerca de que

> el factor de impacto clasifica a las revistas y no los artículos; y que saber los títulos y contar los artículos por el impacto de las revistas no es tarea de expertos mientras que sí lo es la lectura experta para saber lo que de verdad una aportación contiene de conocimiento.

Esta es una carga de profundidad acertada sobre la evaluación de los científicos, pero no contradice la idea de que es mejor publicar un buen artículo en una buena revista que somete a todos los trabajos recibidos a una evaluación generalmente seria, antes que publicarlo en una revista de poca difusión y, a veces, con procedimientos oscuros de selección.

11.5. La profesión de geógrafo

Hemos comprobado el largo recorrido que tiene la geografía como ciencia en el ámbito académico e investigador. Las interrelaciones que se establecen entre las sociedades humanas y el medio ambiente, con constantes y rápidos cambios, deben ser analizadas y descifradas por un geógrafo que, además, tiene el compromiso de transferir la información obtenida a jóvenes estudiantes y a la sociedad en general. Pero la docencia y la investigación no son los únicos objetivos que se persiguen con la formación geográfica. Existe también un amplio campo de actividades profesionales en las que un geógrafo puede participar, aportando la amplia gama de conocimientos que constituyen la base de su formación.

Con frecuencia se ha atribuido a la geografía la capacidad para estudiar interacciones que se establecen en un determinado territorio a distintas escalas espaciales y temporales. De ahí cabe deducir que el geógrafo es uno de los profesionales más cualificados para trabajar en el amplio campo de la gestión y la ordenación del territorio. Su formación global le permite, ya sea de forma individual o formando parte de equipos multidisciplinares, resolver problemas complejos que afectan al medio ambiente, al mundo rural o a los sistemas urbanos. Un incendio forestal y sus consecuencias, por ejemplo, son abordados por el geógrafo vinculando el despoblamiento del medio rural, el abandono de los usos del suelo tradicionales, la revegetación del monte, la pérdida de biodiversidad, la regeneración de la cubierta vegetal, la gestión posterior al incendio y las consecuencias ambientales (erosión, contaminación del agua, pérdida de complejidad del paisaje, etc.). Lo mismo sucede con la evaluación de los recursos hídricos, su evolución en relación con el aumento de la temperatura o la expansión de la vegetación y su posible redistribución entre diferentes usuarios. Los ejemplos pueden ser innumerables. La implantación de políticas de recuperación de actividades ganaderas en áreas afectadas por despoblación es otro tema de gran actualidad geográfica, al implicar a las interacciones entre desarrollo rural, sistemas de gestión agropecuaria, restauración de campos de cultivo, manejo de la escorrentía superficial y construcción de un paisaje estable que favorezca la emergencia de emprendedores. Casi cualquier asunto relacionado con la gestión del territorio debería implicar a profesionales de geografía bien preparados, tanto en empresas privadas como en la Administración.

Hay otros dos ámbitos que son propios de geógrafos: los relacionados con el análisis y asesoría de procesos de gestión política, por un lado, y el manejo de nuevas tecnologías geoespaciales como son los sistemas de información geográfica, el análisis de imágenes de satélite o la información en tiempo real que aportan los drones, por otro.

En el capítulo 10 se ha perfilado la importancia de la geografía para entender gran parte del funcionamiento del mundo actual y para predecir estrategias futuras de control de los recursos y, en general, del territorio. Los países y, a otra escala, las regiones toman decisiones a corto, medio y largo plazo, con el fin de asegurarse la provisión de recursos de todo tipo, o para garantizar su seguridad frente a las posibles decisiones de otros países. Las inversiones en infraestructuras o el desarrollo agrícola no son, en general, altruistas. Buscan disponer de puertos seguros, de carreteras que permitan la extracción de minerales o la diversificación en la producción de alimentos en un contexto de recursos hídricos decrecientes. Las grandes compañías también cuentan con estrategias de expansión multinacional para abaratar costes o para dominar un mercado cada vez más amplio. La competencia entre países, regiones y empresas crea condiciones óptimas para demostrar la idoneidad de los geógrafos para identificar las fortalezas y debilidades de cualquier resolución, así como sus previsibles consecuencias.

Los sistemas de información geográfica (SIG) se han convertido en un instrumento fundamental en la formación del geógrafo, pues permiten el manejo de una gran cantidad de información y son imprescindibles en la elaboración de mapas, labor eminentemente geográfica. Es cierto que, dada su versatilidad, los sistemas de información geográfica han experimentado una gran pujanza al haberse incorporado a programas de enseñanza ajenos a la geografía o utilizados por otros profesionales. Pero, como señala Murphy (2018, p. 134):

> Para pensar en los SIG de manera constructiva y crítica —con sus ventajas y sus limitaciones— hace falta una comprensión adecuada de los datos y del análisis en materia de espacio, una perspectiva crítica de los marcos espaciales y sensibilidad a las maneras en que la elección de la escala puede influir en los resultados analíticos. En todos los casos se trata de señales distintivas de una buena educación geográfica.

Estamos convencidos de que el abanico de posibilidades profesionales de los geógrafos abarca mucho más de lo señalado en estas líneas: hay geógrafos en medios de comunicación, los hay participando en la información meteorológica, hay geógrafos divulgadores ... Sirvan estas líneas para subrayar la decisiva importancia de la formación geográfica y la responsabilidad del docente en transmitir no solo una buena formación sino también el importante valor de nuestra disciplina: una mentalidad crítica, integradora, con capacidad de deducción, que relacione aspectos muy diferentes, alejada de tópicos y de soluciones excesivamente fáciles o conocidas por cualquier otro especialista. No es sencillo, pero los profesores universitarios deberán pensar cada vez más en esta oportunidad cuando discutan los planes de estudio.

La creación en 1999 del Colegio de Geógrafos refuerza las ideas puestas de manifiesto en estas líneas. En la exposición de motivos de la ley de creación de este Colegio se señala que el destino de los profesionales de la geografía se

> sitúa en los campos de la información territorial (cartográfica o alfanumérica, la enseñanza, la investigación, la ordenación del territorio, el medio ambiente, la evaluación de los procesos socio-territoriales, etc.). Las funciones del Colegio están dirigidas al desarrollo de la actividad profesional del geógrafo y publica de forma continuada y para diferentes fechas un informe sobre «Perfiles profesionales de la geografía».

11.6. La improbable crisis de la geografía española

Para finalizar este capítulo dedicado a la geografía española queremos renovar nuestra reivindicación sobre las bondades de nuestra disciplina. Negamos con rotundidad que la geografía, como tantas veces se ha señalado, esté pasando por una crisis. Tal vez están en crisis la enseñanza de la geografía o la organización del currículum docente. Pero algunos geógrafos españoles están en la frontera más avanzada de los estudios sobre cambios sociales y ambientales y deben ser ejemplo y estímulo para los más jóvenes. No hay motivos para la depresión. Sí hay motivos para la preocupación, dado que la geografía ha perdido un peso notable en la enseñanza en colegios e institutos. También debe preocuparnos el descenso progresivo de alumnos de geografía en las universidades españolas y, por qué no, el descenso en la calidad de un elevado porcentaje de alumnos, que acuden a los estudios de geografía más como un remedio que como una decisión firme o vocacional. No es hora de lamentarse. Es hora de actuar. Esa pérdida de relevancia no puede atribuirse a que la geografía se haya vuelto una ciencia poco interesante o inadaptada respecto a los problemas ambientales y sociales más importantes del mundo actual. Bien al contrario, como se ha subrayado en capítulos anteriores, la geografía está en el centro de las cuestiones más candentes, y a la vez está en la frontera con otras ciencias, es decir, allí donde se genera la ciencia más innovadora, la más atrevida. No es una exageración ni una broma. Lo vamos a ver a continuación de forma muy resumida. Si la geografía ha perdido relevancia docente es porque muchos geógrafos han adoptado posiciones cómodas: evitar la competencia con otras ciencias, creer (y manifestar) que la geografía es una ciencia especial que necesita un trato igualmente especial; rechazar el riesgo (y el trabajo añadido) que representa publicar en una buena revista internacional; o acabar creyendo que hay una especie de persecución por parte de otras ciencias próximas para hacerse con las competencias que serían más propias de la geografía. En la mano de los propios geógrafos está la posibilidad de situar a la geografía en posiciones de vanguardia para estudiar los cambios ambientales provocados por actividades humanas o la organización espacial de tantos problemas sociales y ambientales. ¿Por qué va a estar en crisis una ciencia cuyo fundamento es el estudio científico de la organización espacial de estructuras, procesos y hechos que modelan los paisajes de la Tierra? Adónde nos hubiera llevado la senda abierta por Humboldt, su peculiar y audaz visión de los paisajes, su perspicaz identificación de los primeros signos del cambio global y su capacidad para integrar y jerarquizar tantas cosas diferentes que constituyen un paisaje y sus funciones. Tenemos que acabar convencidos de que no hay crisis, que está más en nuestra mente que en la realidad.

¿Por qué decimos esto? El llamado Índice H es un buen indicador del impacto de los científicos. El Índice H relaciona el número de publicaciones de un autor con el número de citas que recibe cada una de esas publicaciones. La forma de calcular el Índice H se basa en ordenar las publicaciones según el número de citas que han recibido. El Índice H corresponde al número de orden de la publicación que tiene igual número de citas. Así, por ejemplo, un Índice H = 35 significa que el autor cuenta con un mínimo de 35 artículos que han recibido al menos 35 citas cada uno de ellos. Es, por lo tanto, un procedimiento sencillo que revaloriza el impacto de una publicación en función del número de citas recibidas. Hay geógrafos españoles que cuentan ya con un Índice H superior a 30, que está bastante por encima de la media internacional para geógrafos y geólogos. Es un avance nada desdeñable, aunque no siempre se valora adecuadamente lo que esto significa para la proyección internacional de la geografía española.

Así, si atendemos a la posición de los geógrafos entre los científicos españoles de ciencias de la tierra, dos geógrafos del Consejo Superior de Investigaciones Científicas ocupan, con mucha diferencia, las primeras posiciones en ciencias de la atmósfera, por delante de los físicos. Uno de ellos, además, está también en primera posición en recursos hídricos, por encima de geólogos e ingenieros de caminos; y un tercero, también del CSIC, está en segunda posición entre quienes destacan por sus estudios interdisciplinares en ciencias de la tierra. Un geógrafo ocupa la primera posición entre los especialistas en *Remote sensing* y otro está en primera posición en suelos y erosión.

Si se consulta el Índice H calculado por Google Académico, destaca el elevado Índice de algunos geógrafos españoles, así como el altísimo número de citas que reciben, a la altura de los científicos más destacados del mundo, cualquiera que sea el área que se analice. La información corresponde al día 14 de septiembre de 2025. Así, Artemi Cerdà (Universidad de Valencia) tiene un Índice H = 113, con un total de 42.806 citas; Andrés Rodríguez Pose (*London School of Economics and Political Science*) tiene un Índice H = 112 y un total de 50.117 citas; Sergio Vicente Serrano (Instituto Pirenaico de Ecología, IPE-CSIC) tiene un Índice H = 101, con 51.680 citas; Emilio

Chuvieco (Universidad de Alcalá de Henares) tiene un Índice H = 95, con 35.236 citas; Juan Ignacio López Moreno (IPE-CSIC) tiene un Índice H = 86, con 40.337 citas; y el Índice H de Santiago Beguería (Estación Experimental de Aula Dei, EEAD-CSIC) es 83, con un total de 37.163 citas. Son cifras abrumadoras, por mucho que se quisiera quitar valor al Índice H, y confirman que los geógrafos pueden estar entre los científicos con mayor impacto internacional. Por otra parte, algunos geógrafos españoles están trabajando desde hace años en instituciones universitarias o científicas en el extranjero, donde han alcanzado índices de impacto muy elevados, como es el caso de David Nogués (*Globe Institute*, Sección de Biodiversidad, Universidad de Copenhague) y Marco Maneta (Universidad de Montana, USA, y *FirstStreet*, empresa dedicada a la protección frente a inundaciones). En el caso de Andrés Rodríguez Pose, debe añadirse que fue director del *Departament of Geography and Environment* de la *London School of Economics*, presidente de la Asociación Mundial de Ciencia Regional y editor jefe de la revista *Journal of Geographical Systems*.

Es cierto que la mayoría de los geógrafos señalados hasta ahora pertenece al campo de la geografía física, tanto geomorfología, como climatología e hidrología. Pero también destaca un catedrático de análisis geográfico regional, especializado sobre todo en estudios de teledetección, y un especialista en geografía económica. Por debajo de los mencionados, siguen predominando los geógrafos físicos, pero pronto aparece un número creciente de geógrafos humanos, cuya presencia en revistas internacionales se ha acentuado mucho en los últimos años. En ello ha influido no solo el interés personal por publicar en revistas de prestigio para aumentar la difusión de sus trabajos, sino también la necesidad de ajustarse a los criterios de evaluación dentro de las ciencias sociales y de la geografía. Es cierto que en la actualidad los geógrafos físicos españoles son más citados que los geógrafos humanos. Esto no implica necesariamente diferencias en la calidad de las publicaciones de unos y otros; es, sobre todo, una consecuencia de un cierto retraso de los geógrafos humanos en adaptarse a los criterios internacionales de publicación y evaluación. Ya Haggett (1988, p. 49) había comentado el mayor vigor de la geografía física debido a su más larga historia y al continuo aprendizaje de otras ciencias próximas, como la geofísica, la geología, la meteorología y la botánica, que se adaptaron bien pronto a la publicación en revistas de alto impacto. En el fondo, la publicación en revistas internacionales de los geógrafos físicos puede relacionarse con la necesidad de competir con otras ciencias para dominar el discurso global sobre el medio ambiente. Con bastante fortuna, por cierto.

Hay otros indicadores muy reveladores de la capacidad de los geógrafos para estar entre los científicos más destacados. Así, entre los 106 científicos españoles con mayor impacto internacional hay seis geógrafos, al mismo nivel que físicos, químicos, matemáticos, geólogos, sociólogos y economistas. Esos 106 científicos españoles son los que se encuentran en el 1 % superior de todos los científicos del mundo. Además, no debemos olvidar que dos geógrafos españoles han recibido uno de los más prestigiosos premios de medio ambiente que se conceden en Europa, los Premios Jaime I, otorgados a Emilio Chuvieco en 2022 y a Sergio Vicente Serrano en 2024. Por otro lado, la European Geophysical Union, que puede considerarse la Institución más destacada en ciencias de la tierra en Europa, ha concedido la medalla Sergey Soloviev a Sergio Vicente Serrano. Es también importante tener en cuenta que algunas de las revistas científicas más importantes entre las de geografía o relacionadas con ella han contado con editores españoles, como es el caso de las revistas *Catena* (Estela Nadal Romero, Noemí Lana-Renault, Juan Francisco Martínez Murillo, Natalia Martín), *Journal of Hydrology* (Sergio Vicente Serrano), *Regional Environmental Change* (Juan Ignacio López Moreno), *Land Degradation & Development* (Artemi Cerdà) y *Journal of Geographical Systems* (Andrés Rodríguez Pose). Y no debemos olvidar la elección de algún geógrafo español como Vicepresidente de la Unión Geográfica Internacional (por ej., Rubén Lois González). Una geógrafa (Josefina Gómez Mendoza) es además miembro de número de la Academia de Historia, y varios más (entre los que podemos citar a José Luis Peña

Monné y a José Damián Ruiz Sinoga) son miembros de número de varias academias de ciencias.

***

Este subcapítulo ha tratado de aportar optimismo, apoyado en bases muy realistas, a la situación actual de la geografía española. Desde el Capítulo 3 venimos exponiendo, con información variada, algunas ideas sobre la supuesta crisis de la geografía, como si la situación de nuestra disciplina fuera inevitable tras décadas de discusiones epistemológicas que suelen ser bastante frustrantes. Decimos esto porque sabemos bien de la excelente preparación de algunos geógrafos, que han sido capaces de publicar libros sobre la teoría y métodos de la geografía con mucha información acerca de la historia del pensamiento geográfico. Pero la lectura de esos libros no suele crear un ambiente favorable para que los jóvenes (o no tan jóvenes) se sientan atraídos por la geografía. Son libros muy profundos, de gran valor, pero, en general, excesivamente densos y, lo que es peor, sin que se jerarquicen las ideas, de manera que el lector tenga claro qué es lo importante y qué lo accesorio. No hacen concesiones y no abren una vía ilusionante para que el lector comprenda qué es la geografía, qué problemas ayuda a resolver y cuál es su posición frente a otras ciencias próximas o interesadas en problemas similares. Y, sin embargo, hay una salida, que depende de los propios geógrafos. Tenemos que ser conscientes de lo que se espera de unos científicos que trabajan en el estudio de las interacciones entre problemas ambientales y actividades humanas, y en las consecuencias de esas actividades sobre el medio ambiente, con seguridad mejor que ningún otro profesional cercano: ¿Cómo harán los geólogos para entender la forma en que determinadas actividades transforman la distribución de las precipitaciones en los diferentes componentes del ciclo hidrológico? ¿Y los sociólogos para comprobar las relaciones entre la organización espacial de los riesgos ambientales y los movimientos demográficos? ¿O para evaluar los efectos de la gentrificación en los barrios del centro de una gran ciudad sobre la redistribución del comercio? ¿Y los economistas para valorar las consecuencias de la crisis de la trashumancia sobre la fertilidad del suelo o la biodiversidad? Podemos trabajar en muchos temas de actualidad y a la vez ayudar a los historiadores a explicar las numerosas crisis sociopolíticas relacionadas con fluctuaciones climáticas y con eventos catastróficos.

Dejemos clara una cosa: dependemos de nosotros mismos y no de cómo nos ven los demás. Otras ciencias próximas nos ven frecuentemente frágiles y de forma más o menos velada critican el trabajo de los geógrafos en general, sin especificar algo concreto. Vamos a olvidarnos de eso. Pensemos en cómo actuar para mejorar nuestra (aparente) inferioridad: seleccionemos temas dinámicos y con muchas interacciones, seamos complejos y expliquemos las cosas sencillamente; y, sobre todo, hagamos dos cosas: publiquemos en los mejores sitios posibles y contémoslo en los medios. Dejémonos de absurdas excusas que a veces tienen una base de razón, y evidenciemos que nuestros trabajos pueden estar a la altura de los mejores científicos. Hemos demostrado en este subcapítulo que eso es posible, pero escojamos bien los temas y el lugar de publicación. Al elegir una línea de investigación y después de haber leído mucho de otros autores, debemos preguntarnos cuáles son las cuestiones geográficas más importantes y apremiantes y cómo podemos abordar su estudio. Y cómo podemos explicar los cambios que tienen lugar en nuestro planeta (i) por su inestabilidad ambiental y (ii) por los impactos de una creciente población humana dotada de instrumentos cada vez más eficientes para transformar los medios urbanos y rurales y para alterar el funcionamiento de los sistemas naturales. Seamos, pues, geógrafos.

12

Conclusiones: por qué la geografía es una ciencia imprescindible

La geografía, la ciencia que está en el centro de muchos de los problemas más importantes del mundo, es todavía discutida con demasiada frecuencia por los propios geógrafos. Sus pilares son muy antiguos, pues los humanos la han utilizado inicialmente de forma intuitiva para conocer el territorio en que se movían, la accesibilidad a los recursos, las estrategias de caza, la recurrencia de los tipos de tiempo a lo largo del año o los lugares adecuados para cultivar. Toda esta información fue imprescindible para sobrevivir y progresar. Durante siglos o milenios, esta fue la geografía de nuestros ancestros, que se fue perfeccionando a base de aventureros en busca de fortuna, navegantes que ensancharon las dimensiones del mundo, o sabios ávidos de conocimientos sobre la extraordinaria diversidad de paisajes y culturas. Después quisieron saber más y se hicieron numerosas preguntas, que aún animaron más a viajar. Se tomaron datos elementales que contribuyeron a erradicar mitos y supersticiones y a entender que había otras sociedades y otras culturas diferentes, y que todo lo que percibimos en la naturaleza tiene una explicación. La segunda mitad del siglo XIX fue fundamental en este sentido, pues se produce una marcada eclosión de las ciencias relacionadas directa o indirectamente con la naturaleza (geología, ecología y, por supuesto, la geografía), aunque solo esta última ofrecía una perspectiva acerca de la organización social y la explotación del territorio. Tiempos de dudas y de supuestas crisis, pero también de grandes geógrafos en Estados Unidos, Francia, Reino Unido, Suiza, Alemania y Suecia.

El siglo xx representó la consolidación de una geografía más preocupada por la explicación compleja de los paisajes culturales, el cambio global como consecuencia de los grandes cambios sociales y ambientales, la globalización de las actividades económicas y el impacto de las grandes transformaciones inducidas por el gran crecimiento urbano, así como las desigualdades inherentes al fuerte crecimiento económico y a la extracción de recursos en un mundo extremadamente competitivo. Muchos geógrafos han encontrado su orientación profesional en el estudio de la contaminación, la erosión del suelo, los grandes movimientos de tierras, la deslocalización industrial, las consecuencias del cambio global sobre los recursos hídricos, la nieve, los glaciares y los procesos geomorfológicos o las interrelaciones que existen entre varios de estos problemas. Cada vez más, la geografía se entiende como una ciencia fronteriza que abre nuevos caminos científicos en competencia con ciencias próximas de las que tomamos ideas y métodos para construir paradigmas propios. En la actualidad, en la mayor parte de los países del mundo la geografía es una ciencia respetada, con capacidad para analizar los grandes problemas ambientales y sociales del planeta y de aportar ideas innovadoras.

En España se contó con un importante grupo de geógrafos que desde la década de 1950 mantuvo los estudios regionales como estandarte de una geografía con una gran base cultural y con notables relaciones con la historia. Generaciones posteriores se interesaron por los procesos sociales y ambientales y fueron pioneras en España (y en algunos casos, en el mundo) en los estudios sobre la evolución de los recursos hídricos vinculados a los cambios de cubierta vegetal, los efectos de las actividades humanas sobre la erosión del suelo, la diversidad de los campos de cultivo, los sistemas de gestión de la ganadería en las regiones de montaña y sus consecuencias sobre la evolución del paisaje, el impacto social y económico de las ciudades, la segregación social, la distribución de la vegetación en relación con los grandes cambios climáticos y el retroceso de los glaciares. En todos estos asuntos los geógrafos han sido pioneros o han estado en primera línea del conocimiento.

Un rápido análisis del impacto de los geógrafos en la ciencia española y en el mundo refleja la existencia de individuos y grupos con numerosas publicaciones en las mejores revistas científicas y con un elevadísimo número de citas. Paralelamente, son cada vez más los geógrafos (incluidos, por supuesto, los españoles) que dirigen o participan en proyectos internacionales. Solo hace falta que muchos otros geógrafos den el paso de publicar en revistas de renombre, con temas de trabajo innovadores y con puntos de vista originales. Eso hará posible que la geografía española se prestigie y se vea a los geógrafos españoles como creadores de información fundamental para interpretar los grandes cambios sociales y ambientales que afectan a la Tierra. Y que lo hagamos sin complejos frente a otras ciencias que parecen más consolidadas. Todavía queda mucho por hacer: robustecer las líneas de trabajo más dinámicas (en recursos hídricos, dinámica fluvial, erosión del suelo, incendios, renaturalización de los paisajes, teledetección y clima, agricultura y alimentación, efectos espaciales del turismo, crecimiento demográfico, ciudades, metrópolis, áreas de influencia, etc.), pero aún es posible profundizar en la organización de las montañas y sus consecuencias planetarias, los movimientos demográficos como causa y efecto, la globalización de las actividades humanas, los grandes impactos ambientales (por ej., las secuelas de la construcción de embalses desde un punto de vista hidrológico y de organización del territorio, los movimientos de tierra por actividades extractivas, la expansión de la agricultura en regiones tropicales, el deterioro de los ambientes semiáridos), el resultado de la expansión de las ciudades, la distribución espacial de la pobreza o la segregación social. Y hagámoslo evitando lugares comunes y respuestas demasiado elementales.

También podemos adentrarnos en líneas de investigación que hasta ahora se han tocado muy marginalmente, como es el caso de la sostenibilidad a medio plazo de un planeta sometido a demasiada presión por el crecimiento demográfico, la necesidad de mejorar el nivel de vida de gran parte de la población, el equilibrio en la distribución de los recursos, la acelerada deforestación de las selvas tropicales y sus efectos globales, la creciente contaminación, o la acumulación y gestión de basuras en los entornos urbanos, los conflictos políticos y las estrategias de expansión y control del territorio, así como una perspectiva geográfica de los efectos de los nacionalismos sobre las desigualdades territoriales. Ya lo dijimos al principio: todo (o casi todo) es geografía, a condición de que evitemos la superespecialización a la que tienden otras ciencias próximas.

Referencias

Ackerman, E. A. (1963). Where is a research frontier? *Annals of the Association of American Geographers* 53 (4), 429-440.

Agassiz, L. (1840). *Études su les glaciers.* Jent & Gassman, neuchâtel.

AGE (2023). Informe de diagnóstico y propuesta de acciones. Resultado de la reunión y consulta a los departamentos universitarios de Geografía 2023. Publicado en diciembre de 2023.

Alados, C. L., Sáiz, H., Nuche, P., Gartzia, M., De Frutos, A., Pueyo, Y. (2018). Clearing vs. Burning for restoring grasslands after shrub encroachment. *Cuadernos de Investigación Geográfica* 45, 441-468. https://doi.org/10.18172/cig.3589

Alatorre, L. C., Beguería, S. (2009). Los modelos de erosión: una revisión. *Cuaternario y Geomorfología* 23 (1-2), 29-48.

Alberts, B. (2013). Impact factor distortions. *Science* 340, 787. https://doi.org/10.1126/science.1240319

Allende Álvarez, F., Fernández García, F., Rasilla Álvarez, D., Alcaide Muñoz, J. (2018). La isla de calor nocturna estival y confort térmico en Madrid: avance para un planeamiento térmico en áreas urbanas. *Ciudad y Territorio* 195, 101-120.

Arnáez, J., Lasanta, T., Ruiz-Flaño, P., Ortigosa, L. (2007). Factors affecting runoff and erosion under simulated rainfall in Mediterranean vineyards. *Soil & Tillage Research* 93, 324-334. https://doi.org/10.1016/j.still.2006.05.013

Asins, S. (2006). Linking historical Mediterranean terraces with water catchment, harvesting and distribution structures. En: J. P. Morel (Ed.), *The archaeology of crop fields and gardens.* Bari, Edipuglia, pp. 21-40.

Bal, M. C., Pelachs, A., Pérez-Obiol, R., Julia, R., Cunill, R. (2011). Fire history and human activities during the last 3300 cal yr BP in Spain's Central Pyrenees: The case of the Estany de Burg. Palaeogeography, Palaeoclimatology, *Palaeoecology* 300, 179-190. https://doi.org/10.1016/j.palaeo.2010.12.023

Ballantyne, C. K., Sandeman, G. F., Stone, J. O. (2014). Rock-slope failure following Late Pleistocene deglaciation on tectonically stable mountainous terrain. *Quaternary Science Reviews* 86, 144-157. https://doi.org/10.1016/j.quascirev.2013.12.021

Barrère, P. (1971). *Le relief des Pyrénées Centrales franco-espagnoles*. Institut de Géographie, Université de Bordeaux.

Barriendos, M. (1997). Climatic variations in the Iberian Peninsula during the late Maunder Minimum (AD 1675-1715): an analysis of data from rogation ceremonies. *The Holocene* 7 (1), 105-111.

Bazzani, G. M., Di Pasquale, S., Gallerani, V., Viaggi, D. (2004). Irrigated agriculture in Italy and water regulation under the European Union water framework directive. *Water Resources Research* 40 (7), W07S04. https://doi.org/10.1029/2003WR002201

Beguería, S. (2024). La hidrosfera. En: M. Oliva, Martín-Díaz, J., Barriocanal, C., López-Moreno, J. I., Bonsoms, J. (Eds.), *Cambio global. Crisis ecosocial y perspectivas futuras*. Barcelona, Edicions de la Universitat de Barcelona, pp. 123-140.

Beguería, S., López-Moreno, J. I., Lorente, A., Seeger, M., García-Ruiz, J. M. (2003). Assessing the effect of climate oscillations and land-use changes on streamflow in the Central Spanish Pyrenees. *Ambio* 32 (4), 283-286.

Beguería, S., Haro-Monteagudo, D., Palazón, L., García-Ruiz, J. M. (2022). Interacciones montaña-llanura frente al Cambio global: desafíos y oportunidades en la gestión del territorio y de los recursos hídricos en Riegos del Alto Aragón. *Pirineos* 177, e072. https://doi.org/10.3989/pirineos.2022.177005

Beniston, M. (2019). The impact of climate change on snow cover and Alpine glaciers: consequences on water resources. *Encyclopédie de l'Environnement*. Université de Grenoble Alpes, 9 pp.

Bernatek-Jakiel, A., Poesen, J. (2018). Subsurface erosion by soil piping: significance and research needs. *Earth-Science Reviews* 185, 1107-1128. https://doi.org/10.1016/j.earscirev.2018.08.006

Bernués, A., Ruiz, R., Olaizola, A., Villalba, D., Casasus, I. (2011). Sustainability of pasture-based livestock farming systems in the European Mediterranean context: synergies and trade-offs. *Livestock Science* 139, 44-57. https://doi.org/10.1016/j.livsci.2011.03.018

Bertrand, G. (1968). Paysage et géographie physique globale. *Revue Géographique des Pyrénées et du Sud-Ouest* 39, 249-272.

Bielza de Ory, V. (1980). La problemática de las regiones funcionales. En: *La región y la Geografía española*. Madrid, Asociación de Geógrafos Españoles, pp. 53-64.

Biskahorn, B. K., Smith, S. L., Noetzli, J., Matthes, H., Vieira, G. *et al.* (2019). Permafrost is warming at a global scale. *Nature Communications* 10, 264. https://doi.org/10.1038/s41467-018-08240-4

Boix-Fayos, C., Martínez-Mena, M., Arnau-Rosalén, E., Calvo-Cases, A., Castillo, V., Albaladejo, J. (2006). Measuring soil erosion by field plots: understanding the sources of variation. *Earth-Surface Reviews* 78, 267-285. https://doi.org/10.1016/j.earscirev.2006.05.005

Bowman, I. (1948). The geographical situation of the United States in relation to World policies. *Geographical Journal* 112, 129-142.

Budhathoki, N., Bruce, B., Nedovic-Bucic, N. (2008). Reconceptualizing the role of the user of spatial data infrastructures. *GeoJournal* 72, 149-160. https://doi.org/10.1007/s10708-008-9189-x

Bunge, W. (1962). *Theoretical Geography*. Lund, The Royal University of Lund, 289 pp.

Bunge, W. (1979). Perspective on theoretical geography. *Annals of the Association of American Geographers* 69, 169-174.

Burillo, F., Gutiérrez, M., Peña Monné, J. L. (1981). El cerro del castillo de Alfambra. Estudio interdisciplinar de Geomorfología y Arqueología. *Kalathos* 1, 7-64.

Bustos, J. (2021). *Asombro y desencanto*. Barcelona, Libros del Asteroide, 197 pp.

Caine, N. (1974). The geomorphic processes of the alpine environment. En: J.D. Ives, R.G. Barry (Eds.), *Arctic and Alpine Environments*. London, Methuen, pp. 721-748.

Camarasa-Belmonte, A. (2016). Flash floods in Mediterranean ephemeral streams in Valencia Region (Spain). *Journal of Hydrology* 541, 99-115. https://doi.org/10.1016/j.jhydrol.2016.03.019

Camarasa Belmonte, A., Segura Beltrán, F. (2001). Flood events in Mediterranean ephemeral streams (ramblas) in Valencia region (Spain). *Catena* 45, 229-249. https://doi.org/10.1016/S0341-8162(01)00146-1

Camarero, J. J., García-Ruiz, J. M., Sangüesa-Barreda, G., Galván, J. D., Alla, A. Q., Sanjuán, Y., Beguería, S., Gutiérrez, E. (2015). Recent and intense dynamics in a formerly static Pyrenean treeline. *Arctic, Antarctic, and Alpine Research* 47 (4), 773-783. https://doi.org/10.1657/AAAR0015-001

Cantón, Y., Domingo, F., Solé-Benet, A., Puigdefábregas, J. (2001). Hydrological and erosion response of a badlands system in semiarid SE Spain. *Journal of Hydrology* 252, 65-84. https://doi.org/10.1016/S0022-1694(01)00450-4

Capel, H. (2005). El ingeniero militar Félix de Azara y la frontera americana como reto para la ciencia española. En: *Tras las huellas de Félix de Azara* (1742-1821). Jornadas sobre la vida y la obra del naturalista español Don Félix de Azara. Huesca, Diputación de Huesca, pp. 83-132.

Capel, H. (2012). *Filosofía y ciencia en la geografía contemporánea.* Barcelona, Ediciones del Serbal, 477 pp.

Carracedo, V., Cunill, R., García-Codrón, J. C., Pèlachs, A., Pérez-Obiol, R., Soriano, J. M. (2018). History of fires and vegetation since the Neolithic in the Cantabrian Mountains (Spain). *Land Degradation and Development* 29 (7), 2060-2072. https://doi.org/10.1002/ldr.2891

Carrión, J. S., Fernández, S., González-Sampériz, P., Gil-Romera, G., Badal, E., Carrión-Marco, Y., López-Merino, L., López-Sáez, J. A., Fierro, E., Burjachs, F. (2010). Expected trends and surprises in the Late Glacial and Holocene Vegetation history of the Iberian Peninsula and Balearic Islands. *Review of Palaeobotany and Palynology* 162 (3), 458-475. https://doi.org/10.1016/j.revpalbo.2009.12.007

Casas Torres, J. M. (1971). La geografía, ¿una ciencia siempre en crisis? *Geographica Helvetica* 26, 9-11. https://doi.org/1o.5195/gh-26-9-1971

Cerdà, A., Lasanta, T. (2005). Long-term erosional responses after fire in the Central Spanish Pyrenees: 1. Water and sediment yield. *Catena* 60 (1), 59-80. https://doi.org/10.1016/j.catena.2004.09.006

Cerdà, A., González-Pelayo, Ó., Giménez-Morera, A., Jordán, A., Pereira, P. *et al.* (2016). Use of barley Straw residues to avoid high erosion rates on persimmon plantations in Eastern Spain under low-frequency-high magnitude simulated rainfall events. *Soil Research* 54 (2), 154-165. https://doi.org/10.1071/SR15092

Charpentier, J. de (1842). Sur l'application de l'hypothèse de M. Venetz aux phénomènes erratiques du Nord. *Bibliothèque Universelle de Genève* 39, 327-346.

Constante, A., Peña-Monné, J. L., Muñoz, A. (2010). Alluvial geoarchaeology of an ephemeral stream: Implications for Holocene landscape change in the central part of the Ebro Depression, Northeast Spain. *Geoarchaeology* 25, 475-496. https://doi.org/10.1002/gea.20314

Corbin, A. (2024). *Terra incognita. Una historia de la ignorancia* (siglos XVIII-XIX). Barcelona, Acantilado, 233 pp.

Crutzen, P. J. (2002). Geology of mankind. *Nature* 415, 23. https://doi.org/10.1038/415023a

Cuadrat Prats, J. M., Vicente-Serrano, S. M., Saz Sánchez, M. A. (2005). Los efectos de la urbanización en el clima de Zaragoza (España): La isla de calor y sus factores condicionantes. *Boletín de la A.G.E.* 40, 311-327.

Cunha, S. E., Price, L. W. (2013). Agricultural settlement and land use in mountains. En: M. F. Price, A. C. Byers, D. A. Friend, T. Kohler, L. W. Price (Eds.), *Mountain geography. Physical and human dimensions*. Berkeley, University of California Press, pp. 301-331.

Dalby, S. (2025). Geopolítica del Antropoceno. Globalización, seguridad y sostenibilidad. Madrid, Trama Editorial, 213 pp.

Daumas, M. (1976). *La vie rurale dans le Haut Aragon Oriental*. Madrid, Institutos de Estudios Oscenses y de Geografía Aplicada, 774 pp.

De Felipe, M., Aragonés, D., Díaz-Paniagua, C. (2023). Thirty-four years of Landsat monitoring reveal long-term effects of groundwater abstractions on a World Heritage Site Wetland. *Science of the Total Environment* 880, 163329. https://doi.org/10.1016/j.scitotenv.2023.163329

De Vente, J., Verduyin, R., Vanmaercke, M., Poesen, J. (2011). Factors controlling sediment yield at the catchment scale in NW Mediterranean geoecosystems. *Journal of Soil and Sediments* 11, 690-707. https://doi.org/s11368-011-0346-3

Desmond, M. (2025). *Pobreza made in USA*. Madrid, Capitán Swing, 256 pp.

Dodds, K. (2019). *Geopolitics: A very short Introduction*. Oxford, Oxford University Press, 200 pp.

Dunbar, G. (1989). Elisée Reclus, geógrafo y anarquista. En: M. M. Breitbart (Ed.), *Anarquismo y geografía*. Barcelona, Oikos-Tau, pp. 77-90.

Dunbar-Ortiz, R. (2018). *La historia indígena de Estados Unidos*. Madrid, Capitán Swing Libros, 336 pp.

Errea, M. P., Cortijos-López, M., Llena, M., Nadal-Romero, E., Zabalza-Martínez, J., Lasanta, T. (2023). From the local landscape organization to and abandonment: an analysis of landscape changes (1956-2017) in the Aísa Valley (Spanish Pyrenees). *Landscape Ecology* 38, 3443-3462. https://doi.org/10.1007/s10980-023-01675-1

Fatichi, S., Rimkus, S., Burlando, P., Bordoy, R. (2014). Does internal climate variability overwhelm climate change signals in streamflow? The upper Po and Rhone basin case studies. *Science of the Total Environment* 493, 1171-1182. https://doi.org/10.1016/j.scitotenv.2013.12.014

Floristán, A. (1976). Régimen del Ebro medio. *Cuadernos de Investigación Geográfica* 2, 3-16.

Frankopan, P. (2024). *La Tierra transformada. El mundo desde el principio de los tiempos*. Barcelona, Crítica, 860 pp.

García, M. B. (2003). Demographic variability of a relict population of the critically endangered plant *Borderea chouardii*. *Conservation Biology* 17 (6), 1672-1680.

García, M. B., Domingo, D., Pizarro, M., Font, X., Gómez, D., Ehrlén, J. (2020). Rocky habitats as microclimatic refuges for biodiversity. A close-up thermal approach. *Environmental and Experimental Botany* 170, 103886. https://doi.org/10.1016/j.envexpbot.2019.103886

García Fernández, J. (1975). *Organización del espacio y economía rural en la España Atlántica*. Madrid, Siglo xxi de España, 334 pp.

García Fernández, J. (1991). Sobre la montaña como hecho geográfico. *Agricultura y Sociedad*, Suplemento, 64 pp.

García Fernández, J. (2006). *Geomorfología estructural*. Ariel Geografía y Universidad de Alicante, 644 pp.

García-Ruiz, J. M. (2010). The effects of land uses on soil erosion in Spain: A review. *Catena* 81, 1-11. https://doi.org/10.1016/j.catena.2010.01.001

García-Ruiz, J. M. (2015). Why Geomorphology is a global science. *Cuadernos de Investigación Geográfica* 41 (1), 87-105. https://doi.org/1.18172/cig.2652

García Ruiz, J. M., López Bermúdez, F. (2009). *La erosión del suelo en España*. Zaragoza, Sociedad Española de Geomorfología, 441 pp.

García-Ruiz, J. M., Lasanta-Martínez, T. (1993). Land-use conflicts as a result of land-use change in the Central Spanish Pyrenees: A review. *Mountain Research and Development* 13 (3), 295-304.

García-Ruiz, J. M., Lana-Renault, N. (2011). Hydrological and erosive consequences of farmland abandonment in Europe, with special reference to the Mediterranean region – a review. *Agriculture, Ecosystems, Environment* 140, 317-338. https://doi.org/10.1016/j.agee.2011.01.003

García Ruiz, J. M., Lasanta, T. (2018). El Pirineo aragonés como paisaje cultural. *Pirineos* 173, e038. https://doi.org/10.3989/pirineos.2018.173005

García-Ruiz, J. M., Beguería Portugués, S., López Moreno, J. I., Lorente Grima, A., Seeger, M. (2001). *Los recursos hídricos superficiales del Pirineo aragonés y su evolución reciente*. Logroño, Geoforma Ediciones, 192 pp.

García-Ruiz, J. M., Regüés, D., Alvera, B., Lana-Renault, N., Serrano-Muela, P., Nadal-Romero, E., Navas, A., Latron, J., Martí-Bono, C., Arnáez, J. (2008). Flood generation and sediment transport in experimental catchments affected by land use changes in the central Pyrenees. *Journal of Hydrology* 356, 245-260. https://doi.org/10.1016/j.jhydrol.2008.04.013

García-Ruiz, J. M., Beguería, S., Alatorre, L. C., Puigdefábregas, J. (2010). Land cover and shallow landsliding in the Flysch Sector of the Spanish Pyrenees. *Geomorphology* 124, 250-259. https://doi.org/10.1016/j.geomorph.2010.03.016

García-Ruiz, J. M., López-Moreno, J. I., Vicente-Serrano, S. M., Lasanta Martínez, T., Beguería, S. (2011). Mediterranean water resources in a global change scenario. *Earth-Science Reviews* 105, 121-139. https://doi.org/10.1016/j.earscirev.20122.01.006

García-Ruiz, J. M., Nadal-Romero, E., Lana-Renault, N., Beguería, S. (2013). Erosion in Mediterranean landscapes: Changes and future challenges. *Geomorphology* 198, 20-36. https://doi.org/10.1016/j.geomorph.2013.05.023

García-Ruiz, J. M., López-Moreno, J. I., Lasanta, T., Vicente-Serrano, S. M., González-Sampériz, P., Valero-Garcés, B. L., Sanjuán, Y., Beguería, S., Nadal-Romero, E., Lana-Renault, N., Gómez-Villar, A. (2015ª). Los efectos geoecológicos del cambio global en el Pirineo Central español.: una revisión a distintas escalas espaciales y temporales. *Pirineos* 170, e012. https://doi.org/10.3989/Pirineos.2015.170005

García-Ruiz, J. M., Beguería, S., Nadal-Romero, E., González-Hidalgo, J. C., Lana-Renault, N., Sanjuán, Y. (2015b). A meta-analysis of soil erosion rates across the world. *Geomorphology* 239, 160-173. https://doi.org/10.1016/j.geomorph.2015.03.008

García-Ruiz, J. M., Sanjuán, Y., Gil-Romera, G., González-Sampériz, P., Beguería, S., Arnáez, J., Coba-Pérez, P., Gómez-Villar, A., Álvarez-Martínez, J., Lana-Renault, N., Pérez-Cardiel, E., López de Calle, C. (2016). Mid and late Holocene forest fires and deforestation in the subalpine belt of the Iberian range, northern Spain. *Journal of Mountain Science* 13 (10), 1760-1772. https://doi.org/10.1007/s11629-015-3763-8

García-Ruiz, J. M., Beguería, S., Arnáez, J., Sanjuán, Y., Lana-Renault, N., Gómez-Villar, A., Álvarez-Martínez, J., Coba-Pérez, P. (2017a). Deforestation induces shallow landsliding in the montane and subalpine belt of the Urbión Mountains, Iberian Range, Northern Spain. *Geomorphology* 296, 31-44, https://doi.org/10.1016/j.geomorph.2017.08.016

García-Ruiz, J. M., Beguería, S., Lana-Renault, N., Nadal-Romero, E., Cerdà, A. (2017b). Ongoing and emerging questions in water erosion studies. *Land Degradation & Development* 28, 5-21. https://doi.org/10.1002/ldr.2641

García-Ruiz, J. M., Arnáez, J., Lasanta, T. (2017c). Complejidad y diversidad en el paisaje de la montaña riojana: Una perspectiva general sobre su proceso de construcción y transformación. *Berceo* 173, 141-164.

García-Ruiz, J. M., Tomás-Faci, G., Diarte-Blasco, P., Montes, L., Domingo, R., Sebastián, M., Lasanta, T., González-Sampériz, P., López-Moreno, J. I., Arnáez, J., Beguería, S. (2020a). Transhumance and long-term deforestation in the subalpine belt of the central Spanish Pyrenees: An interdisciplinary approach. *Catena* 195, 104744. https://doi.org/10.1016/j.catena.2020.104744

García-Ruiz, J. M., Lasanta, T., Nadal-Romero, E., Lana-Renault, N., Álvarez-Farizo, B. (2020b). Rewilding and restoring cultural landscapes in Mediterranean mountains: Opportunities and challenges. *Land Use Policy* 99, 104850. https://doi.org/10.1016/j.landusepol.2020.104850

García-Ruiz, J. M., Arnáez, J., Sanjuán, Y., López-Moreno, J. I. (2021). Landscape changes and land degradation in the subalpine belt of the Central

Spanish Pyrenees. *Journal of Arid Environments* 186, 104396. https://doi.org/10.1016/j.jaridenv.2020.104396

García-Ruiz, J. M., Arnáez, J., Lasanta, T., Nadal-Romero, E., López-Moreno, J. I. (2024). *Mountain environments: changes and impacts*. Cham, Springer, 462 pp.

Gartzia, M., Alados, C. L., Pérez-Cabello, F. (2014). Assessment of the effects of biophysical and anthropogenic factors on woody plant encroachment in dense and sparse mountain grasslands based on remote sensing data. *Progress in Physical Geography* 38 (2), 201-217. https://doi.org/10.1177/0309133314524429

Giblin, B. (1981). Reclus: un écologiste avant l'heure? Hérodote. *Revue de Géographie et de Géopolitique* 22, 107-118.

Gómez Mendoza, J. (2002). Disidencia y geografía en España. *Documents d'Anàlisi Geogràfica* 40, 131-152.

Gómez Mendoza, J. (2007). La obra agrarista de Jesús García Fernández. Historia Agraria 41, 11-132.

Gómez Mendoza, J. (2017a). La geografía humana como ciencia social. En: J. Romero González (Ed.), *Geografía Humana de España*. Valencia, Tirant lo Blanch, Universidad de Valencia, pp. 1-44.

Gómez Mendoza, J. (2017b). *Evaluación de la actividad científica de los geógrafos*. Publicado en 2017 en la página web de la Asociación Española de Geografía.

Gómez Mendoza, J. (2020). Fragilidades, seguridades y oportunidades en Geografía. En: J. Farinós Dasí (Coord.), J. Escribano, M. P. Peñarrubia, J. Serrano, S. Asins (Eds.), *Desafíos y oportunidades en un mundo en transición: una interpretación desde la Geografía*. Valencia, Tirant lo Blanch, pp. 887-898.

Gómez Mendoza, J. (2021). Amando Melón y su Humboldt. En: A. Melón, 1961, *Alejandro de Humboldt. Vida y obra*. Pamplona, Urgoiti Editores, pp. V-XCIII.

Gómez Mendoza, J., Sanz Herráiz, C. (2010). De la biogeografía al paisaje de Humboldt: pisos de vegetación y paisajes andinos equinocciales. *Población y Sociedad* 17, 29-57.

Gómez Mendoza, J., Muñoz Jiménez, J., Ortega Cantero, N. (1982). *El pensamiento geográfico*. Madrid, Alianza Editorial, 530 pp.

Gómez Villar, A. (1996). *Conos aluviales en pequeñas cuencas torrenciales de montaña.* Logroño, Geoforma Ediciones, 191 pp.

González Hidalgo, J. C. (2018). El consenso sobre el origen humano del cambio del clima no ha sido demostrado aún. *Cuadernos de Investigación Geográfica* 44, 349-375. https://doi.org/10.18172/cig.3368

González-Hidalgo, J. C., Peña-Monné, J. L., de Luis, M. (2007). A review of daily soil erosion in Western Mediterranean areas. *Catena* 71 (2), 193-199. https://doi.org/10.1016/2007.03.005

González-Hidalgo, J. C., De Luis, M., Batalla, R. J. (2009). Effects of the largest daily events on total soil erosion by rainwater. An analysis of the USLE database. *Earth Surface Processes and Landforms* 34, 2070-2077. https://doi.org/10.1002/esp.1892

González-Hidalgo, J. C., Peña-Angulo, D., Brunetti, M., Cortesi, N. (2016). Recent trends in temperature evolution in Spanish mainland (1951-2010): from warming to hiatus. *International Journal of Climatology* 36 (6), 2405-2416. https://doi.org/10.1002/joc.4519

González-Hidalgo, J. C., Peña-Angulo, D., Beguería, S. (2020). Temporal variations of trends in the Central England temperature series. *Cuadernos de Investigación Geográfica* 46 (2), 345-369. https://doi.org/10.18172/cig.4377

González-Sampériz, P., Valero-Garcés, B. L., Moreno, A., Jalut, G., García-Ruiz, J. M., Martí-Bono, C., Delgado-Huertas, A., Navas, A., Otto, T., Dedoubat, J. J. (2006). Climate variability in the Spanish Pyrenees during the last 30,000 yr revealed by the El Portalet sequence. *Quaternary Research* 66, 38-52. https://doi.org/10.1016/j.yqres.2006.02.004

González-Sampériz, P., Utrilla, P., Mazo, C., Valero-Garcés, B., Sopena, M. C., Morellón, M., Sebastián, M., Moreno, A., Martínez-Bea, M. (2009). Patterns of human occupation during the early Holocene in the Central Ebro Basin (NE Spain) in response to the 8.2 ka climatic event. *Quaternary Research* 71 (2), 121-132. https://doi.org/10.1016/j.yqres.2008.10.006

González-Sampériz, P., Aranbarri, J., Péres-Sanz, A., Gil-Romera, G., Moreno, A., Leunda, M., Sevilla-Callejo, M., Corella, J. P., Morellón, M., Oliva, B., Valero-Garcés, B. (2017). Environmental and climate change in the southern Central Pyrenees since the Last Glacial Maximum: A view from the lake records. *Catena* 149, 668-688. https://doi.org/10.1016/j.catena.2016.07.041

González-Sampériz, P., Montes, L., Aranbarri, J., Leunda, M., Domingo, R., Laborda, R., Sanjuán, Y., Gil-Romera, G., Lasanta, T., García-Ruiz, J. M. (2019). Escenarios, tempo e indicadores paleoambientales para la identificación del Antropoceno en el paisaje vegetal del Pirineo Central (NE Iberia). *Cuadernos de Investigación Geográfica* 45 (1), 167-193. https://doi.org/10.18172.cig.3691

González Trueba, J. J. (2012). Carl Troll y la Geografía del Paisaje: vida, obra y traducción de un texto fundamental. *Boletín de la Asociación de Geógrafos Españoles* 59, 173-200.

Goodchild, M. F. (2007). Citizens as sensors: the world of volunteered geography. *GeoJournal* 69 (4), 211-221. https://doi.org/10.1007/s10708-007-9111-y

Goudie, A. S. (2018). *Human impact on the natural environment: Past, present and future*. Wiley-Blackwell, 453 pp.

Gould, P. (1975). People in information space: The mental maps and information surfaces of Sweden. *Lund Studies in Geography* 42, 1-161.

Grataloup, C. (2025). *Geohistoria. Otra historia de la humanidad*. Barcelona, RBA, 429 pp.

Green, A. J., Alcorlo, P., Peeters, E. T. H. M., Morris, E. P., Espinar, J. L., Bravo-Utrera, M. A., Bustamante, J., Díaz-Delgado, R., Koelmans, A. A., Mateo, R., Mooij, W. M., Rodríguez-Rodríguez, M., van Nes, E. H., Scheffer, M. (2017). Creating a safe operating space for wetlands in a changing climate. *Frontiers in Ecology and the Environment* 15 (2), 99-107. https://doi.org/10.1088/1748-9326/ad8507

Groen, J. A., Polivka, A. E. (2008). Hurricane Katrina evacuees: Who they are, where they are, and how they are faring. *Monthly Labor Review* 131 (3), 32-51.

Grove, D., Rackham, O. (2001). *The nature of Mediterranean Europe: An ecological history*. New Haven, Yale University Press, 384 pp.

Guerrero, J., Gutiérrez, F., García-Ruiz, J. M., Carbonel, D., Lucha, P., Arnold, L. J. (2017). *Landslide-dam paleolakes in the Central Pyrenees, Upper Gállego River Valley, NE Spain: timing and relationship with deglaciation*. Landslides. https://doi.org/10.1007/s10346-018-1018-9

Guiguet-Covex, C., Arnaud, F., Polenard, J., Disnar, J. R., Delhon, C., Francus, P., David, F., Enters, D., Rey, P. J., Delannoy, J. J. (2011). Changes in erosion patterns during the Holocene in a currently treeless subalpine catchment inferred from lake sediment geochemistry (Lake Anterne, 2063 m a.s.l., NW French Alpos): The role and climate human activities. *The Holocene* 21 (4), 651-665. https://doi.org/10.1167/0959683610391320

Guilluy, C. (2019). No society. El fin de la clase media. Barcelona, Taurus, 218 pp.

Gutiérrez, F., Deirnik, H., Zarei, M., Medialdea, A. (2023). Geology, geomorphology and geochronology of the coseismic? Emad Deh rock avalanche associated with a growing anticline and a rising salt diapir, Zagros Mountains, Iran. *Geomorphology* 421, 108527. https://doi.org/10.1016/j.geomorph.2022.108527

Haggett, P. (1988). *Geografía, una síntesis moderna*. Barcelona, Ediciones Omega, 668 pp.

Hanson, S. (1997). *Ten geographic ideas that changed the world*. Rutgers-New Brunswick, N. J., Rutgers University Press, 258 pp.

Harari, Y. N. (2015). *Sapiens. De animales a dioses*. Barcelona, Penguin Random House, 493 pp.

Hartshorne, R. (1959). *Perspectives on the nature of Geography*. London, Murray, 210 pp.

Higueras, A. (1969). *La agricultura de regadío en España. Miscelánea a Canellas*. Zaragoza, Universidad de Zaragoza, pp. 585-630.

Higueras Arnal, A. (1961). *El Alto Guadalquivir. Estudio geográfico*. Zaragoza, Instituto de Geografía Aplicada, 191 pp.

Higueras Arnal, A. (2002). La geografía en la encrucijada. *Geographicalia* 42, 7-42.

Higueras Arnal, A. (2003). *Teoría y método de la geografía. Introducción al análisis geográfico regional*. Zaragoza, Prensas Universitarias de Zaragoza, 447 pp.

Hill, D. (1996). *A history of engineering in classical and medieval times*. London, Routledge, 280 pp.

Hohensinner, S., Atzler, U., Fischer, A., Schwaizer, G., Helfricht, K. (2021). Tracing the long-term evolution of land cover in an Alpine valley 1820-2015 in the light of climate, glacier and land use changes. *Frontiers in Environmental Science* 9, 683397. https://doi.org/10.3389/fenvs.2021.683397

Höllermann, P. (1985). The periglacial belt of mid-latitude mountains from a geoecological point of view. *Erkunde* 39, 259-270. https://doi.org/10.3112/erdkunde.1985.04.02

Huntsinger, L., Forero, L. C., Sulak, A. (2010). Transhumance and pastoralist resilience in the Western United States. *Pastoralism* 1 (1), 9-36. https://doi.org/10.3362/2041-7136.2010.002

Ibáñez Marcellán, M. J. (1975). El endorreísmo del sector central de la Depresión del Ebro. *Cuadernos de Investigación: Geografía e Historia* 1 (1), 35-48.

Ibisate, A., Ollero, A., Ballarín, D., Horacio J., Mora, D., Mesanza, A., Ferrer-Boix, C., Acín, V., Granado, D., Martín-Vide, J. P. (2016). Geomorphic monitoring and response to two dam removals: rivers Urumea and Leitzaran (Basque Country, Spain). *Earth Surface Processes and Landforms* 41 (15), 2239-2255. https://doi.org/10.1002/esp.4023

Ives, J. D., Messerli, B. (1989). *The Himalayan dilemma. Reconciling development and conservation.* New York, Routledge, 295 pp.

Ivy-Ochs, S., Poschinger, A. V., Synal, H. A., Maisch, M. (2009). Surface exposure dating of the Flims landslide, Graubünden, Switzerland. *Geomorphology* 103, 104-112. https://doi.org/10.1016/J.geomorph.2007.10.024

Janke, J. R., Price, L. W. (2013). Mountain landforms and geomorphic processes. En: M. F. Price, A. C. Byers, D. A. Friend, T. Kohler, T., L. W. Price (Eds.). *Mountain Geography. Physical and human dimensions.* Berkeley, University of California Press, pp. 127-166.

Jlassi, W., Nadal-Romero, E., García-Ruiz, J. M. (2016). Modernization of new irrigated lands in a scenario of increasing water scarcity: from large reservoirs to small ponds. *Cuadernos de Investigación Geográfica* 42 (1), 233-259. https://doi.org/10.18172/cig.2918

Kaplan, R. D. (2015). *La venganza de la geografía.* Barcelona, RBA, 478 pp.

Kaplan, R. D. (2025). *Tierra baldía.* Barcelona, RBA, 300 pp.

Kaplan, J. O., Krumhardt, K. M., Zimmermann, N. (2009). The prehistoric and preindustrial deforestation in Europe. *Quaternary Science Reviews* 28 (27-28), 3016-3034. https://doi.org/10.1016/j.quascirev.2009.09.028

Khorchani, M., Nadal-Romero, E., Tague, C., Lasanta, T., Lana-Renault, N., Domínguez-Castro, F., Choate, J. (2020). Effects of active and passive land use management after cropland abandonment on water and vegetation dynamics in the Central Spanish Pyrenees. *Science of the Total Environment* 727, 137160. https://doi.org/10.1016/j.scitotenv.2020.137160

Khorchani, M., Nadal-Romero, E., Lasanta, T., Tague, C. (2021). Effect of vegetation succession and shrub clearing after land abandonment on the hydrological dynamics in the Central Spanish Pyrenees. *Catena* 204, 105374. https://doi.org/10.1016/j.catena.2021.105374

Kinnaird, T., Bolòs, J., Turner, A., Turner, S. (2017). Optically-stimulated luminescence profiling and dating of historic agricultural terraces in Catalonia (Spain). *Journal of Archaeological Science* 78, 66-77. https://doi.org/10.1016/j.jas.2016.11.003

Kizos, T., Koulouri, M. (2006). Agricultural landscape dynamics in the Mediterranean: Lesvos (Greece) case study using evidence from the last three centuries. *Environmental Science Policy* 9, 330-342. https://doi.org/10.1016/j.envsci.2006.02.002

Klein, G. (2018). Variabilité du manteau neigeux des Alpes éuropéennes entre 1950 et 2016 dans un contexte de changement climatique: Revue bibliographique. *Climatologie* 15, 22-45.

Körner, C. (2007). The use of 'altitude' in ecological research. *Trends in Ecology and Evolution* 22 (11), 569-574. https://doi.org/10.1016/j.tree.2007.09.006

Kröpelin, S., Verschuren, D., Lezine, A. M., Eggermont, H., Cocquyt, C., Francus, P., Cazet, J. P., Fagot, M., Rumes, B., Russell, J. M., Darius, F., Conley, D. J., Schuster, M., von Suchodoletz, H., Engstrom, D. R. (2008). Climate-driven ecosystem succession in the Sahara: The past 6000 years. *Science* 320 (5877), 765-768. https://doi.org/10.1126/science.1154913

Lacoste, Y. (1973). La Géographie. En: F. Chatelet (dir.), *Histoire de la Philosophie*. Paris, Hachette, pp. 242-302.

Lacoste, Y. (1976a). Pourquoi Hérodote? Crise de la géographie et géographie de la crise. *Hérodote* 1, 8-70.

Lacoste, Y. (1976b). *La Géographie, ça sert d'abord à faire la guerre*. Paris, Maspero, 190 pp.

Lana-Renault, N., Regüés, D., Martí-Bono, C., Beguería, S., Latron, J., Nadal, E., Serrano, P., García-Ruiz, J. M. (2007). Temporal variability in the relationships between precipitation, discharge and suspended sediment concentration in a small Mediterranean mountain catchment. *Nordic Hydrology* 38 (2), 139-150. https://doi.org/10.2166/nh.2007.003

Lana-Renault, N., Alvera, B., García-Ruiz, J. M. (2011). Runoff and sediment transport during the snowmelt period in a Mediterranean high-mountain catchment. *Arctic, Antarctic, and Alpine Research* 43 (2), 213-222. https://doi.org/10.1657/1938-4246-43.2.213

Lana-Renault, N., Nadal-Romero, E., Serrano-Muela, M. P., Alvera, B., Sánchez-Navarrete, P., Sanjuan, Y., García-Ruiz, J. M. (2014). Comparative analysis of the response of various land covers to an exceptional rainfall event in the central Spanish Pyrenees, October 2012. *Earth Surface Processes and Landforms* 39, 581-592. https://doi.org/10.1002/esp.3465

Lana-Renault, N., López-Vicente, M., Nadal-Romero, E., Ojanguren, R., Llorente, J. A., Errea, P., Regüés, D., Ruiz-Flaño, P., Khorchani, M., Arnáez, J., Pascual, N., Ojanguren, R. (2018). Catchment based hydrology under post farmland abandonment scenarios. *Cuadernos de Investigación Geográfica* 44 (2), 503-534. https://doi.org/10.18172/cig.3475

Lasanta, T. (1989). *Evolución reciente de la agricultura de montaña: El Pirineo aragonés*. Logroño, Geoforma Ediciones, 220 pp.

Lasanta, T., Beguería, S., García-Ruiz, J. M. (2006) Geomorphic and hydrological effects of traditional shifting agriculture in a Mediterranean mountain area, Central Spanish Pyrenees. *Mountain Research and Development* 26 (2), 146-152. https://www.jstor.org/stable/3674635

Lasanta Martínez, T., Errea Abad, M. P., Bouzebboudja, M. R., Medrano Moreno, L. M. (2013). Pastoreo y desbroce de matorrales en Cameros Viejo. Logroño, Instituto de Estudios Riojanos.

Lasanta, T., Nadal-Romero, E., Arnáez, J. (2015). Managing abandoned farmland to control the impact of re-vegetation on the environment. The state of the art in Europe. *Environmental Science & Policy* 53, 99-109. https://doi.org/10.1016/j.envsci.2015.05.012

Lasanta, T., Arnáez, J., Pascual, N., Ruiz-Flaño, P., Errea, M. P., Lana-Renault, N. (2017). Space-time process and drivers of land abandonment in Europe. *Catena* 149, 810-823. https://doi.org/10.1016/j.catena.2016.02.024

Lasanta, T., Nadal-Romero, E., García-Ruiz, J. M. (2019). Clearing shrubland as a strategy to encourage extensive livestock farming in the Mediterranean mountains. *Cuadernos de Investigación Geográfica* 45 (2), 487-513. https://doi.org/10.18172/cig.36.16

Latron, J., Soler, M., Llorens, P., Gallart, F. (2008). Spatial and temporal variability of the hydrological response in a small Mediterranean research catchment (Vallcebre, Eastern Pyrenees). *Hydrological Processes* 22 (6), 775-787. https://doi.org/10.1002/hyp.6648

Lewin, J., Macklin, M. G. (2014). Marking time in Geomorphology: should we try to formalize an Anthropocene definition? *Earth Surface Processes and Landforms* 39 (1), 133-137. https://doi.org/10.1002/esp.3484

López-Bermúdez, F., Romero-Díaz, A. (1993). Génesis y consecuencias erosivas de las lluvias de alta intensidad en la región mediterránea. *Cuadernos de Investigación Geográfica* 18-19, 7-28.

López-Moreno, J. I. (2005). Recent variations of snowpack depth in the Central Spanish Pyrenees. *Arctic, Antarctic, and Alpine Research* 37 (2), 253-260.

López Moreno, J. I. (2006). *Cambio ambiental y gestión de los embalses en el Pirineo Central español.* Zaragoza, Publicaciones del Consejo de Protección de la Naturaleza de Aragón, 208 pp.

López-Moreno, J. I., García-Ruiz, J. M. (2004). Influence of snow accumulation and snowmelt on streamflow in the central Spanish Pyrenees. *Hydrological Sciences Journal* 49 (5), 787-802. https://doi.org/10.1623/hysj.49.5.787.55135

López-Moreno, J. I., Beguería, S., García-Ruiz, J. M. (2002). Influence of the Yesa reservoir on floods of the Aragón River, central Spanish Pyrenees. *Hydrology and Earth System Sciences* 6 (4), 753-762.

López-Moreno, J. I., Beguería, S., García-Ruiz, J. M. (2006). Trends in high flows in the central Spanish Pyrenees: response to climatic factors or to land-use change? *Hydrological Sciences Journal* 51 (6), 1039-1050. https://doi.org/10.1623/hysj.51.6.1039

López-Moreno, J. I., Vicente-Serrano, S. M., Angulo-Martínez, M., Beguería, S., Kenawy, A. (2010). Trends in daily precipitation on the northeastern Iberian Peninsula, 1955-2006. *International Journal of Climatology* 30, 1026-1041. https://doi.org/10.1002/joc.1945

López-Moreno, J. I., Vicente-Serrano, S. M., Morán-Tejeda, E., Zabalza, J., Lorenzo-Lacruz, J., García-Ruiz, J. M. (2011). Impact of climate evolution and land use changes on water yield in the Ebro basin. *Hydrology and Earth System Sciences* 15 (1), 311-322. https://doi.org/10.5194/hess-15-311-2011

López-Moreno, J. I., Soubeyroux, J. M., Gascoin, S., Alonso-González, E., Durán-Gómez, N., Lafaysse, M., Carmagnola, C., Morin, S. (2020). Long-term trends (1958-2017) in snow cover duration and Depth in the Pyrenees. *International Journal of Climatology* 40 (14) 6122-6136. https://doi.org/10.1002/joc.6571

López-Vicente, M., Nadal-Romero, E., Cammeraat, E. L. H. (2017). Hydrological connectivity does change over 70 years of abandonment and afforestation in the Spanish Pyrenees. *Land Degradation and Development* 28 (4), 1298-1310. https://doi.org/10.1002/ldr.2531

Lorenzo-Lacruz, J., Vicente-Serrano, S. M., López-Moreno, J. I., Morán-Tejeda, E., Zabalza, J. (2012). Recent trends in Iberian streamflows (1945-2005). *Journal of Hydrology* 414-415, 463-475. https://doi.org/10.1016/j.hydrol.2011.11.023

Llena, M., Carreras, S., Bernatek-Jakiel, A., Ollero, A., Nadal-Romero, E. (2024). Agricultural land abandonment linked to pipe collapse and gully development: Reconstruction from archival SfM and LiDAR datasets. *Geoderma* 449, 116995. https://doi.org/10.1016/j.geoderma.2024.116995

Llorens, P., Domingo, F. (2007). Rainfall partitioning by vegetation under Mediterranean conditions. A review of studies in Europe. *Journal of Hydrology* 335, 37-54. https://doi.org/10.1016/j.hydrol.2006.10.032

Mars, W. M., Grossa Jr., J. (2002). *Environmental Geography. Science, land use and Earth systems.* John Wiley and Sons, 442 pp.

Marshall, T. (2017). *Prisioneros de la geografía.* Barcelona, Ediciones Península, 372 pp.

Marshall, T. (2024). *El poder de la geografía.* Barcelona, Ediciones Península, 474 pp.

Martí Bono, C. E., Puigdefábregas, J. (1983). Consecuencias geomorfológicas de las lluvias de noviembre de 1982 en las cabeceras de algunos valles pirenaicos. *Estudios Geográficos* 170-171, 275-289.

Martín-Vide, J., López-Bustins, J. A. (2006). The Western Mediterranean oscillation and rainfall in the Iberian Peninsula. *International Journal of Climatology* 26 (11), 1455-1475. https://doi.org/10.1002/joc.1388

Martín-Vide, J., Sarricolea, P., Moreno-García, M. C. (2015). On the definition of urban heat island intensity: the 'rural reference'. *Frontiers in Earth Science* 3, 24. https://doi.org/10.3389/feart.2015.00024

Martínez de Pisón, E. (2000). *Cuadernos de montaña*. Madrid, Ediciones Temas de Hoy, 275 pp.

Martínez de Pisón, E. (1990). Morfoestructuras del valle de Benasque (Pirineo aragonés). *Anales de Geografía de la Universidad Complutense* 10, 121-147.

Martínez de Pisón, E. (2016). *La Sierra de Guadarrama: Parque Nacional*. Barcelona, Lunwerg Editores, 256 pp.

Martínez de Pisón, E., Ortega Cantero, N. (Eds.) (2007). *La conservación del paisaje en los parques nacionales*. Madrid, UAM Ediciones, 242 pp.

Martínez Fernández, J., Ceballos Barbancho, A., Hernández Santana, V., Casado Ledesma, S., Morán Tejeda, C. (2005). Procesos hidrológicos en una cuenca forestal del Sistema Central: Cuenca experimental de Rinconada. *Cuadernos de Investigación Geográfica* 31, 7-25. https://doi.org/10.18172/cig.1171

Martínez Valderrama, J. (2024). *Desertificación, cuando el territorio hace aguas*. Valencia, Tirant lo Blanch, 121 pp.

Masria, A., Negm, A., Iskander, M. (2017). Toward a dynamic stability of coastal zone at the Rosetta Promontory, Egypt. En: A. M. Negm (Ed.), *The Nile River*. Springer, pp. 275-302.

Melón, A. (1960). *Alejandro de Humboldt. Vida y Obra*. Introducción y Edición de Josefina Gómez Mendoza. Pamplona, Urgoiti Editores, 287 pp.

Melón-Nava, A., Gómez-Villar, A. (2025). Snow cover variability in the Cantabrian Mountains (Spain): A watershed-level study using satellite records (2000-2024). *Cuadernos de Investigación Geográfica* 51 (1), 7-31. https://doi.org/10.18172/cig.6543.

Messerli, B., Grosjean, M., Hofer, T., Núñez, L., Pfister, C. (2000). From nature-dominated to human-dominated environmental changes. *Quaternary Science Reviews* 19, 459-479. https://doi.org/10.1016/S0277-3791(99)00075-X

Mikhailova, M. V., Isupova, M. V. (2006). Hydrological regime of the Rhône Delta and dynamics of its coastline. *Water Resources* 33 (6), 595-607. https://doi.org/10.1134/S0097807806060017

Montes, L., Sebastián, M., Domingo, R., Beguería, S., García-Ruiz, J. M. (2020). Spatial distribution of megalithic monuments in the subalpine belt of the Pyrenees: Interpretation and implications for understanding early landscape transformation. *Journal of Archaeological Science: Reports* 33, 103489. https://doi.org/10.1016/j.asrep.2020.102489

Montserrat, J. (1992). *Evolución glaciar y postglaciar del clima y la vegetación en la vertiente sur del Pirineo: Estudio palinológico.* Zaragoza, Instituto Pirenaico de Ecología, 147 pp.

Montserrat-Martí, G., Gómez-García, D. (2019). Variación de los dominios forestal y herbáceo en el paisaje vegetal de la península ibérica en los últimos 20.000 años. Importancia del efecto de los grandes herbívoros sobre la vegetación. *Cuadernos de Investigación Geográfica* 45 (1), 87-121. https://doi.org/10.18172.cig.3659

Morán-Tejeda, E., Ceballos-Barbancho, A., Llorente-Pinto, J. M. (2010). Hydrological response of Mediterranean headwaters to climate oscillations and land-cover changes: the mountains of Duero River basin (Central Spain). *Global and Planetary Change* 72, 39-49.

Moreno, A., Bartolomé, M., López-Moreno, J. I., Pey, J., Corella, J. P. *et al.* (2021). The case of a southern European glacier which survived Roman and medieval warm periods but is disappearing under recent warming. *The Cryosphere* 15, 1157-1172. https://doi.org/10.5194/tc-15-1157-2021

Moreno García, M. C., Serra Pardo, J. A. (2016). El estudio de la isla de calor urbana en el ámbito mediterráneo: una revisión bibliográfica. *Biblio3W* 21, 1179.

Morris, I. (2025). *Geografía y destino.* Barcelona, Ático de los Libros, 719 pp.

Murphy, A. B. (2020). Geografía. *¿Por qué importa?* Madrid, Alianza Editorial, 162 pp.

Nadal-Romero, E., Cammeraat, E. (2019). Geo-ecology in the Anthropocene. *Cuadernos de Investigación Geográfica* 45 (1), 5-18. https://doi.org/10.18172/cig.3876

Nadal-Romero, E., García-Ruiz, J. M. (2025). Market as a factor in soil erosion: the expansion of new and old crops into marginal Mediterranean lands. *Regional Environmental Change* 25, 16. https://doi.org/10.1007/s10113-024-02355-9

Nadal-Romero, E., Regüés, D., Martí-Bono, C., Serrano-Muela, P. (2007). Badland dynamics in the Central Pyrenees: temporal and spatial patterns of weathering processes. *Earth Surface Processes and Landforms* 32 (6), 888-904. https://doi.org/10.1002/esp.1458

Nadal-Romero, E., Martínez-Murillo, J. F., Vanmaercke, M., Poesen, J. (2011). Scale-dependency on sediment yield from badland areas in Mediterranean environments. *Progress in Physical Geography* 35 (3), 297-332. https://doi.org/10.1177/0309133311400330

Nadal-Romero, E., Lasanta, T., García-Ruiz, J. M. (2013). Runoff and sediment yield from land under various uses in a Mediterranean mountain area: long-term results from an experimental station. *Earth Surface Processes and Landforms* 38, 346-355. https://doi.org/10.1002/esp.3281

National Research Council (1997). *Rediscovering Geography: new relevance for science and society.* Washington D.C., The National Academies Press, 245 pp. https://doi.org/10.17226/4913

Norris, S. L., García-Castellanos, D., Jansen, J. D., Carling, P. A., Margold, M., Woywitka, R. J., Froese, D. J. (2021). Catastrophic drainage from the northwestern outlet of glacial lake Agassiz during Younger Dryas. *Geophysical Research Letters* 48. https://doi.org/10.1029/2021GL093919

Novara, A., Gristina, L., Saladino, S. S., Santoro, A., Cerdà, A. (2011). Soil erosion assessment and alternative soil managements in a Sicilian vineyard. *Soil and Tillage Research* 117, 140-147. https://doi.org/10.1016/j.still.2011.09.007

Olcina Cantos, J. (1996). La Geografía hoy: Reflexiones sobre el pensamiento geográfico, la región y la docencia de la Geografía. *Investigaciones Geográficas* 16, 93-114. https://doi.org/10.14198/INGEO1996.16.06

Olcina, J. (2014). Enseñanzas climáticas en la obra de Kant. *Anales de Geografía de la Universidad Complutense* 34 (2), 119-162.

Olcina Cantos, J. (2020ª). La aportación a la ciencia climática de A. de Humboldt en el Cosmos. *Scripta Nova* 24 (648). https://doi.org/10.1344/sn2020.24.30071

Olcina Cantos, J. (2020b). Clima, cambio climático y riesgos climáticos en el litoral mediterráneo: Oportunidades para la Geografía. *Documents d'Analisi Geogràfica* 66 (1), 159-182. https://doi.org/10.5565/rev/dag.629

Olcina Cantos, J. (2024). Water planning and management in Spain in a climate change context: Facts and proposals. *Cuadernos de Investigación Geográfica* 50 (2), 3-28. https://doi.org/10.18172/cig.6453

Oliva, M., Serrano, E., Gómez-Ortiz, A., González-Amuchastegui, M. J., Nieuwendam, A., Palacios, D., Pérez-Alberti, A., Pellitero-Ondicol, R., Ruiz-Fernández, J., Valcárcel, M., Vieira, G., Antoniades, D. (2016). Spatial and temporal variability of periglaciation in the Iberian Peninsula. *Quaternary Science Reviews* 137, 176-199. https://doi.org/10.1016/j.quascirev.2016.02.017

Oliva, M., Ruiz-Fernández, J., Barriendos, M., Benito, G., Cuadrat, J. M., Domínguez-Castro, F., García-Ruiz, J. M., Giralt, S., Gómez-Ortiz, A., Hernández, A., López-Costas, O., López-Moreno, J. I., Jópez-Sáez, J. A., Martínez-Cortizas, A., Moreno, A., Prohom, M., Saz M. A. Serrano, E., Tejedor, E., Valero-Garcés, V., Vicente-Serrano, S. M. (2018). The Little Ice Age in Iberian mountains. *Earth-Science Reviews* 177, 175-208. https://doi.org/10.1016/j.earscirev.2017.11.010

Oliva, M., Martín-Díaz, J., Barriocanal, C., López-Moreno, J. I., Bonsoms, J. (Eds.) (2024). *Cambio global. Crisis ecosocial y perspectivas futuras.* Barcelona, Edicions de la Universitat de Barcelona, 527 pp.

Ollero, A. (2010). Channel changes and floodplain management in the meandering middle Ebro River, Spain. *Geomorphology* 117 (3-4), 247-260. https://doi.org/10.1016/j.geomorph.2009.01.015

ONU (2024). World population prospects 2024. Department of Economic and Social Affairs. New York, United Nations, 64 pp. Acceso *on line.*

Ortega, N. (1977). La geografía, ¿discurso inútil o saber estratégico? *Agricultura y Sociedad* 5, 210-222.

Ortega Cantero, N. (2012). Los valores del paisaje: La Sierra de Guadarrama en el horizonte de Francisco Giner y la Institución Libre de Enseñanza. En: J. García Velasco, A. Morales Moya (Eds.), *La Institución Libre de Enseñanza y Francisco Giner de los Ríos: nuevas perspectivas.* 2. La Institución Libre de Enseñanza y la cultura española. Madrid, Fundación Giner de los Ríos, pp. 673-711.

Ortega Gironés, E., Sáenz de Santa María, J. A., Uhlig, S. (2024). *Cambios climáticos.* Editorial Aula Magna, 501 pp.

Ouassanouan, Y., Fakir, Y., Simonneaux, V., Kharrou, M. H., Bouimouass, H., Najer, I., Benrhanem, M., Sguir, F., Chehbouni, A. (2022). Multi-decadal analysis of water resources and agricultural change in a Mediterranean semiarid irrigated piedmont under water scarcity and human interaction. *Science of the Total Environment* 834, 155328. https://doi.org/10.1016/j.scitotenv.2022.155328

Outram, A. K. (2009). The earliest horse harnessing and milking. *Science* 323 (59129), 1332-1335. https://doi.org/10.1126/science.1168594

Palet, J. M., García, A., Orengo, H. A., Riera, S., Miras, Y., Juliá, R. (2014). Ocupación y explotación de espacios altimontanos pirenaicos en la Antigüedad: Visiones desde la arqueología del paisaje. En: P.L. Fall'Aglio, C. Franceschelli, L. Maganzani (Eds.), *Atti del IX Convegno Internazionalli di Studi Veleiati*. Bologna, Ante Quem, pp. 455-470.

Peet, R. (1989). Carta a Kropotkin. En: M. M. Breitbart (Ed.), *Anarquismo y geografía*. Barcelona, Oikos-Tau, pp. 23-27.

Pèlachs, A., Soriano López, J. M., Esteban i Amat, A., Nadal Teresa, J. (2007). Holocene environmental history and human impact in the Pyrenees. *Contributions to Science* 3, 421-329. https://doi.org/10.2436/20.7010.01.19

Peña-Angulo, D., Beguería, S., Trullenque-Blanco, V., González-Hidalgo, J. C. (2025). Variabilidad espacial y temporal de las precipitaciones extraordinarias en España (1916-1922). *Cuadernos de Investigación Geográfica* 51 (1), 105-126. https://doi.org/10.18172/cig.6634

Peña Monné, J. L. (Ed.) (1997). *Cartografía geomorfológica básica y aplicada*. Logroño, Geoforma Ediciones, 227 pp.

Peña Monne. J. L. (2025). *Laderas, paleoambientes y geoarqueología del Holoceno en Aragón*. Discurso de ingreso en la Real Academia de Ciencias Exactas, Físicas, Químicas y Naturales de Zaragoza, 45 pp.

Peña Monné, J. L., Pellicer Corellano, Julián Andrés, A., Chueca Cía, J., Echeverría Arnedo, M. T., Lozano Tena, M. V., Sánchez Fabre, M. (2002). *Mapa geomorfológico de Aragón*. Zaragoza, Publicaciones del Consejo de Protección de la Naturaleza de Aragón, 54 pp.

Peña Monné, J. L., Sampietro Vattuone, M. M. (2018). Paleoambientes holocenos del valle de Tafí (Noroeste argentino) a partir de registros morfosedimentarios y geoarqueológicos. *Boletín Geológico y Minero* 129 (4), 671-691.

Peña-Monné, J. L., Montes, L., Sampietro-Vattuone, M. M., Domingo, R., Medialdea, A., Bartolomé, M., Rubio Fernández, V., Giménez, R. G., Turú, V., Ros, X., Baró, P., Bernal-Wormull, J. L., Edwards, R. L. (2021). Geomorphological, chronological and paleoenvironmental context of the Mousterian site at Roca San Miguel (Arén, Huesca, Spain) from the penultimate to the last glacial cycle. *Quaternary Research* 106, 162-181. https://doi.org/10.1017/qua.2021.61

Peña-Monné, J. L., Sampietro-Vattuone, M. M., Picazo-Millán, J. V., Longares-Aladrén, L. A., Pérez-Lambán, F., Sancho-Marcén, C., Fanlo, J. (2023). Morphosedimentary and geoarchaeological records during the last 1400 years in the Ebro depression (NE Spain) and their paleoenvironmental interpretation. *The Holocene* 33 (4), 400-415. https://doi.org/10.1177/09596836221145368

Pérez Cueva, A. J., Armengot Serrano, R., Fansa Saleh, G., Núñez Mora, J. A., Revert Ferrero, A. (2025). Estudio cronológico de los volúmenes de precipitación en las subcuencas de la rambla del Poyo en el episodio del 29 de octubre de 2024. *Investigaciones Geográficas* 84, 9-29. https://doi.org/10.14198/INGEO.30056

Pinilla, V. (2008). El Desarrollo de la agricultura de regadío en la cuenca del Ebro en el siglo xx. En: V. Pinilla Navarro (Ed.), *Gestión y usos del agua en la cuenca del Ebro en el siglo* xx. Zaragoza, Prensas Universitarias de Zaragoza, pp. 309-333.

Poesen, J. W. A., Hooke, J. M. (1997). Erosion, flooding and channel management in Mediterranean environments of southern Europe. *Progress in Physical Geography* 21, 157-199.

Poyatos, R., Latron, P., Llorens, P. (2003). Land use and land cover change after agricultural abandonment: the case of a Mediterranean mountain area (Catalan Pre-Pyrenees). *Mountain Research and Development* 23 (4), 362-368.

Prosdocimi, M., Tarolli, P., Cerdà, A. (2016). Mulching practices for reducing water erosion: A review. *Earth-Science Reviews* 161, 191-203. https://doi.org/10.1016/j.earscirev.2016.08.006

Puigdefábregas, J. (2005). The role of vegetation patterns in structuring runoff and sediment fluxes in drylands. *Earth Surface Processes and Landforms* 30, 133-147. https://doi.org/10.1002/esp.1181

Puigdefábregas, J., Balcells, E. (1970). Relaciones entre la organización social y la explotación del territorio en el valle de El Roncal (Navarra Oriental). *Pirineos* 98, 53-89.

Quirós Castillo, J. A. (2011). La formación de los paisajes medievales en el norte peninsular.: agricultura y ganadería en los siglos v-xii. *Debates de Arqueología Medieval* 1, 161-165.

Rodríguez Adrados, F. (2008). *Historia de las lenguas europeas*. Madrid, Gredos, 356 pp.

Roepke, A., Krause, R. (2013). High montane-subalpine soils in the Montafon Valley (Austria, Northern Alps) and their ling to land-use, fire and settlement history. *Quaternary International* 308-309, 178-189. https://doi.org/10.1016/j.quaint.2013.01.022

Ruiz-Pedrosa, R. M., Serrano, E. (2023). Granite landscapes and landforms in the Castro de Ulaca site (Ávila, Spain): A narrow relationship between natural and cultural heritage. *Sustainability* 15 (3), 10470. https://doi.org/10.3390/su151310470

Samson, M. (2024). *Fronteras invisibles. Los sutiles límites que definen el mundo*. Barcelona, Crítica, 413 pp.

Sancho, C., Benito, G., Gutiérrez, M. (1991). Agujas de erosión y perfiladores microtopográficos. *Cuadernos Técnicos de la SEG* 2, Sociedad Española de Geomorfología y Geoforma Ediciones, Logroño, 28 pp.

Sanchís-Ibor, C., Molle, F., Kuper, M. (2020). Irrigation and water governance. En: M. Zribi, L. Brocca, Y. Tramblay, F. Molle (Eds.), *Water resources in the Mediterranean región*. Ámsterdam, Elsevier, pp. 77-106. https://doi.org/10.1016/B978-0-12-818086-0.00009-1

Sanjuán, Y., Gómez-Villar, A., Nadal-Romero, E., Álvarez-Martínez, J., Arnáez, J., Serrano-Muela, M. P., Rubiales, J. M., González-Sampériz, P., García-Ruiz, J. M. (2016). Linking land cover changes in the sub-alpine and montane belts to changes in a torrential river. *Land Degradation & Development* 27, 179-189. https://doi.org/10.1002/ldr.2294

Sanjuán, Y., Arnáez, J., Beguería, S., Lana-Renault, N., Lasanta, T., Gómez-Villar, A., Álvarez-Martínez, J., Coba-Pérez, P., García-Ruiz, J. M. (2018). Woody plant encroachment following grazing abandonment in the subalpine belt. A case study in northern Spain. *Regional Environmental Change* 18, 1103-1115. https://doi.org/10.1007/s10113-017-1245-y

Sanmiguel-Vallelado, A., McPhee, J., Ojeda Carreño, P. E., Morán-Tejeda, E., Camarero, J. J., López-Moreno, J. I. (2022). Sensitivity of forest-snow interactions to climate forcing: local variability in a Pyrenean valley. *Journal of Hydrology* 605, 127311. https://doi.org/10.1016/j.jhydrol.2021.127311

Santos, M. (1984). *Pour une Géographie Nouvelle*. Paris, Office des Publications Universitaires, 231 pp.

Sauer, C. O. (1925). The morphology of landscape. *Publications in Geography* 7 (2), 19-53.

Schaefer, F. K. (1953). Exceptionalism in Geography. *Annals of the Association of American Geographers* 43, 226-249. La versión española (Excepcionalismo en Geografía) fue publicada en 1971 por Ediciones de la Universidad de Barcelona.

Schnabel, S., Gómez-Gutiérrez, A. (2013). The role of interanual rainfall variability on runoff generation in a small dry sub-humid watershed with disperse tree cover. *Cuadernos de Investigación Geográfica* 39 (2), 259-285. https://doi.org/10.18172/cig.1991

Schuster, M., Roquin, C., Duringer, P., Brunet, M., Caugy, M., Fontugne, M., Mackaye, H. T., Vignaud, P., Ghienne, J. F. (2005). Holocene Lake Mega-Chad palaeoshorelines from space. *Quaternary Science Reviews* 24 (16-17), 1821-1827. https://doi.org/10.1016/j.quascirev.2005.02.001

Serrano, A., Cazcarro, I., Martín-Retortillo, M. Rodríguez-López, G. (2024). Europe's orchard: The role of irrigation on the Spanish agricultural production. *Journal of Rural Studies* 110, 103376. https://doi.org/10.1016/j.rurstud.2024.103376

Serrano, E., González, J. J. (2005). Assessment of geomorphosites in natural protected areas: The Picos de Europa National Park (Spain). *Géomorphologie* 11 (3), 197-208. https://doi.org/10.4000/geomorphologie.364

Serrano, E., Martín-Moreno, R. (2018). Surge glaciers during the Little Ice Age in the Pyrenees. *Cuadernos de Investigación Geográfica* 44 (1), 213-244. https://doi.org/10.18172/cig.3399

Serrano Cañadas, E., González Amuchástegui, M. J., Ruiz Pedrosa, R. M. (2020). *Patrimonio natural y Geomorfología: los lugares de interés geomorfológico del Parque Natural del Cañón del Río Lobos*. Ediciones de la Universidad de Valladolid, 331 pp.

Serrano-Muela, M. P., Nadal-Romero, E. Lana-Renault, N., González-Hidalgo, J.C., López-Moreno, J. I., Beguería, S., Sanjuán, Y., García-Ruiz, J. M. (2015). An exceptional rainfall event in the Central Western Pyrenees: Spatial patterns in discharge and impact. *Land Degradation & Development* 26, 249-262. https://doi.org/10.1002.ldr.2221.

Simeoni, U., Corbau, C. (2009). A review of the Delta Po evolution (Italy) related to climate changes and human impacts. *Geomorphology* 107, 64-71. https://doi.org/10.1016/j.geomorph.2008.1.004

Spencer, J. E., Hale, G. A. (1961). The origin, nature and distribution of agricultural terracing. *Pacific Viewpoint* 2 (1), 1-40. https://doi.org/10.1111/apv.21001

Taillefumier, F., Piégay, H. (2003). Contemporary land use changes in prealpine mountains: a multivariate GIS-based applied to two municipalities on the Southern French Prealps. *Catena* 51, 267-296. https://doi.org/10.1016/S0341-8162(02)00168-6

Terán, M. de (1947). Vaqueros y cabañas en los montes del Pas. *Estudios Geográficos* 28, 493-536.

Theroux, P. (2014). *The last train to Zona Verde. Overland from Cape Town to Angola*. New York, Penguin, 368 pp.

Troll, C. (1950). Die Geographische Landschaft und ihre Erforschung. Sonderabdruck aus Studium Generale III, 163-181. Traducción de Benjamín Díaz González en Gómez Mendoza *et al.* (1982) con el título *El paisaje geográfico y su investigación*.

Troll, C. (1966). LandschaftsOkologie als geographisch-synoptische naturbetrachtung. En: C. Troll (Ed.), Ökologische Landschaftsforschung und vergleichende Hochgebirgsforschung.Stolzenau/weser. Erdkunde Wissen 11, 1-13. Existe una versión traducida al español como *La Ecología del Paisaje como observación de la naturaleza geográfico-sinóptica*, a cargo de J. J. González Trueba en *Boletín de la Asociación de Geógrafos Españoles* 59, 2012.

Turner, B. L., Lambin, E. F., Reenberg, A. (2007). The emergence of land change science for global environmental change and sustainability. *PNAS* 104, 20666-20671. https://doi.org/10.1073/pnas.0704119104

Turner, S., Bolòs, J., Kinnaird, T. (2017). Changes and continuities in a Mediterranean landscape: a new interdisciplinary approach to understanding historic character in western Catalonia. *Landscape Research* 43, 922-938. https://doi.org/10.1080/014226397.2017.1386778

Utrilla, P., Mazo, C., Sopena, M. C., Martínez-Bea, M., Domingo, R. (2009). A paleolithic map from 13,660 cal BP: engraved Stone blocks from the late Magdalenian in Abauntz cave (Navarra, Spain). *Journal of Human Evolution* 57, 99-111. https://doi.org/10.1016/j.jhevol.2009.05.005

Valladares, F., Magro, S., Martín-Forés, I. (2019). Anthropocene, the challenge for Homo sapiens to set its own limits. *Cuadernos de Investigación Geográfica* 45 (1), 33-59. https://doi.org/10.18172/cig.3681

Vericat, D., Batalla, R. J. (2006). Sediment transport in an impounded river: The lower Ebro, NE Iberian Peninsula. *Geomorphology* 79 (1-2), 72-92. https://doi.org/10.1016/j.geomorph.2005.09.017

Vicente-Serrano, S. M., Lasanta, T., Cuadrat, J. M. (2000). Transformaciones en el paisaje del Pirineo como consecuencia del abandono de las actividades económicas tradicionales. *Pirineos* 155, 111-133. https://doi.org/10.3989/pirineos.2000.v155.91

Vicente-Serrano, S. M., Beguería, S., López-Moreno, J. I. (2010). A multiscalar drought index sensitive to global warming: the standardized precipitation evapotranspitarion index. *Journal of Climate* 23 (7), 1696-1718. https://doi.org/10.1175/2009JCLI2909.1

Vicente-Serrano, S. M., López-Moreno, J. I., Beguería, S., Lorenzo-Lacruz, J., Sánchez-Lorenzo, A., García-Ruiz, J. M., Azorín-Molina, C., Morán-Tejeda, E., Revuelto, J., Trigo, R., Coelho, F., Espejo, F. (2014). Evidence of increasing drought severity caused by temperature rise in southern Europe. *Environmental Research Letters* 9, 044001. https://doi.org/10.1088/1748-9326/9/4/044001

Vicente-Serrano, S. M., Quiring, S. M., Peña-Gallardo, M., Yuan, S., Domínguez-Castro, F. (2020). A review of environmental droughts: Increased risk under global warming? *Earth Science Reviews* 201, 102953. https://doi.org/10.1016/j.earscirev.102953

Vicente-Serrano, S. M., Tramblay, Y., Reig, F., González-Hidalgo, J. C., Beguería, S., Brunetti, M. *et al.* (2025). High temporal variability not trend dominates Mediterranean precipitation. *Nature* (2025). https://doi.org/10.1038/s41586-024-08576-6

Viviroli, D., Archer, D.R., Buytaert, W., Fowler, H. J., Greenwood. G. B., Hamlet, A. F., Huang, Y., Koboltschnig, G., Litaor, M. I., López-Moreno, J. I., Lorentz,

S., Schädler, B., Schreier, H., Schwaiger, K., Vuille, M., Woods, R. (2011). Climate change and mountain water resources: overview and recommendations for research, management and policy. *Hydrology and Earth System Sciences* 15, 471-504, 2011. https://doi.org/hess-15-471-2011

White, S., García-Ruiz, J. M., Martí, C., Valero, B., Errea, M. P., Gómez-Villar, A. (1997). The 1996 Biescas campsite disaster in the Central Spanish Pyrenees, and its temporal and spatial context. *Hydrological Processes* 11, 1797-1812.

Wulf, A. (2016). *La invención de la naturaleza. El nuevo mundo de Alexander von Humboldt.* Barcelona, Taurus, 578 pp.

Zglobicki, W., Poesen, J., Cohen, M., Del Monte, M., García-Ruiz, J. M., Ionita, I., Niacsu, L., Machová, Z., Martín-Duque, J. F., Nadal-Romero, E., Pica, A., Rey, F., Solé-Benet, A., Stankoviansky, M., Stolz, C., Torri, D., Soms, J., Vergari, F. (2019). The potential of permanent gullies in Europe as geomorphosites. *Geoheritage* 11, 217-239. https://doi.org/10.1007/s12371-017-0252-1

Zumbühl, H. J., Nussbaumer, S. U. (2018). Little Ice Age glacier history of the central and western Alps from pictorial documents. *Cuadernos de Investigación Geográfica* 44 (1), 115-136. https://doi.org/10.18172/cig.3363

Sobre los autores

José M. García Ruiz

José M. Humberto García Ruiz es Doctor en Geografía y Profesor de Investigación del Consejo Superior de Investigaciones Científicas (CSIC), actualmente jubilado. Ha sido Director del Colegio Universitario de La Rioja (1982-84), Director del Instituto Pirenaico de Ecología (1988-90), Presidente de la Sociedad Española de Geomorfología (1994-96), y vocal del Consejo Aragonés de Investigación y Desarrollo (2004-2009).

Ha publicado más de 450 trabajos científicos, de los cuales 42 son libros y más de 120 son artículos en revistas internacionales de alto impacto. Su trabajo se centra en la hidrología ambiental y la erosión del suelo en relación con las actividades humanas. También ha trabajado sobre cambios climáticos a largas escalas temporales y sobre la organización del territorio en las áreas de montaña del mundo.

José Arnáez Vadillo

José Arnáez Vadillo es Doctor en Geografía y Catedrático de Geografía Física en la Universidad de La Rioja. Ha sido Rector de la Universidad de La Rioja (2012-16) y Director de la ANECA (Agencia Nacional de Evaluación de la Calidad y Acreditación) (2017-20). Con anterioridad fue Decano del Centro de Ciencias Humanas, Jurídicas y Sociales (Universidad de La Rioja) (1992-93). Su trabajo se ha centrado en temas relacionados con las consecuencias de las actividades humanas en los sistemas ambientales: erosión de suelos, desertificación, hidrología ambiental, desarrollo rural, cartografía y SIG, y evolución del paisaje. Sus investigaciones han dado lugar a más de 200 publicaciones científicas, muchas de ellas incluidas en revistas internacionales. Ha sido editor principal (1988-2024) de la revista Cuadernos de Investigación Geográfica.